计算机基础教程
（第二版）

彭李明　周建芳　李光军　主编

U0322447

科学出版社
北京

内 容 简 介

本书为非计算机专业公共课教材,全书分为计算机基础知识、Windows 操作系统、Word 文字处理、Excel 电子表格、PowerPoint 演示文稿、计算机网络与应用、网页设计基础、Access 数据库管理、美图秀秀、Premiere 视频制作 10 章。通过规定学时的课程学习,使学生能够掌握计算机的相关实用基础操作,从而具备适应社会竞争的计算机基础应用技能。

本书适合作为高校计算机课程的入门教材,也适合作为计算机等级考试的参考教程。

图书在版编目(CIP)数据

计算机基础教程/彭李明,周建芳,李光军主编. —2 版.—北京:科学出版社,2016.5

ISBN 978-7-03-048079-8

Ⅰ.①计… Ⅱ.①彭… ②周… ③李… Ⅲ.①电子计算机—高等学校—教材 Ⅳ.①TP3

中国版本图书馆 CIP 数据核字(2016)第 085557 号

责任编辑:闫 陶 / 责任校对:董艳辉
责任印制:彭 超 / 封面设计:苏 波

科 学 出 版 社 出版

北京东黄城根北街 16 号
邮政编码:100717
http://www.sciencep.com

武汉市新华印刷有限责任公司印刷
科学出版社发行 各地新华书店经销

*

开本:787×1092 1/16
2016 年 4 月第 二 版 印张:18 3/4
2016 年 4 月第一次印刷 字数:423 600
定价:34.00 元
(如有印装质量问题,我社负责调换)

前　言

　　随着计算机技术的突飞猛进,计算机的应用领域不断扩大,计算机已经成为各行业的必备工具。掌握计算机的基本知识、熟练地使用计算机,成为现代社会中每个人的基本技能之一。近年来,由于信息技术课程已列入中小学教学计划,考试大纲在不断变化,而计算机软、硬件系统的新版本层出不穷,各高校学习计算机知识的起点也在不断提高,改革计算机基础教学内容和方法,使之更好地符合实际教学需要,对提高人才培养质量具有重要的现实意义。

　　本套教材是我们按照基于工作过程的课程开发思路,将每一个标志以真实、完整的项目呈现,兼顾理论知识的系统性,编写而成的。

　　本书共 10 章,分别介绍计算机基础知识、Windows 操作系统、Office 2010 套件(Word,Excel,PowerPoint)、计算机网络与应用、Dreamweaver 网页设计基础、Access 数据库管理、美图秀秀图片编辑和 Premiere 视频制作。

　　本书由彭李明,李光军,周建芳主编,黄雪娟,茅洁,周彤任副主编。参加编写的还有赵广,蒋立兵,张剑,杜芸芸,徐雪霞,郑军红,张光忠。

　　因作者水平有限,书中难免有不足之外,敬请广大读者、同行批评指正。

作　者
2015 年 12 月

目　　录

第 *1* 章　计算机基础知识

本章学习目标

　　了解计算机的发展简史；

　　理解并掌握其应用领域及计算机的发展趋势；

　　掌握二进制数的概念及与其他进制的转换方法；

　　掌握计算机常用的 ASCII 码、汉字编码、机器数、补码、浮点数的表示方法；

　　掌握计算机的分类；

　　理解计算机文化概念；

　　掌握信息与信息化社会及信息道德规范要求；

　　理解信息素养及特征；

　　了解知识产权相关知识。

1.1　计算机概述

1.1.1　计算机的概念

　　随着计算机技术的发展，经历了仅半个多世纪，其应用就已深入到社会的各个领域。究其原因，它对信息的处理与人脑有某些相似之处，其工作方式是一种按程序进行信息处理的机制，所以得以迅猛发展。

　　计算机系统由硬件系统和软件系统组成。硬件系统由控制器、运算器、存储器、输入设备和输出设备组成；软件系统由系统软件和应用软件组成。

　　人们利用计算机解决科学计算、工程设计、经营管理、过程控制或人工智能等各种问题的方法，都是按照一定的算法（通俗地讲就是人们在处理客观事物时所实施的步骤或过程）进行的。这种算法是定义精确的一系列规则，它指出怎样使给定的输入信息经过有限步的处理产生所需要的信息。

　　计算机进行信息处理的一般过程是，使用者针对要解决的问题，根据设计好的算法编制程序，并将其存入计算机内，然后利用存储程序指挥、控制计算机自动进行各种操作，直至获得预期的处理结果。

　　随着信息时代的到来和信息高速公路的兴起，全球信息化进入了一个新的发展时期。人们越来越认识到计算机强大的信息处理功能，计算机已成为信息产业的基础和支柱，人们在物质需求不断得到满足的同时，对时刻离不开的信息的需求也日益增强。这就是信息业和计算机业发展的社会基础。

1.1.2　计算机的发展

1. 现代计算机发展史

现代计算机划代原则主要是依据计算机所采用的电子(逻辑)器件不同划分的,这就是人们通常所说的电子管、晶体管、中小规模集成电路及大规模、超大规模集成电路四代。

1) 第一代计算机

主要是指 1946~1958 年的计算机,人们通常称之为电子管计算机时代。其主要特点如下。

图 1-1　世界第一台计算机 ENIAC

(1) 采用电子管作为逻辑开关元件。

(2) 使用机器语言,20 世纪 50 年代中期开始使用汇编语言,但还没有操作系统。

这一代计算机主要用于军事领域和科学研究。它体形庞大、笨重、耗电多、可靠性差、速度慢、维护困难。具有代表性的机器有电子数值积分计算机 ENIAC(图 1-1)、电子离散变量计算机 EDVAC 和电子延迟存储自动计算机 EDSAC 等。

2) 第二代计算机

主要指 1959~1964 年的计算机,人们通常称之为晶体管计算机时代,其主要特点如下。

(1) 使用半导体晶体管作为逻辑开关元件。

(2) 开始使用操作系统,有了各种计算机高级语言。

计算机的应用已由军事领域和科学计算扩展到数据处理和事务处理。它的体积减小,重量减轻,耗电量减少,速度加快,可靠性增强,具有代表性的机器有 IBM-7090、7094 等。

3) 第三代计算机

主要是指 1965~1970 年的计算机,人们通常称这一时期为集成电路计算机时代,其主要特点如下。

(1) 使用中、小规模集成电路作为逻辑开关元件。

(2) 开始走向系列化、通用化和标准化。

(3) 操作系统进一步完善,高级语言数量增多。

这一时期计算机主要用于科学计算、数据处理以及过程控制。计算机的体积、重量进一步减小,运算速度和可靠性有了进一步的提高。具有代表性的机器是 IBM-360 系列等。

4) 第四代计算机

第四代计算机从 1971 开始,至今仍在继续发展。人们通常称这一时期为大规模、超大规模集成电路计算机时代,其主要特点如下。

(1) 使用大规模、超大规模集成电路作为逻辑开关元件。

（2）操作系统不断发展和完善,数据库管理系统进一步发展,软件行业已发展成为现代新型的工业部门。

数据通信、计算机网络有了很大发展,微型计算机异军突起,遍及全球。计算机体积、重量、功耗进一步减小,运算速度、存储容量、可靠性等又有了大幅度提高。人们通常把这一时期出现的大型主机称为第四代计算机。具有代表性的机种有 IBM-4300 系列。

2. 微型计算机的发展

为叙述简单,微型机的阶段划分从 16 位的 IBM-PC 开始。

1）第一代微型计算机

1981 年 8 月 IBM 公司推出了个人计算机 IBM-PC,1983 年 8 月又推出了 IBM-PC/XT,其中 XT 表示扩展型,它以 Intel 8088 芯片为 CPU,内部总线为 16 位,外部总线为 8 位,IBM-PC 在当时是最好的产品,它属于 80 系列,PC 三总线带来了开放式结构,有大小写字母和光标控制的键盘,有文字处理等配套软件,这些性能在当时使人耳目一新。我们把 IBM-PC/XT 及其兼容机称为第一代微型计算机。

2）第二代微型机算机

1984 年 8 月 IBM 公司又推出了 IBM-PC/AT,其中 AT 表示先进型或高级型。它使用了 Intel 80286 芯片为 CPU,时钟从 8 MHz 到 16 MHz,是完全 16 位微处理器,内存达 1 MB 并配有高密软盘驱动器和 20 MB 以上硬盘;采用了 AT 总线(又称工业标准体系结构 ISA 总线)。

我们把 286AT 及其兼容机称为第二代微型计算机。

3）第三代微型计算机

1986 年 PC 兼容厂家 Compaq 公司率先推出了 386AT,牌号为 Deskpro 386,开辟了 386 微型计算机新时代。1987 年 IBM 公司推出了 PS/2-50 型,它使用 Intel 80386 为 CPU 芯片,但它使用的总线是 IBM 独有的微通道体系机构 MCA 总线。1988 年,Compaq 公司又推出了与 ISA 总线兼容的扩展工业标准体系结构的 EISA 总线。

我们把 386 微型计算机称为第三代微型计算机,它分为 MCA 总线和 EISA 总线两个分支。

4）第四代微型计算机

1989 年 Intel 80486 芯片问世,不久就出现了以它为 CPU 的微型计算机。它们仍以总线类型分为 MCA 和 EISA 两个分支。1992 年 Dell 公司的 XPS 系列首先使用了 VESAVL 局部总线。1993 年 NEC 公司的 ImageP60 则采用了 PCI 局部总线。

把 486 微型计算机称为第四代微型计算机,它分为 VESAVL 和 PCI 局部总线两个分支。

5）第五代微型计算机

1993 年 Intel 公司推出了 Pentium 芯片。它是人们预料的 80586,但出于专利保护的原因,将其命名为 Pentium,还给它起了一个中文名字"奔腾"。各微机厂家纷纷推出以 Pentium 为 CPU 芯片的微型计算机,简称奔腾机。我国联想、长城、方正、同创等公司均有高档奔腾机推出。

3. 计算机发展趋势

计算机的发展表现为巨型化、微型化、网络化、智能化。

1) 巨型化

巨型化是指发展高速、超大存储容量和超强功能的超大型计算机。这既是大规模数据处理，也是尖端科学以及探索新兴科学的需要，同时是为了能让计算机具有人脑学习、推理的复杂功能。

从 20 世纪 80 年代开始，日本、美国以及欧洲共同体都相继开展了新一代计算机（FGCS）的研究。如并行处理新一代计算机是把信息采集、存储、处理、通信和人工智能结合在一起的计算机系统，它不仅能进行一般信息处理，而且能面向知识处理，具有形式推理、联想、学习和解决问题的能力，有利于帮助人类开拓未知的领域和获取新的知识。

1983 年，我国国防科学技术大学成功研制了"银河-I"巨型计算机，运行速度达到每秒一亿次。1992 年，国防科学技术大学计算机研究研制的巨型计算机"银河-II"通过鉴定，该机运行速度为每秒十亿次，后来又研制成功了"银河-III"巨型计算机，其运行速度已达到每秒 130 亿次，系统的综合技术已达到当前国际先进水平，填补了我国通用巨型计算机的空白，标志着我国计算机的研制技术已进入了世界先进行列，2001 年我国研制的"曙光"巨型计算机，其运行速度已超过了每秒 4 000 亿次。

美国 2009 年研制出取名为"走鹃"的超大型计算机，该机占地 $557 \, m^2$，其重 226.8 t，存储空间 80 万亿字节。共采用 116 640 个处理器，功率接近 3 MW。在数小时内完成其他计算机 3 个月的计算量，研究人员可以在输入问题后瞬间得到答案，在其之前无法操作的实验也可实现。科学家可以用走鹃辅助研制艾滋病疫苗、检测纤维素乙醇化学性质、探索宇宙起源等。

2010 年 11 月 17 日，国际超级计算机 TOP500 组织正式发布了第 36 届世界超级计算机 500 强排行榜，我国自主研发的"天河一号"超级计算机凭着每秒钟 4 700 万亿次的运算峰值速度脱颖而出，成为当时世界运算速度最快的超级计算机，如图 1-2 所示。

图 1-2 我国研制的计算机"天河一号"

"天河一号"主机房由 140 多个一人多高的黑灰色机柜组成，在将近三个篮球场大小的机房内排列，总重量约 150 t。它拥有 2 万多个高性能微处理器，既可以调动全部资源全身心地服务于一项重大研究，如大型飞机、火箭的设计制造，也可以同时为成千上万个中小企业提供高速运算服务。

可以在最短的时间内计算出复杂的、大型的、挑战性的问题。例如,计算未来一周的天气预报,如果用个人电脑可能需要几个月甚至更长时间,而采用超级计算机一两小时就可以完成。如每个人每秒钟可以做一次浮点运算,"天河一号"计算 1 小时就相当于 13 亿人计算 340 年时间,"天河一号"计算 1 天就相当于一台双核的个人电脑计算 620 年时间。"天河一号"总的存储容量能够容纳 1 000 万亿个汉字,相当于一个存储 10 亿册 100 万字书籍的巨大图书馆。

"天河一号"正在打造面向高端装备制造、生物医药、石油勘探、动漫渲染、工程仿真、金融风险分析、对地观测数据处理、流体力学和空气动力学等 9 大领域应用平台。

天气预报更快更准,最常见的天气预报就是超级计算的结果。天气预报的基本原理是以气象卫星、气象雷达以及其他的一些观测手段,将所获得的观测资料输入超级计算机,然后用一个"全球模式程序"进行计算。所谓"全球模式"就是把地球表面划分成纵横交错的若干个网格,把每个网格进行叠加计算,最后取得一个整体的预测效果。理论上讲,网格划分密度越大,计算结果越精准,但同时网格密度每增大一倍,所产生的计算量也要提高 16 倍。目前气象预报应用的主要是百万亿次超级计算机。

仿真演算让汽车更安全,超级计算机计算出的数字变成了人们能够看懂的画面。一辆模拟轿车进行正面碰撞实验,通过模拟可以看到汽车撞墙后的车身变形情况。汽车生产厂家在对新车进行研发设计时,考虑车辆的安全性能,必须进行碰撞实验,但又不能每一次碰撞都用实车进行,因此就需要依靠超级计算机进行仿真计算,模拟出车辆碰撞后的结果,然后发现设计缺陷,再加以改进。采用"天河一号"的计算平台仅用 64 个 CPU 可以在 100 分钟内完成一个单车的正碰和侧碰试验,设计效率提高了 60 多倍。

新药研发周期缩短 500 倍。用"天河一号"模拟蛋白质分子结构进行生物医药研发,科学家可以在较短时间内从几十万甚至几百万种化合物中筛选出有效的药物化合物组成,不仅能节省大量资金,而且大大缩短了药物研制周期,这就为药物研发提供了革命性的方法和手段。研发一种新药,按照常规计算,平均要耗时 10 年,花费 10 亿美元,筛选10 万个化合物。使用超级计算机后,高性能计算机辅助药物设计和虚拟筛选方法的应用,为化合物活性的评价提供了极大的方便,使通常在普通计算机上需要运行一年的筛选任务缩短到一个星期,大大提高了新药研发的效率,降低了成本,给新药的发现提出了新的思路。另外,超级计算机还正在逐步应用到基因分析、人体数字模型上,人体数字模型是将每个人的内部器官组织(如心脏、血管系统、主要器官等)进行数字化,并进行定期修正,这样就可以预测每个人的健康状况,提出保健指导,延长人的寿命,应用前景非常美好。

目前我国的超级计算机用户主要集中在石油勘探、天气预报、生物医药、基因研究、流体力学、空气动力学、基础研究等领域,而"天河一号"设计的最终目标是服务于普通老百姓。未来"天河一号"将面向全球开放,无论走到世界的什么地方,只要在网络上登录"天河一号"账户,就能享受到快速的计算服务。

新一代计算机的研究领域大体包括人工智能、系统结构、软件工程和技术设备等。新一代计算机的系统结构将突破传统的冯·诺依曼机器的概念,实现高度并行处理或提高微处理器技术,如采用哈佛结构及多核技术等。

并行是指"并排行走"。在操作系统中是指一组程序按独立异步的速度执行,不等于时间上的重叠(同一时刻发生)。要区别并发与并行,并发是指在同一个时间段内,两个或多个程序执行,有时间上的重叠(宏观上是同时,微观上仍是顺序执行)。并行指 8 位数据同时通过并行线进行传送,这样数据传送速度大大提高,但并行传送的线路长度受到限制,因为长度增加,干扰就会增加,数据也就容易出错。并行是事件在系统中同时发生的趋势。当然,并行是一种自然现象,在现实世界中,任何时候都会有许多事件同时发生。当设计软件以监测和控制现实世界中的系统时,我们就必须处理这种自然的并行,当处理软件系统中的并行问题时,通常有两个非常重要的方面:能够检测并响应以任意顺序出现的外部事件,并确保在要求的最短时间内作出响应。如果各个并行活动独立进行(以完全平行的方式进行),问题就相对简单,我们只需建立单独的程序来处理每项活动。设计并行系统之所以困难,主要是由并行活动之间的交互造成的。当并行活动进行交互时,需要加以协调。并行如不进行交互的平行活动所涉及的并行问题就会比较简单。当并行活动进行交互或共享相同资源时,并行问题就变得重要起来。

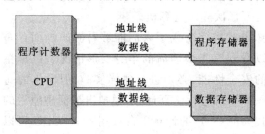

图 1-3　哈佛结构图

哈佛结构是一种将程序指令存储和数据存储分开的存储器结构。哈佛结构是一种并行体系结构,它的主要特点是将程序和数据存储在不同的存储空间中,即程序存储器和数据存储器是两个独立的存储器,每个存储器独立编址、独立访问。与两个存储器相对应的是系统的 4 条总线:程序的数据总线与地址总线、数据的数据总线与地址总线,如图 1-3 所示。这种分离的程序总线和数据总线允许在一个机器周期内同时获得指令字(来自程序存储器)和操作数(来自数据存储器),从而提高了执行速度,使数据的吞吐率提高了 1 倍。又由于程序和数据存储器在两个分开的物理空间中,因此取指和执行能完全重叠。中央处理器首先到程序指令存储器中读取程序指令内容,解码后得到数据地址,再到相应数据存储器中读取数据,并进行下一步操作(通常是执行)。程序指令存储和数据存储分开,可以使指令和数据有不同的数据宽度。

哈佛结构的计算机由 CPU、程序存储器和数据存储器组成,程序存储器和数据存储器采用不同的总线,从而提供了较大的存储器带宽,使数据的移动和交换更加方便,尤其提供了较高的数字信号处理性能。哈佛结构的微处理器通常具有较高的执行效率。其程序指令和数据指令分开组织和存储,执行时可以预先读取下一条指令。哈佛结构是指程序和数据空间独立的体系结构,目的是减轻程序运行时的访存瓶颈。

改进的哈佛结构的结构特点为:使用两个独立的存储器模块,分别存储指令和数据,每个存储模块都不允许指令和数据并存,以便实现并行处理;具有一条独立的地址总线和一条独立的数据总线,利用公用地址总线访问两个存储模块(程序存储模块和数据存储模块),公用数据总线则被用来完成程序存储模块或数据存储模块与 CPU 之间的数据传输;两条总线由程序存储器和数据存储器分时共用。

双核处理器(dual core processor):双核处理器是指在一个处理器上集成两个运算核

心,从而提高计算能力。"双核"的概念最早是由 IBM、HP、Sun 等支持 RISC 架构的高端服务器厂商提出的,主要运用于服务器上。而台式机上的应用则是在 Intel 和 AMD 的推广下,才得以普及。目前 Intel 推出的台式机双核处理器有 Pentium D、Pentium EE (Pentium Extreme Edition)和 Core Duo 三种类型。

Pentium D 和 Pentium EE 分别面向主流市场以及高端市场,其每个核心采用独立式缓存设计,在处理器内部两个核心之间是互相隔绝的,处理器外部(主板北桥芯片)的仲裁器负责两个核心之间的任务分配以及缓存数据的同步等协调工作,如图 1-4 所示。两个核心共享前端总线,并依靠前端总线在两个核心之间传输缓存同步数据。从架构上来看,这种类型是基于独立缓存的松散型双核心处理器耦合方案,其优点是技术简单,只需要将两个相同的处理器内核封装在同一块基板上即可;缺点是数据延迟问题比较严重,性能并不尽如人意。另外,Pentium D 和 Pentium EE 的最大区别就是 Pentium EE 支持超线程技术,而 Pentium D 则不支持,Pentium EE 在打开超线程技术之后会被操作系统识别为四个逻辑处理器。

AMD 推出的双核处理器分别是双核的 Opteron 系列和全新的 Athlon 64 X2 系列处理器。其中 Athlon 64 X2 是用以抗衡 Pentium D 和 Pentium EE 的桌面双核处理器系列。

AMD 推出的 Athlon 64 X2 是由两个 Athlon 64 处理器上采用的 Venice 核心组合而成的,每个核心拥有独立的 512 KB(1 MB)L2 缓存及执行单元。除了多出一个核芯之外,从架构上相对于目前 Athlon 64 在架构上并没有任何重大的改变,如图 1-5 所示。

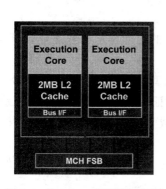

图 1-4　Pentium 处理器架构图

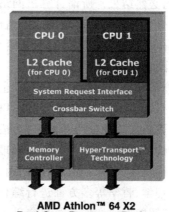

图 1-5　Athlon 64 处理器架构图

双核 Athlon 64 X2 的大部分规格、功能与我们熟悉的 Athlon 64 架构没有任何区别,也就是说,新推出的 Athlon 64 X2 双核处理器仍然支持 1 GHz 规格的 HyperTransport 总线,并且内建了支持双通道设置的 DDR 内存控制器。

与 Intel 双核处理器不同的是,Athlon 64 X2 的两个内核并不需要经过 MCH 进行相互之间的协调。AMD 在 Athlon 64 X2 双核处理器的内部提供了一种称为系统请求队列 (system request queue,SRQ)的技术,在工作的时候每一个核心都将其请求放在 SRQ 中,当获得资源之后请求将会被送往相应的执行核心,也就是说所有的处理过程都在

CPU 核心范围之内完成,并不需要借助外部设备。

对于双核心架构,AMD 的做法是将两个核心整合在同一片硅晶内核之中,而 Intel 的双核心处理方式更像是简单地将两个核心做到一起而已。与 Intel 的双核心架构相比, AMD 双核处理器系统不会在两个核心之间存在传输瓶颈的问题。因此从这个方面来说,Athlon 64 X2 的架构要明显优于 Pentium D 架构。

虽然与 Intel 相比,AMD 并不用担心 Prescott 核心这样的功耗和发热大户,但是同样需要为双核心处理器考虑降低功耗的方式。为此 AMD 并没有采用降低主频的办法, 而是在其使用 90 nm 工艺生产的 Athlon 64 X2 处理器中采用了所谓的 Dual Stress Liner 应变硅技术,与 SOI 技术配合使用,能够生产出性能更高、耗电更低的晶体管。

AMD 推出的 Athlon 64 X2 处理器给用户带来最实惠的好处就是,不需要更换平台就能使用新推出的双核心处理器,只要对旧主板升级一下 BIOS 就可以了,这与 Intel 双核心处理器必须更换新平台才能支持的做法相比,升级双核心系统会节省不少费用。

2) 微型化

因大规模、超大规模集成电路的出现,计算机微型化迅速,并可运用到诸如仪表、家用电器中。今后将逐步发展对存储器、高速运算部件、图形卡、声卡的集成,达到整个微机系统的集成化。微机除了台式的还有膝上型、笔记本、掌上型、手表型等。

3) 网络化

计算机网络是现代通信技术与计算机技术结合产物。从单机走向联网,是计算机应用发展的必然结果。所谓计算机网络,是一个规模更大、功能更强的网络系统。按覆盖范围大小,分为局域网和广域网。网络最初于 20 世纪 60 年代末在美国建成,但在近年已随着 Internet 网络而遍及全球,并开始大量进入普通人家。

4) 智能化

智能化建立在现代科学的基础上,是综合性很强的边缘学科。它是让计算机模拟人的感觉、行为、思维过程,达到使计算机不仅具备视觉、听觉、语言、行为、思维的能力,还具备学习、逻辑推理及证明等能力,形成智能型、超智能型计算机。智能化的研究包括模式识别、物性分析、自然语言的生成和理解、定理的自动证明、自动程序设计、专家系统、学习系统、智能机器人等。所以涉及的内容很广,需要对数学、信息论、控制论、计算机逻辑、教育学、生理学、哲学等多方面进行综合。

人工智能的研究使计算机突破了“计算”这一含义,从本质上拓宽了计算机的能力,可以越来越多地替代或超越某些方面的脑力劳动。

1.1.3　计算机的主要特点

1. 运算速度快

现代的巨型计算机系统的运算速度已达到每秒几十亿次甚至几千万亿次,大量复杂的科学计算过去人工需要几年、几十年,而现在用计算机只需要几天或几小时甚至几分钟就可以完成。

2．运算精度高

由于计算机内采用二进制数值进行运算，所以可以用增加表示数值的设备和运用计算技巧，使数值计算的精度越来越高。

3．通用性强

计算机可以将任何复杂的处理任务分解成一系列的基本算术和逻辑操作，反映在计算机的指令操作中，按照各种规律执行的先后次序把它们组织成各种不同的程序，存入存储器中，在计算机的工作过程中，利用各种存储程序指挥和控制计算机进行信息处理，灵活方便、快速且易于变更，也就是说计算机处理信息具有极大的通用性。

4．具有记忆和逻辑判断功能

计算机有存储器，可以存储大量的数据，随着存储容量的不断增大，可存储记忆的信息量也越来越大。计算机程序加工的对象不只是数值量，还包括形式和内容丰富多样的各种信息，如语言、文字、图形、图像、音乐等。编码技术使计算机既可以进行算术运算也可以进行逻辑运算，可以对语言、文字、符号、大小、异同等进行比较、判断、推理和证明，从而极大地扩大了计算机的应用范围。

5．具有自动控制能力

计算机内部操作、控制是根据人们事先编制的程序自动控制行为的，不需要人工干预。

1.1.4　计算机的分类

我国计算机界根据计算机的性能指标，如运算速度、存储容量、功能强弱、规模大小以及软件系统的丰富程度等，将计算机分为巨型机、大型机、小型机、微型机和工作站等五大类。

1．从规模上分

国际上根据计算机的性能指标和面向的应用对象，将计算机分为巨型机、小巨型机、大型机、小型机、工作站和个人计算机六大类。

2．从功能上分

模拟专用计算机主要用于工业控制方面，数值通用计算机用于各个领域。

3．从操作系统上划分

目前操作系统种类繁多，很难用单一标准将它们统一分类。
下面列出几种不同的分类方法。

(1) 按使用环境分 $\begin{cases} 批处理系统：MVX、DOS/VSE、AOS/V \\ 分时系统：UNIX、XENIX \\ 实时系统：IRNX、VRTX \end{cases}$

(2) 按用户数目分 $\begin{cases} 单用户系统 \begin{cases} 单任务系统：MSDOS、PCDOS \\ 多任务系统：OS/2、Windows\ 95/98/XP/7\ 等 \end{cases} \\ 多用户系统：UNIX、VWS、MVS、AOS/VS\ Novell、 \\ \qquad\qquad Windows\ NT、Windows\ 2000/2003\ Server\ 等 \end{cases}$

随着计算机科学技术的不断发展,各种计算机的性能指标均会提高,各种分类方法也会有所变化。

1.1.5 计算机的应用领域

计算机具有高速运算、逻辑判断、大容量存储和快速存储等特性,这决定了它在现代人类社会的各种活动领域都成为越来越重要的工具。人类的社会实践活动从总体上可分为认识世界和改造世界两大范畴。对自然界和人类社会各种现象和事实进行探索,发现其中的规律,这是科学研究的任务,属于认识世界范畴。利用科学研究的成果进行生产和管理,属于改造世界的范畴。在这两个范畴中,计算机都是极有力的工具。

计算机的应用相当广泛,涉及科学研究、军事技术、工农业生产、文化教育、办公自动化等各个方面,其主要应用范围可概括为以下几个方面。

1. 科学计算(数值计算)

科学计算是计算机最重要的应用之一,如工程设计、地震预测、气象预报、火箭发射等都需要由计算机承担庞大复杂的计算任务。计算机高速度、高精度的运算能力可解决过去靠人工无法解决的问题,如气象预报的精确化,以及高能物理实验数据的实时处理等,都要依据计算机才能得以实现。计算机的运行能力和逻辑判断能力改变了某些学科传统的研究方法,促成了计算力学、计算物理、计算化学、生物控制论和按需要设计新材料等新学科的出现。又如,在社会研究领域,由于变量多,随机因素多,长期停留在定性研究阶段,计算机将社会科学的定性研究和定量研究逐步结合起来,使社会科学的研究方法更加科学化。

2. 数据处理(信息管理)

当前计算机应用最为广泛的是数据处理,用计算机进行数据处理将产生新的信息形式。计算机数据处理包括数据采集、数据转换、数据分组、数据组织、数据计算、数据存储、数据检索和数据排序等,如人口统计、档案管理、银行业务、情报检索、企业管理等。

计算机的大容量存储和快速存取功能,可节省大量用于例行性知识处理的时间。随着新技术革命的到来,人类掌握的科学知识呈现爆炸性增长的局面,一个科技人员若不能利用计算机检索自己所需信息,就会淹没在情报资料的海洋之中,而无法从事创造性探索。

计算机使组织管理技术得以发展。经济发展的两大主要方面,一是生产,二是管理。

生产自动化固然重要,但如果管理落后,那么即使产生自动化了,也不能发挥其应有的效益。计算机用于信息管理,为管理自动化、办公自动化创造了条件。

3. 过程控制(实时控制)

计算机是生产自动化的基本技术工具,它对生产自动化的影响有两方面:一是在自动控制理论上,现代控制理论处理复杂的多变量控制问题,其数学工具是矩阵方程和向量空间,必须使用计算机求解;二是在自动控制系统的组织上,由数值计算机和模拟计算机组成的控制器,是自动控制系统的大脑。它按照设计者预先规定的目标和计算程序以及反馈装置提供的信息,指挥执行机构动作。生产自动化程度越高,对信息传递的速度和准确性的要求也越高,这一任务靠人工操作已无法完成,只有计算机才能胜任。在综合自动化系统中,计算机赋予自动控制系统越来越大的智能性。

利用计算机及时采集数据、分析数据、制定最佳分案、进行自动控制,不仅可大大提高自动化水平,减轻劳动强度,而且可以大大提高产品质量及产品合格率。因此,在冶金、机械、石油、化工、电力以及各种自动化系统等部门,都已经得到十分广泛的应用,并获得了非常好的效果。

4. 计算机辅助工程

(1) 计算机辅助设计(CAD):利用计算机高速处理、大容量存储和图形处理功能,来辅助设计人员进行产品设计的技术,称为计算机辅助设计。计算机辅助设计技术已广泛应用于电路设计、机械设计、土木建设设计以及服装设计等各个方面,不但提高了设计速度,而且大大提高了产品质量。

(2) 计算机辅助制造(CAM):在机器制造业中,利用计算机通过各种数值控制机床和设备。自动完成产品的加工、装配、检测和包装等控制过程的技术,称为计算机辅助制造。

(3) 计算机辅助教学(CAI):通过学生与计算机系统之间的对话实现教学的技术,称为计算机辅助教学。对话是在计算机程序和学生之间进行的,它使教学内容生动、形象、逼真,模拟其他手段难以做到的动作和场景。通过交互式帮助学生自学、自测,方便灵活,可满足不同层次人员对教学的不同要求。

(4) 其他计算机辅助系统:利用计算机作为工具辅助产品测试的计算机辅助测试(CAT);利用计算机对学生的教学、训练和对教学事务进行管理的计算机辅助教育(CAE);利用计算机对文字、图像等信息进行处理、编辑、排版的计算机辅助出版系统(CAP)等。

5. 办公自动化

在我国计算机应用起步阶段个人微机主要用于出版业,无论是设备还是人员上都为办公自动化开拓了极大的市场,随着计算机的网络化以及网络的出现,使数据共享、无纸办公成为可能。

6. 人工智能

利用计算机模拟人类的某些智能,使它具有学习、联想和推理的功能。人工智能主要应用在机器人、专家系统、模式识别、自然语言理解、机器翻译、定理证明等方面。

7. 计算机在体育方面的应用

计算机应用于体育主要分为"体育信息管理"与"计算机辅助训练"。体育信息管理包括运动员管理、运动成绩管理、体育情报检索管理、体育竞赛管理、大型运动会综合管理等、计算机辅助训练提供不同的专家咨询系统,除此之外,还存在着主要以硬件为主的模拟训练与测试系统,如西德生产的赛艇测试仪等。

1.2　计算机中常用的数制

1.2.1　进位计数制

数制也称计数制,是指用一组固定的符号和统一的规则来表示数值的方法。按进位的方法进行计数,称为进位计数。在日常生活中,人们最常用的是十进位计数制,即按照逢十进一的原则进行计数。在进位计数制中,每个数位上所能使用的数码的个数,例如,十进位计数中,每个数位上可以使用的数码为0、1、2、3、4、5、6、7、8、9十个数码,即其基数为十个;位权是指在某种进位计数制中,每个数位上的数码所代表的数值的大小,等于在这个数位上的数码乘上一个固定的数值,这个固定的数值就是这种进位计数制中该数位上的位权。数码所处的位置不同,代表的大小也不同。例如,在十进位计数制中,小数点左边第一位为个位数,其位权为1,第二位为十位数,其位权为10,第三位是百位数,其位权为10^2;小数点右边第一位是十分位数,其位权为10^{-1},第二位是百分位数,其位权为10^{-2},第三位是千分位数,其位权为10^{-3}。

1.2.2　几种常用的进位计数制

进位计数制很多,这里主要介绍与计算机技术有关的几种常用进位计数制。

1. 十进制

十进位计数制简称十进制,十进制数具有下列特点。

(1) 有十个不同的数码符号0、1、2、3、4、5、6、7、8、9。

(2) 每一个数码符号根据它在这个数中所处的位置(数位),按"逢十进一"来决定其位的位权是以10为底的几次方。

例如,$(123.456)_{10}$以小数点为界,从小数点往左依次为个位、十位、百位,从小数点往右依次为十分位、百分位、千分位。因此,小数点左边第一位3代表数值3,即$3×10^0$,第二位2代表数值20,即$2×10^1$;第三位1代表数值100,即$1×10^2$;小数点右边第一位4代表数值0.4,即$4×10^{-1}$,第二位5代表数值0.05,即$5×10^{-2}$,第三位代表数值0.006,即$6×10^{-3}$。因而该数有以下表示方式:

$$(123.456)_{10} = 1 \times 10^2 + 2 \times 10^1 + 3 \times 10^0 + 4 \times 10^{-1} + 5 \times 10^{-2} + 6 \times 10^{-3}$$

由上分析可得出,任意一个十进制数 D 可表示成如下形式:

$$(D)_{10} = D_{N-1} \times 10^{N-1} + D_{N-2} \times 10^{N-2} + \cdots + D_1 \times 10^1 + D_0 \times 10^0 + D_{-1} \times 10^{-1}$$
$$+ \cdots + D_{-M+1} \times 10^{-M+1} + D_{-M} \times 10^{-M}$$

式中,D_N 为数位上的数码,其取值范围为 $0 \sim 9$;N 为整数位个数;M 为小数位个数;10 为基数,10^{N-1}、10^{N-2}、$\cdots$、10^1、10^0、10^{-1}、$\cdots$、10^{-M} 是十进制数的位权。

在计算机中,一般用十进制数作为数据的输入和输出。

2. 二进制

二进制计数制简称二进制,二进制数作为数据的输出具有以下特点。

(1) 有两个不同的数码符号 0 和 1。

(2) 每个数码符号根据它在这个数中的数位,按"逢二进一"来决定其实际数值。例如:

$$(11011.101)_2 = 1 \times 2^4 + 1 \times 2^3 + 0 \times 2^2 + 1 \times 2^1 + 1 \times 2^0 + 1 \times 2^{-1} + 0 \times 2^{-2} + 1 \times 2^{-3} = (27.625)_{10}$$

任意一个二进制数 B 可以表示成如下形式:

$$(B)_2 = B_{N-1} \times 2^{N-2} + B_{N-2} \times 2^{N-2} + \cdots + B_1 \times 2^1 + B_0 \times 2^0 + B_{-1} \times 2^{-1}$$
$$+ \cdots + B_{-M+1} \times 2^{-M+1} + B_{-M} \times 2^{-M}$$

式中,B 为数位上的数码,其取值范围为 $0 \sim 1$;N 为整数位个数;M 为小数位个数;2 为基数,2^{N-1}、2^{N-2}、$\cdots$、2^1、2^0、2^{-1}、$\cdots$、2^{-M} 是二进制数的位权。

计算机中数的存储和运算都使用二进制数。

3. 八进制

八进制计数制简称八进制,八进制数作为数据的输出具有以下特点。

(1) 有八个不同的数码符号 0、1、2、3、4、5、6、7。

(2) 每个数码符号根据它在这个数中的数位,按"逢八进一"来决定其实际数值。例如:

$$(123.24)_8 = 1 \times 8^2 + 2 \times 8^1 + 3 \times 8^0 + 2 \times 8^{-1} + 4 \times 8^{-2} = (83.3125)_{10}$$

任意一个八进制数 Q 可以表示成如下形式:

$$(Q)_8 = Q_{N-1} \times 8^{N-1} + Q_{N-2} \times 8^{N-2} + \cdots + Q_1 \times 8^1 + Q_0 \times 8^0 + Q_{-1} \times 8^{-1}$$
$$+ \cdots + Q_{-M+1} \times 8^{-M+1} + Q_{-M} \times 8^{-M}$$

式中,Q 为数位上的数码,其取值范围为 $0 \sim 7$;N 为整数位个数;M 为小数位个数;8 为基数,8^{N-1}、8^{N-2}、$\cdots$、8^1、8^0、8^{-1}、$\cdots$、8^{-M} 是八进制数的位权。

八进制数是计算机中常用的一种技术方法,它可弥补二进制数书写位数过长的不足。

4. 十六进制

十六进位计数制简称十六进制,它有以下两个特点。

(1) 有十六个不同的数码符号 $0 \sim 9$、A、B、C、D、E、F,由于数字只有 $0 \sim 9$ 十个,而十六进制要使用十六个数字,所以用 A $\sim$ F 六个英文字母表示 $10 \sim 15$。

(2) 每个数码符号根据它在这个数中的数位,按"逢十六进一"来决定其实际数值。例如:

$(3AB. 4B)_{16} = 3 \times 16^2 + A \times 16^1 + B \times 16^0 + 4 \times 16^{-1} + B \times 16^{-2} = (939. 28125)_{10}$

任意一个十六进制数 H 可以表示成如下形式：

$(H)_{16} = H_{N-1} \times 16^{N-1} + H_{N-2} \times 16^{N-2} + \cdots + H_1 \times 16^1 + H_0 \times 16^0 + H_{-1} \times 16^{-1} + \cdots + H_{-M} \times 16^{-M}$

式中，H 为数位上的数码，其取值范围为 $0 \sim F$；N 为整数为个数；M 为小数位个数；16 为基数，16^{N-1}、16^{N-2}、$\cdots$、16^1、16^0、16^{-1}、$\cdots$、16^{-M} 为十六进制的位权。

十六进制数是计算机常用一种计数方法，它可以弥补二进制数书写位数过长的不足。

总结以上四种计数制，可将它们的特点概括如下。

① 每一种计数制都有一个固定的基数 J（J 为大于 1 的整数），它的每一数位可取 J 个数字。

② 每一种计数制都有自己的位权，并且遵循"逢 J 进一"的原则。对于任一种 P 进位计数制数 S，可表示为

$$(S)_P = \pm \left(S_{N-1} P^{N-1} + S_{N-2} P^{N-2} + S_1 P^1 + S_0 P^0 + S_{-1} P^{-1} + S_{-M} P^{-M} = \sum_{I=N-1}^{-M} S_I P^J \right)$$

式中，S_1 表示各数位上的数码，其取值范围为 $0 \sim P-1$，P 为计数制的基数，I 为数位的编号（整数位取 $N-1 \sim 0$，小数位取 $-1 \sim -M$）。

表 1-1 中列出了几种常用的进制计数制的表示方法，表 1-2 中列出几种常用的进位计数制数位位权。

表 1-1　十进制、二进制、八进制、十六进制数的常用表示方法

十进制	二进制	八进制	十六进制	十进制	二进制	八进制	十六进制
0	0000	0	0	9	1001	11	9
1	0001	1	1	10	1010	12	A
2	0010	2	2	11	1011	13	B
3	0011	3	3	12	1100	14	C
4	0100	4	4	13	1101	15	D
5	0101	5	5	14	1110	16	E
6	0110	6	6	15	1111	17	F
7	0111	7	7	16	10000	20	10
8	1000	10	8				

表 1-2　十进制、二进制、八进制、十六进制数的位权

数位	十进制权	二进制权	八进制权	十六进制权
S_0	$1 = 10^0$	$1 = 2^0$	$1 = 8^0$	$1 = 16^0$
$S1$	$10 = 10^1$	$2 = 2^1$	$8 = 8^1$	$16 = 16^1$
$S2$	$100 = 10^2$	$4 = 2^2$	$64 = 8^2$	$256 = 16^2$
$S3$	$10000 = 10^3$	$8 = 2^3$	$512 = 8^3$	$4096 = 16^3$
$S4$	$100000 = 10^4$	$16 = 2^4$	$4096 = 8^4$	$65536 = 16^4$
S^{N-1}	10^{N-1}	2^{N-1}	8^{N-1}	16^{N-1}

1.2.3　不同进位计数制之间的转换

不同进位计数制之间的转换实质上是基数之间的转换。一般转换的原则是,如果两个有理数相等,则两数的整数部分和小数部分一定分别相等。因此,各数值之间进行转换时,通常对整数部分和小数部分分别进行转换。

1. 非十进制数转换成十进制数

非十进制数转换成十进制数的方法是,把各个非十进制数按权展开求和即可,即把二进制数(或八进制数,或十六进制数)写成 2(或 8 或 16)的各个幂之和的形式,然后计算其结果。

例 1-1　把下列二进制数转换成十进制数。

$$(110101)_2 = 1 \times 2^5 + 1 \times 2^4 + 0 \times 2^3 + 1 \times 2^2 + 0 \times 2^1 + 1 \times 2^0$$
$$= 32 + 16 + 0 + 4 + 0 + 1 = (53)_{10}$$
$$(1101.101)_2 = 1 \times 2^3 + 1 \times 2^2 + 0 \times 2^1 + 1 \times 2^0 + 1 \times 2^{-1} + 0 \times 2^{-2} + 1 \times 2^{-3}$$
$$= 8 + 4 + 0 + 1 + 0.5 + 0 + 0.125 = (13.625)_{10}$$

例 1-2　把下列八进制数转换成十进制数。

$$(305)_8 = 3 \times 8^2 + 0 \times 8 + 5 \times 8^0 = 192 + 5 = (192)_{10}$$
$$(456.124)_8 = 4 \times 8^2 + 5 \times 8^1 + 6 \times 8^0 + 1 \times 8^1 + 2 \times 8^{-2} + 4 \times 8^{-3}$$
$$= 256 + 40 + 6.125 + 0.03125 + 0.0078125 = (302.1640625)_{10}$$

例 1-3　把下列十六进制数转换成十进制数。

$$(2A4E)_{16} = 2 \times 16^3 + 10 \times 16^2 + 4 \times 16^1 + 14 \times 16^0 = 8192 + 2560 + 64 + 14 = (10830)_{10}$$
$$(32CF.48)_{16} = 3 \times 16^3 + 2 \times 16^2 + 13 \times 16^1 + 15 \times 16^0 + 4 \times 16^{-1} + 8 \times 16^{-2}$$
$$= 12288 + 512 + 192 + 15 + 0.25 + 0.03125 = (13007.28125)_{10}$$

2. 十进制数转换成二进制数

把十进制数转换成二进制数的方法是:整数转换用"除 2 取余法";小数转换用"乘 2 取整法"。

例 1-4　将十进制数$(125.6875)_{10}$转换成二进制数,转换过程如下:

整数部分　　　　　　　　　　　　　　　　　小数部分

即$(125.6875)_{10}=(1111101.1011)_{2}$。

在例 1.4 中,小数部分经过有限次乘 2 取整过程即告结束。但也有许多情况可能是无限的,这就要根据精度的要求在适当的位数上截止。对八进制和十六进制也有同样的情况。

3. 十进制数转换成八进制数

十进制数转换成八进制数的方法是:整数部分转换采用"除 8 取余法",小数部分转换采用"乘 8 取整法"。

例 1-5　将十进制数$(1725.703125)_{10}$转换成八进制数。

整数部分 1725 转换如下:　　　　　　　　小数部分 0.703125 转换如下:

整数部分　　　　　　　　　　　　　　　　　小数部分

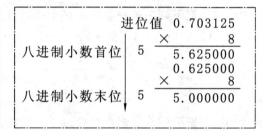

即$(1725.703125)_{10}=(3275.55)_{8}$。

4. 十进制数转换成十六进制数

将十进制数转换成十六进制数的方法是:整数部分转换采用"除 16 取余法",小数部分转换采用"乘 16 取整法"。

例 1-6　将十进制数$(12345.671875)_{10}$转换为十六进制数。

整数部分 12345 转换过程如下:　　　　　小数部分 0.671875 转换过程如下:

整数部分　　　　　　　　　　　　　　　　　小数部分

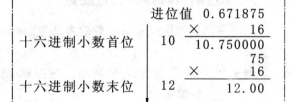

即$(12345.671875)_{10}=(3039.AC)_{16}$。

5. 非十进制数之间的相互转换

由于一位八进制数相当于三位二进制数,所以要将八进制数转换成二进制数,只需以小数点为界,向左或向右每一位八进制数用相应的三位二进制数取代即可。如果不足三位,可用零补足。反之,二进制数转换成相应的八进制数只是上述方法的逆过程,即以小数点为界,向左或向右每三位二进制数用相应的一位八进制数取代即可。

例 1-7 将八进制数$(714.431)_8$转换成二进制数。

7	1	4	.	4	3	1
111	001	100	.	100	011	001

即$(714.431)_8 = (111001100.100011001)_2$。

例 1-8 将二进制数$(11101110.00101011)_2$转换成八进制数。

011	101	110	.	001	010	110
3	5	6	.	1	2	6

即$(11101110.00101011)_2 = (356.126)_8$。

由于一位十六进制数相当于四位二进制数,所以要将十六进制数转换成相应的二进制数,只需以小数点为界,向左或向右每一位十六进制数用相应的四位二进制数取而代之即可。如果不足四位,则用零补足。同理,若要将一个二进制数转换成相应的十六进制数,只要取四位逐步用十六进制表示即可。

例 1-9 将十六进制数$(1AC0.6D)_{16}$转换成相对应的二进制数。

1	A	C	0	.	6	D
0001	1010	1100	0000	.	0110	1101

即$(1AC0.6D)_{16} = (1101011000000.01101101)_2$。

例 1-10 将二进制数$(10111100101.00011001101)_2$转换成相对应的十六进制数

0101	1110	0101	.	0001	1001	1010
5	E	5	.	1	9	A

即$(10111100101.00011001101)_2 = (5E5.19A)_{16}$。

1.2.4 二进制与计算机

计算机是对数据信息进行高速自动化处理的机器。这些数据信息可以是以数值、字符以及表达式等来体现的,它们都以二进制编码形式与机器中的电子元件状态相对应。二进制与计算机的密切关系是与二进制本身所具有的特点分不开的,概括起来有下列几点。

1. 可行性

采用二进制,它只有 0 和 1 两个状态,这在物理上是极易实现的。例如,用电平的高与低、电流的有与无、开关的接通与断开、晶体管的导通与截止、灯的亮与灭等两个截然不同的对立状态来表示二进制。计算机中用双稳态触发电路来表示二进制数,这比用十稳态电路来表示十进制要容易得多。

2. 简易性

二进制数的运算法则简单。例如,二进制的求数法则只有三种:

$$0+0=0, \quad 0+1=1+0=1, \quad 1+1=10(逢二进一)$$

而十进制数的求和法则却有 100 多种。因此,采用二进制可以使计算机运算器的结构大为简化。

3. 逻辑性

由于二进制数符 1 和 0 正好与逻辑代数中的真(true)和假(false)相对应,所以用二进制来表示二值逻辑以及进行逻辑运算是十分自然的。

4. 可靠性

由于二进制只有 0 和 1 两个符号,所以在存储、传输和处理时不容易出错,这使计算机具有的高可靠性得到了保证。数据可在物理介质上记录或传输,并通过外围设备被计算机接受,经过处理而得到结果。

数据能被送入计算机加以处理,包括存储、传送、排序、归并、计算、转换、检索、制表和模拟等操作,以得到人们需要的结果。数据经过解释并被赋予一定的意义后,便成为信息。

计算机系统中的每一个操作都是对数据进行某种处理,所以数据和程序一样,是软件的基本对象。

1.2.5 计算机中数据的表示

1. 机器数与真值

在计算机中只能用数值化来表示数的正、负,人们规定用 0 表示正号。用 1 表示负号。例如,在计算机中 8 个二进制位表示一个数+90,其格式如下:

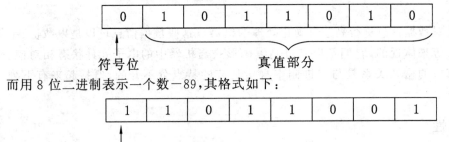

而用 8 位二进制表示一个数-89,其格式如下:

| 1 | 1 | 0 | 1 | 1 | 0 | 0 | 1 |

符号位,1表示负

在计算机内部,数值和符号都用二进制代码表示,两者合在一起构成数的机内表示形式,称为机器数,而它真正表示的数值称为这个机器数的真值。

2. 定点数和浮点数

计算机所表示的数的范围受设备的限制,在计算机中,一般用若干二进制位表示一个数或者一个指令。把它们作为一个整体来处理、存储和传送。这种作为一个整体来处理的二进制位串称为计算机字,表示数据的字称为数据字,表示指令的字称为指令字。

计算机是以字为单位的进行处理、存储和传送的。所以运算器中的加法器、累加器以及其他一些寄存器,都选择与字长相同的数。字长一定,则计算机数据所能表示的数的范围也就确定了。

例如,使用 8 位字长的计算机,它可以表示无符号整数的最大值是 $(255)_{10}=$ $(11111111)_2$。在运算时,若数据超出机器数所能表示的范围,就会停止运算和处理,这种现象称为溢出。

1) 定点数

计算机中运算的数有整数,也有小数,如何确定小数点的位置呢? 通常有两种约定:一种是规定小数点的位置固定不变,这时的机器数称为定点数;另一种是小数点的位置可以浮动,这时的机器称为浮点数。微型机多使用定点数。

数的定点表示是指数据字中的小数点的位置是固定不变的。小数点可以固定在符号位之后,这时,数据字就表示一个纯小数。假定机器字长为 16 位,符号位占一位,数值部分占 15 位,于是机器数

其等效的十进制数为 2^{-15}。

如果把小数点的位置固定在数据字的最后,这时,数据字就表示一个纯整数。假设机器字长为 16 位,符号位占一位,数值部分占 15 位,于是机器数

其等效的十进制数为 32767。

定点表示法所能表示的数值范围很有限,为了扩大定点数的表示范围,可以通过编程技术,采用多个字节来表示一个定点数,例如,采用 4 字节或 8 字节不等。

2) 浮点数

浮点表示法就是小数点在数中的位置是浮动的。在以数值计算为主要任务的计算机中,由于定点表示法所能表示的数值范围太窄,不能满足计算机的需要,所以就要采用浮点表示法。在同样字长的情况下,浮点数表示的范围扩大了。

计算机中的浮点表示法包括两部分:一部分是阶码(表示指数,计为 E);另一部分是尾数(表示有效数值,记为 M)。设任意一数 N 可以表示为 $N=2^E M$。

其中,2 为基数,E 为阶码,M 为尾数。浮点数在机器中的表示方法如下:

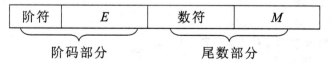

由尾数部分隐含的小数点位置可知,尾数总是小于 1 的数值,则给出该浮点数的有效数值。尾数部分的符号位确定该浮点数的正负。阶码给出的总是整数,它确定小数点浮动的位数,若阶符为正,则向右移动;若阶符为负,则向左移动。

假设机器字长为 32 位,阶码 8 位,尾数 24 位:

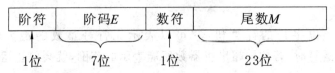

其中,左边 1 位表示阶码的符号,符号位后的 7 位表示阶码的大小。后 24 位中,有一位表示尾数的符号,其余 23 位表示尾数的大小。浮点数表示法对尾数有如下规定:

$$1/2 \leq M < 1$$

即要求尾数中第 1 位数不为零,这样的浮点数称为规格化数。

当浮点数的尾数为零或者阶码为最小值时,机器通常规定,把该数看作零,称为"机器零"。在浮点数表示和运算中,当一个数的阶码大于机器所能表示的最大阶码时,产生上溢。上溢时机器一般不再继续运算而转入溢出处理。当一个数的阶码小于机器所能表示的最小阶码时,产生下溢,下溢时一般当作机器零来处理。

3. BCD 码

二-十进制编码(binary coded decimal,BCD)是采用若干位二进制数表示一位十进制数的编码方案。因十进制有 0~9 十个数字,必须用四位二进制进行编码,四位二进制可以编出 16 种不同的组合状态,取其中 10 种表示 0~9,另外 6 种不用。

BCD 码编码方法很多,8421 码是最常用的一种,它采用 4 位二进制数表示 1 位十进制数,而 4 位二进制数各位权值由高到低分别是 2^3、2^2、2^1、2^0 ,即 8、4、2、1,故称为 8421 码。这种编码方法比较直观。对于多位十进制数,只需将其每位数字按表 1-3 中所列对应用 8421 码直接列出即可。例如:

$$(2315.47)_{10} = (0010\ 0011\ 0001\ 0101.0100\ 0111)_{BCD}$$

表 1-3　十进制与 BCD 码的转换关系

十进制数	0	1	2	3	4	5	6	7	8	9
8421 码	0000	0001	0010	0011	0100	0101	0110	0111	1000	1001

在进行数据转换时,8421 码不能直接转换成二进制数,必须先将 8421 码表示的数转换成十进制数,再将十进制数转换成二进制数。例如:

$$(100101100111.0101)_{BCD} = (967.5)_{10} = (1111000111.1)_2$$

1.2.6　数据的单位

计算机中数据的常用单位有位、字节和字。

1. 位

计算机采用二进制,运算器运算的是二进制数,控制器发出的各种指令也表示成二进制数,存储器中存放的数据和程序也是二进制数,在网络上进行数据通信时发送和接收的还是二进制数。显然,在计算机内部到处都是 0 和 1 组成的数据流。

计算机中最小数据单位是二进制的一个数位,简称位,计算机中最直接最基本的操作就是对二进制位的操作。一个二进制位可表示两种状态(0 或 1)。两个二进制位可表示四种状态(00、01、10、11)。位数越多,所表示的状态就越多。

2. 字节

为了表示人们可识别的所有字符(字母、数字以及各种专用符号,有 128~256 个),需要用 7 位或 8 位二进制数。因此,人们选定 8 位为 1 字节,即 1 字节由 8 个二进制数组成。

字节是计算机中用来表示存储空间大小的最基本的容量单位。例如,计算机内存的存储容量、磁盘的存储容量等都是以字节为单位表示的。

除了字节为单位表示存储容量以外,还可以用千字节、兆字节以及十亿字节等表示存储容量。它们之间存在下列换算关系:

$$1 \text{ B} = 8 \text{ bit}$$
$$1 \text{ KB} = 2^{10} \text{ B} = 1024 \text{ B}$$
$$1 \text{ MB} = 2^{20} \text{ B} = 1024 \text{ KB}$$
$$1 \text{ GB} = 2^{30} \text{ B} = 1024 \text{ MB}$$

3. 字

字是由若干字节组成的,字是计算机进行数据存储和处理的单位。

字节是计算机性能的重要标志,不同档次的计算机有不同的字长。按字长可以将计算机分为 8 位机、16 位机、32 位机、64 位机。计算机的字长是设计机器时规定的,表示存储、传送、处理数据的信息单位。字长越长,在相同时间内能传送的信息越多,从而使计算机运算速度更快;字长越长,计算机有更大的寻址空间,从而使计算机的内存容量更大;字长越长,计算机系统支持的指令数量越多,功能就越强。

1.2.7　字符编码

计算机中,对非数值的文字和其他符号进行处理时,要对文字和符号进行数字化处理,即用二进制编码来表示文字和符号,字符编码就是规定用怎样的二进制编码来表示文字和符号。由于字符编码是一个涉及世界范围内有关信息的表示、交换、处理、存储的基本问题,所以都是以国家标准的形式颁布实施的。

用汇编语言和各种高级语言编写的程序,将其输入计算机中,这是人与计算机通信所用的语言,已不再是一种纯数学的语言,而多为符号式语言。因此,需对各种符号进行编码,以使计算机能识别、存储、传送和处理。

最常见的符号信息是文字符号,所以字母、数字和各种符号都必须按约定的规则用二进制编码才能在计算机中表示。

1. ASCII 码

在计算机系统中使用最为广泛的是美国信息交换标准(代)码,(American Standard code for Information Intelchange,ASCII),读作阿斯克伊码。ASCII 码虽然是美国国家标准,但它已被国际标准化组织(ISO)认定为国际标准。ASCII 码已为世界公认,并在世界范围内通用。

ASCII 码有 7 位版本和 8 位版本两种,国际上通用的是 7 位版本。7 位版本的 ASCII 码有 128 个元素,其中包括通用控制字符 34 个,阿拉伯数字 10 个,大、小写英文字母 52 个,各种标点符号和运算符号 32 个。

7 位版本 ASCII 码的 128 个元素,只需用 7 个二进制位($2^7=128$),为了查阅方便,表 1-4 中列出了 ASCII 字符编码,见表 1-4。

表 1-4　ASCII 码表

二进制低四位 ($b_3b_2b_1b_0$)	二进制高三位 ($b_6b_5b_4$)							
	000	001	010	011	100	101	110	111
0000	NUL	DEL	SP	0	@	P	`	p
0001	SOH	DC1	!	1	A	Q	a	q
0010	STX	DC2	"	2	B	R	b	r
0011	ETX	DC3	#	3	C	S	c	s
0100	EOT	DC4	$	4	D	T	d	t
0101	ENQ	NAK	%	5	E	U	e	u
0110	ACK	SYN	&	6	F	V	f	v
0111	BEL	ETB	'	7	G	W	g	w
1000	BS	CAN	(	8	H	X	h	x
1001	HT	EM	)	9	I	Y	i	y
1010	LF	SUB	*	:	J	Z	j	z
1011	VT	ESC	+	;	K	[	k	{
1000	FF	FS	,	<	L	\	l	|
1101	CR	GS	-	=	M	]	m	}
1110	SO	RS	·	>	N	∧	n	~
1111	SI	US	/	?	O	_	o	DEL

在微型计算机中采用 7 位 ASCII 码作为机内码时每个字节占用 7 位,最高位恒为 0。

至于 8 位 ASCII 码,它使用 8 位二进制数进行编码。当最高位为 0 时,称为基本 ASCII 码(编码与 7 位 ASCII 码相同),当最高位为 1 时,形成扩充的 ASCII 码,它表示数的范围为 128～255,可表示 128 种字符。通常各个国家都把扩充的 ASCII 码作为自己国家语言文字的代码。

2. 汉字编码

我国用户在使用计算机进行信息处理时，一般都要用到汉字，因此，必须解决汉字的输入/输出以及汉字处理等一系列问题。当然，关键问题是要解决汉字编码的问题。

由于汉字是象形文字，字的数目很多，常用汉字就有 3 000～5 000 个，加上汉字的形状和笔画多少差异很大，因此，不可能用少数几个确定的符号将汉字完全表示出来，或像英文那样将汉字拼写出来，汉字必须有它自己独特的编码。

1)《信息交换汉字编码字符集·基本集》

《信息交换汉字编码字符集·基本集》是我国于 1980 年制定的国家标准 GB 2312—1980，代号为国标码，是国家规定的用于汉字信息处理使用的代码的依据。

GB 2312—1980 中规定了信息交换用的 6 763 个汉字和 682 个非汉字图形符号（包括几种外文字母、数字和符号）的代码。

6 763 个汉字又按其使用频度分为一级汉字（3 755 个）和二级汉字（3 008 个）。

一级汉字按拼音字母顺序排列；若是同音字，则按起笔的笔形顺序排列；若起笔相同，则按第二笔的笔形顺序排列，以此类推。所谓笔形顺序，就是横、竖、撇、点和折的顺序。二级汉字按部首顺序排列。

在此标准中，每个汉字（图形符号）采用双字节表示，每字节只用低 7 位。由于低 7 位中有 34 种状态用于控制字符，因此，只有 94（128－34＝94）种状态可用于汉字编码。这样，双字节的低 7 位只能表示 94×94＝8 836 种状态。

此标准的汉字编码表有 94 行 94 列。其行号称为区号，列号称为位号。双字节中，用高字节表示区号，低字节表示位号。非汉字图形符号置于第 1～11 区，一级汉字 3 755 个置于 16～55 区，二级汉字 3 008 个置于第 56～87 区。

每个图形字符的汉字交换码均用两个字节的低 7 位二进制码表示。汉字国际码通常用十六进制数表示，例如，"中"字的区号为 54，位号为 48，则它的国标码为 1010110 1010000（十六进制为 5650）；又如，"国"字的区号为 25，位号为 90，它的国标码为 011001 1111010（十六进制为 397A）。

2) 汉字的机内码

汉字的机内码是供计算机系统内部进行存储、加工处理、传输统一使用的代码，又称为汉字内部码或汉字内码。不同系统使用的汉字内码有可能不同。目前使用最为广泛的一种为 2 字节的机内码，俗称变形的国标码。这种格式的机内码是将国标 GB 2312—1980 交换码的 2 字节的最高位分别置为 1 而得到的。其最大的优点是机内码表示简单，且与交换码之间有明显的对应关系，同时解决了中西文机内码存在二义性的问题。例如，"中"的国标码为十六进制 5650（0101011001010000），其对应的机内码为十六进制 D6D0（1101011011010000），同样，"国"字的国标码为 397A，其对应的机内码为 B9FA。

3) 汉字的输入码

汉字输入码是为了将汉字通过键盘输入计算机而设计的代码。汉字输入编码方案很多，其表示形式大多用字母、数字或符号。输入码的长度不同，多数为 4 字节，主要可分为拼音类输入法、形类输入法和音形结合类输入法几大类。

4) 汉字的字形码(外码)

汉字字形码是汉字字库中存储的汉字字形的数字化信息,用于汉字的显示和打印。目前汉字字形的产生方式大多是数字式,即以点阵方式形成汉字。因此,汉字字形码主要是指汉字字形点阵代码。

汉字字形点阵有 16×16 点阵、24×24 点阵、32×32 点阵、64×64 点阵、96×96 点阵、128×128 点阵、256×256 点阵等。一个汉字方块中行数、列数分得越多,描绘的汉字也就越细微,但占用的存储空间也就越多。汉字字形点阵中的每个点的信息要用一位二进制码来表示。对于 16×16 点阵的字形码,需要用 32 字节(16×16÷8=32)表示;24×24 点阵的字形码需要用 72 字节(24×24÷8=72)表示。

字模一词是沿用印刷中的名词。字印刷中,字模是浇铸铅字的模型。在计算机中,字模表示产生字形的点阵模式。字模和字形是同一概念。

汉字字库是汉字字形数字化后,以二进制文件形式存储在存储器中而形成的汉字字模库。汉字字模库亦称汉字字形库,简称汉字字库。汉字字库可分为软汉字库和硬汉字库。

1.3 信息与信息社会

1.3.1 计算机文化概述

世界正在经历由原子时代向比特时代的变革,计算机科学与技术的进步在其中无疑起着关键性的作用。经过六十多年的发展,计算机技术的应用领域几乎无所不在、无所不能,成为人们工作、生活、学习不可或缺的重要组成部分,并由此形成了独特的计算机文化。过去我们扫盲主要是使教育对象具有"能写会算"的基本功。而现在强调的是计算机素养,通常表现为能熟练地使用计算机并用于解决学习、工作或生活中的问题,随着计算机教育的普及,计算机文化正成为人们关注的热点。

计算机文化,就是人类社会的生存方式因使用计算机而发生根本性变化而产生的一种崭新的文化形态,这种崭新的文化形态体现为:计算机理论及其技术对自然科学、社会科学的广泛渗透表现的丰富文化内涵;计算机的软、硬件设备,作为人类所创造的物质设备丰富了人类文化的物质设备品种;计算机应用介入人类社会的方方面面,从而创造和形成的科学思想、科学方法、科学精神、价值标准等成为一种崭新的文化观念。

计算机文化作为当今最具活力的一种崭新文化形态,加快了人类社会前进的步伐,其所产生的思想观念、所带来的物质基础条件以及计算机文化教育的普及有利于人类社会的进步和发展。同时,计算机文化也带来了人类崭新的学习观念:面对浩瀚的知识海洋,人脑所能接受的知识是有限的,我们根本无法完全记忆,计算机这种工具可以解放我们繁重的记忆性劳动,人脑应该更多地用来完成"创造性"劳动。

当人类跨入 21 世纪时,又迎来了以网络为中心的信息时代。作为计算机文化的一个重要组成部分,网络文化已成为人们生活的一部分,深刻地影响着人们的生活,同样,也给我们带来了前所未有的挑战。信息时代是互联网的时代,娴熟地驾驭互联网将成为人们工作和生活的重要手段。

今天,计算机文化已成为人类现代文化的一个重要组成部分,完整准确地理解计算科学与工程及其社会影响,已成为新时代青年人的一项重要任务。

"信息化"的概念在 20 世纪 60 年代初提出。一般认为,信息化是指信息技术和信息产业在经济和社会发展中的作用日益加强,并发挥主导作用的动态发展过程。它以信息产业在国民经济中的比例、信息技术在传统产业中的应用程度和信息基础设施建设水平为主要标志。

什么是信息:概括性地讲,信息就是确定性的增加,信息是事物现象及其属性标识的集合。从内容上看,信息化可分为信息的生产、应用和保障三大方面。信息生产,即信息产业化,要求发展一系列信息技术及产业,涉及信息和数据的采集、处理、存储技术,包括通信设备、计算机、软件和消费类电子产品制造等领域。信息应用,即产业和社会领域的信息化,主要表现在利用信息技术改造和提升农业、制造业、服务业等传统产业,大大提高各种物质和能量资源的利用效率,促使产业结构的调整、转换和升级,促进人类生活方式、社会体系和社会文化发生深刻变革。信息保障,指保障信息传输的基础设施和安全机制,使人类能够可持续地提升获取信息的能力,包括基础设施建设、信息安全保障机制、信息科技创新体系、信息传播途径和信息能力教育等。

信息社会与知识社会:信息社会也常被称为知识社会,但两个概念的侧重点略有不同。在知识社会,知识、创新成为社会的核心;相对于"信息社会"而言,信息社会的概念建立在信息技术进步的基础之上,"知识社会"的概念则包括更加广泛的社会、伦理和政治方面的内容,信息社会仅仅是实现知识社会的手段;信息技术革命带来社会形态的变革,从而推动面向知识社会的下一代创新。在知识社会里,每个人都要学会在信息海洋里有效地选择自身需要的内容,完善自身人格,提高自己的鉴赏能力,培养认知水平,以便分清有用信息和无用信息,拥有新知识;知识社会也使得创新不再是少数科技精英的专利,而成为更为广泛的大众参与、推动了创新的民主化进程;以大众创新、共同创新、开放创新为特点的创新,而知识社会是人类可持续发展的源泉。

1.3.2　信息人才与信息素养

信息素养本质是全球信息化需要人们具备的一种基本能力。它包括:能够判断什么时候需要信息,懂得如何去获取信息、如何去评价和有效利用所需的信息。

信息素养是一种对信息社会的适应能力,它涉及信息的意识、信息的能力和信息的应用。

信息素养是一种综合能力,涉及各方面的知识,是一个特殊的、涵盖面很宽的能力,它包含人文的、技术的、经济的、法律的诸多因素,和许多学科有着紧密的联系。信息技术支持信息素养,通晓信息技术强调对技术的理解、认识和使用技能。而信息素养的重点是内容、传播、分析,包括信息检索以及评价,涉及更宽的方面。它是一种了解、搜集、评估和利用信息的知识结构,既需要通过熟练的信息技术,也需要通过完善的调查方法、通过鉴别和推理来完成。信息素养是一种信息能力,信息技术是它的一种工具。

　　1998 年,美国图书馆协会和教育传播协会制定了学生学习的九大信息素养标准,主要概括了信息素养的具体内容为:具有信息素养的学生能够有效地和高效地获取信息;熟练地和批判地评价信息;精确地、创造性地使用信息。作为一个独立学习者的学生具有信息素养,能探求与个人兴趣有关的信息,同时能欣赏作品和其他对信息进行创造性表达的内容,能力争在信息查询和知识创新中做得最好,能实行与信息和信息技术相关的符合伦理道德的行为,能积极参与探求和创建信息。

　　我国针对国内教育的实际情况,学生的信息素养培养主要针对以下五方面的内容:热爱生活,有获取新信息的意愿,能够主动地从生活实践中不断地查找、探究新信息;具有基本的科学和文化常识,能够较为自如地对获得的信息进行辨别和分析,正确地加以评估;可灵活地支配信息,较好地掌握选择信息、拒绝信息的技能;能够有效地利用信息、表达个人的思想和观念,并乐意与他人分享不同的见解或信息;无论面对何种情境,能够充满自信地运用各类信息解决问题,有较强的创新意识和进取精神。

　　并指出信息素养的八个主要表现能力:运用信息工具,能熟练使用各种信息工具,特别是网络传播工具;获取信息,能根据自己的学习目标有效地收集各种学习资料与信息,能熟练地通过阅读、访问、讨论、参观、实验、检索等获取信息的方法;处理信息,能对收集的信息进行归纳、分类、存储记忆、鉴别、遴选、分析综合、抽象概括和表达等;生成信息,在信息收集的基础上,能准确地概述、综合、履行和表达所需要的信息,使之简洁明了、通俗流畅并且富有个性特色;创造信息,在多种收集信息的交互作用的基础上,迸发创造性思维的火花,产生新信息的生长点,从而创造新信息,达到收集信息的终极目的;发挥信息的效益,善于运用接收的信息解决问题,让信息发挥最大的社会和经济效益;信息协作,使信息和信息工具作为跨越时空的、“零距离”的交往和合作中介,使之成为延伸自己的高效手段,同外界建立多种和谐的合作关系;信息免疫,浩瀚的信息资源往往良莠不齐,需要有正确的人生观、价值观、甄别能力以及自控、自律和自我调节能力,能自觉抵御和消除垃圾信息及有害信息的干扰和侵蚀,并且完善合乎时代的信息伦理素养。

　　信息化在迅猛发展的同时,也给人类带来负面、消极的影响。这主要体现为信息化对全球和社会发展的影响极不平衡,信息化给人类社会带来的利益并没有在不同的国家、地区和社会阶层得到共享。数字化差距或数字鸿沟加大了发达国家和发展中国家的差距,也加大了我国国内经济发达地区与经济不发达地区间的差距。信息技术的广泛应用使劳动者对具体劳动的依赖程度逐渐减弱,对劳动者素质特别是专业素质的要求逐渐提高,从而不可避免地带来了一定程度上的结构性失业。数字化生活方式的形成,使人类对信息手段和信息设施及终端的依赖性越来越强,在基础设施不完善、应急机制不健全的情况下,一旦发生紧急状况,将造成生产生活的极大影响。另外,信息安全与网络犯罪、信息爆炸与信息质量、个人隐私权与文化多样性的保护等,也是信息化带给人类社会的新的挑战。

　　《2006~2020 年国家信息化发展战略》(简称《战略》)对信息化发展做出了全面部署。《战略》指出,大力推进信息化,是覆盖中国现代化建设全局的战略举措,是贯彻落实科学发展观、全面建设小康社会、构建社会主义和谐社会和建设创新型国家的迫切需要和必然选择。

总之,伴随着信息技术的发展,信息化和全球化已成为当代世界经济不可逆转的大趋势。应正确认识全球信息化发展的大趋势,主动应对这个大趋势,趋利避害,加快发展信息产业,积极推进国民经济和社会信息化,缩小数字鸿沟,提高信息安全保障水平,为创新型国家和社会主义和谐社会建设做出更大贡献。

1.3.3　信息化社会道德准则与行为规范

信息道德(information morality)是指在信息领域中用以规范人们相互关系的思想观念与行为准则,是指在信息的采集、加工、存储、传播和利用等信息活动各个环节中,用来规范其间产生的各种社会关系的道德意识、道德规范和道德行为的总和。它通过社会舆论、传统习俗等,使人们形成一定的信念、价值观和习惯,从而使人们自觉地通过自己的判断规范自己的信息行为。

信息道德作为信息管理的一种手段,与信息政策、信息法律有密切的关系,它们各自从不同的角度实现对信息及信息行为的规范和管理。信息道德以其巨大的约束力在潜移默化中规范人们的信息行为,信息政策和信息法律的制定和实施必须考虑现实社会的道德基础,所以说,信息道德是信息政策和信息法律建立和发挥作用的基础;而在自觉、自发的道德约束无法涉及的领域,以法制手段调节信息活动中的各种关系的信息政策和信息法律则能够发挥充分作用;信息政策弥补了信息法律滞后的不足,其形式较为灵活,有较强的适应性,而信息法律则将相应的信息政策、信息道德成文形成法律规定的条例等形式,从而使信息政策和信息道德的实施具有一定的强制性,更加有法可依。信息道德、信息政策和信息法律三者相互补充、相辅相成,共同促进各种信息活动的正常进行。

信息道德是一种道德手段,是依靠社会舆论和内心信念形成的一种行为规范,并没有一个明确的制定主体。信息政策和信息法律是由统治阶级制定的,反映统治阶级的意志和利益,而信息道德的形成尽管也有统治阶级的导向作用,但更多的是社会经济关系的体现,是自发形成的,存在于人们的意识中,任何违反信息法律的行为都必然受到惩罚,因此,信息法律的约束力是强制的,其执行力度是最大的。而信息道德的执行并没有任何机构或者组织来管理,它依靠社会舆论和社会评价以及人们内心的信念、传统习惯和价值观来维持。通过人们内在的道德来自觉实现,其约束力具有很大的弹性。

信息政策是不同的行政部门就信息活动的某些方面所制定的规范,是在一定时期内的行为准则,针对性强,但是它会随着国家政权的变化而变化,容易受国内外形势或重大事件的影响,因此信息政策具有一定的阶段性和灵活性,其作用范围也有一定的局限性。信息法律由于必须兼顾公平和效率,对所有的信息主体都具有法律效力,可以说信息法律的作用范围比信息政策更加普遍、稳定,实效性更长,并且不会随着领导人的变更而有很多变化。尽管信息道德的约束力具有很大的弹性,完全根据社会成员和组织个人的道德意识而变化,但是从作用范围上看,信息道德的作用范围比信息政策和信息法律的作用范围都要广,它涉及信息活动的各个层次和环节以及相关的社会生活的各个领域,有最普遍的约束力,可以说,信息道德的调节范围既包括信息政策和信息法律能调节的因素,也包括信息政策和信息法律不能调节的方面。

信息道德功能的发挥也是多方面的,它引导人们对自己信息行为的认识,启示人们科学地洞察和认识信息时代社会道德生活的特征和规律,从而正确地选择自己的信息行为,设计自己的信息生活;调节信息活动中的各种关系,指导和纠正个人的信息行为,同时也可以指导和纠正团体的信息行为,使其符合信息社会基本的价值规范和道德准则,从而使社会信息活动中个人与他人、个人与社会的关系变得和谐与完善,使存在的符合应有的;对人们的信息意识的形成、信息行为的发生有很多教育功能,通过舆论、习惯、传统,特别是良心,培养人们良好的信息道德意识、品质和行为,从而提高人们信息活动的精神境界和道德水平。最终对个人和组织等信息行为主体的各种信息行为产生约束或激励,从而发挥其对信息管理顺利进行的规范作用。

所谓信息道德的两个方面,即信息道德的主观方面和信息道德的客观方面。前者指人类个体在信息活动中以心理活动形式表现出来的道德观念、情感、行为和品质,如对信息劳动的价值认同,对非法窃取他人信息成果的鄙视等,即个人信息道德;后者指社会信息活动中人与人之间的关系以及反映这种关系的行为准则与规范,如扬善抑恶、权利义务、契约精神等,即社会信息道德。

所谓信息道德的三个层次,即信息道德意识、信息道德关系、信息道德活动。信息道德意识是信息道德的第一层次,包括与信息相关的道德观念、道德情感、道德意志、道德信念、道德理想等,是信息道德行为的深层心理动因。信息道德意识集中体现在信息道德原则、规范和范畴之中。

信息道德关系是信息道德的第二个层次,包括个人与个人的关系、个人与组织的关系、组织与组织的关系。这种关系建立在一定的权利和义务的基础之上,并以一定的信息道德规范形式表现出来,如网络条件下的资源共享,网络成员既有共享网上信息资源的权利(尽管有级次之分),也要承担相应的义务,遵循网络的管理规则,成员之间的关系是通过大家共同认同的信息道德规范和准则维系的。信息道德关系是一种特殊的社会关系,是被经济关系和其他社会关系所决定、所派生出的人与人之间的信息关系。

信息道德活动是信息道德的第三层次,包括信息道德行为、信息道德评价、信息道德教育和信息道德修养等。这是信息道德的一个十分活跃的层次。信息道德行为即人们在信息交流中所采取的有意识的、经过选择的行动;根据一定的信息道德规范对人们的信息行为进行善恶判断即为信息道德评价;按一定的信息道德理想对人的品质和性格进行陶冶就是信息道德教育;信息道德修养则是人们对自己的信息意识和信息行为的自我解剖、自我改造。生活之树常青,信息道德活动主要体现在信息道德实践中。

总的来说,作为意识现象的信息道德,它是主观的东西;作为关系现象的信息道德,它是客观的东西;作为活动现象的信息道德,则是主观见之于客观的东西。换句话说,信息道德是主观方面即个人信息道德与客观方面即社会信息道德的有机统一。

信息技术道德的形成有科学技术道德的基础,是随着信息技术的发展而逐渐开始产生的。事实上,信息技术道德属于科学技术道德的范畴,只是由于信息技术的特殊性及其对现代社会产生的巨大影响,信息技术道德要求在原来传统科学技术道德的基础上有所拓展。如何从道德的角度,对信息技术的研制、开发以及利用进行必要的规范和约束,使得信息技术的负面效应尽量减少,最大限度地促使信息技术应用的正面效果,从而保证信息技术朝着有利于人类生存、有利于社会发展的方向进行,是信息技术道德研究的重点。

网络道德可以说是随着计算机技术、互联网技术等现代信息技术的出现而诞生的。互联网的发展,使得一个全新的网络社会产生并逐渐繁荣,成了人们现实生活社会之外的另一个虚拟生活社会。更重要的是,网络社会在人们生活和社会发展中的趋势是不容置疑的。它对人们的工作、学习、生活的意义更趋重要,对社会经济、政治、文化发展的影响也逐日提升。但是,在网络社会中,知识产权、个人隐私、信息安全、信息共享等各种问题也纷纷出现,使得传统的社会伦理道德在网络空间中显得苍白无力。为了规范和管理网络社会中的各种关系,伦理道德的手段被引入其中。目前,网络道德的研究和实践已经引起国内外的普遍重视。

网络媒体作为网络社会的重要组成部分,肩负着促进网络伦理道德建设的重大使命。我国传统媒体和网络媒体携手,在网络伦理道德建设的进程中迈出了脚步。

作为一种随着信息技术的产生和信息化的深入而逐渐提上日程的道德规范,信息道德的建设对于世界各国来说,都是一个需要继续努力的重要课题。作为一个发展中国家,我国更应该根据现有的信息伦理道德水平,借鉴国外的研究成果,加强宣传和教育,不仅仅要加强青年人的信息伦理道德的教育,更应该致力于全民的信息伦理道德建设,从而提高信息行为主体的文明意识和道德水平,使人们能够更好地在信息社会中自爱、自律,为共同促进信息社会的发展而努力。

1.3.4　知识产权

知识产权指权利人对其所创作的智力劳动成果所享有的专有权利,一般只在有限时间期内有效。各种智力创造,如发明、文学和艺术作品,以及在商业中使用的标志、名称、图像以及外观设计,都可被认为是某一个人或组织所拥有的知识产权。

知识产权是指对智力劳动成果依法所享有的占有、使用、处理和收益的权利。知识产权是一种无形财产,它与房屋、汽车等有形财产一样,都受到国家法律的保护,都具有价值和使用价值。有些重大专利、驰名商标或作品的价值远远高于房屋、汽车等有形财产。根据我国《民法通则》的规定,知识产权属于民事权利,是基于创造性智力成果和工商业标记依法产生的权利的统称。

知识产权是智力劳动产生的成果所有权,它是依照各国法律赋予符合条件的著作者以及发明者或成果拥有者在一定期限内享有的独占权利,它有两类:一类是版权,另一类是工业产权。版权是指著作权人对其文学作品享有的署名、发表、使用以及许可他人使用和获得报酬等的权利。

最高院、最高检、公安部、司法部 2011 年联合发布了《关于办理侵犯知识产权刑事案件适用法律若干问题的意见》,对知识产权的保护力度大大加强。中华人民共和国国务院令自 2002 年 1 月 1 日起施行颁布了《计算机软件保护条例》。《刑法》第二百一十七条规定,“未经著作权人许可,复制发行其文字作品、音乐、电影、电视、录像作品、计算机软件及其他作品的,属于犯罪行为。”

第2章 Windows 操作系统

Windows 是由微软公司推出、在 PC 市场尤其是中国的 PC 市场占有率最为广泛的一种图形用户界面操作系统。它利用窗口、图标、菜单和其他可视化部件控制计算机，通过使用鼠标直观地实现各种操作，用户既不必了解计算机的硬件信息，又不必记忆和键入控制命令，极大地方便了用户特别是非专业用户对计算机系统的使用。

本章学习目标

理解操作系统的基本概念；

了解当前操作系统的类型及特点；

掌握 Windows 操作系统图形界面及其基本操作；

掌握 Windows 应用程序管理；

掌握 Windows 文件管理功能；

掌握应用 Windows 控制面板进行体统设置的方法。

2.1 操作系统简介

2.1.1 操作系统在计算机系统中的地位和作用

计算机系统由硬件系统和软件系统组成。其中硬件系统是实现计算机系统功能的物质基础，软件系统则大大扩展了计算机硬件功能，方便用户对计算机的使用，并提高了计算机系统的使用效率。根据软件在计算机系统中的作用，计算机软件分为应用软件和系统软件。在所有系统软件中最重要的一类系统软件就是操作系统。

操作系统作为直接安装并运行在计算机硬件上的第一层软件，一方面直接控制和管理计算机系统的所有硬件，另一方面为所有除操作系统本身之外的软件（包括其他系统软件和应用软件）提供软件支撑环境。在整个计算机系统中处于一个硬件和软件结合的部位，像胶水一样将计算机硬件和软件"粘合"在一起，使得计算机硬件和软件协调工作，极大地提高了计算机系统的效率，方便用户使用。因此，操作系统在整个计算机系统中处于非常核心的地位，起着无可替代的作用。无论什么类型的计算机硬件系统，都需要安装一个相应的操作系统，用户才能够方便高效地使用计算机。

操作系统的主要作用可以从三个方面来理解。

（1）从系统功能扩充的角度来讲，操作系统是运行于硬件系统的第一层软件，实现了系统功能的第一次扩充。

（2）从资源管理的角度来讲，操作系统直接控制和管理计算机系统的所有硬件资源（包括内存、CPU、各种外部设备，如硬盘、显示器、键盘、鼠标、打印机等）和软件资源，协调所有运行于操作系统之上的应用程序的运行,极大地提高了计算机系统各资源的使用效率。

(3) 从方便用户的角度来讲,操作系统作为运行在硬件系统上的第一层软件,向用户屏蔽了关于计算机硬件的底层细节,使得用户即使不了解这些复杂、烦琐、深奥的底层细节也可以很方便地使用计算机系统,起着沟通计算机硬件和用户的作用。

2.1.2　常见的计算机操作系统

自 1946 年第一台计算机诞生以来,至今已有七十年时间。但操作系统并不是在计算机诞生之初就已经产生,而是在使用计算机的过程中,围绕着方便用户和提高计算机系统效率这两个目标从无到有、从简单到复杂逐步发展起来的。下面介绍几种常见的计算机操作系统。

1. DOS 操作系统

DOS(disk operating system)即磁盘操作系统。最初是微软公司为 IBM-PC 开发的单用户单任务、字符界面的操作系统,因为它对硬件平台的要求很低,所以在 20 世纪 80～90 年代适用性较广。由于 DOS 支持 16 位机的硬件系统,已经无法适应现在普遍的 32 位、64 位的计算机硬件,现在很少使用。

2. Mac OS 操作系统

Mac OS 操作系统是美国苹果计算机公司为它的 Macintosh 计算机设计的操作系统,该机型于 1984 年推出,在当时的 PC 还只是 DOS 枯燥的字符界面的时候,Mac 率先采用了一些至今仍为人称道的技术,如图形用户界面、多媒体应用、鼠标等,Macintosh 计算机在出版、印刷、影视制作和教育等领域有着广泛的应用,Microsoft Windows 至今在很多方面还有 Mac 的影子。

3. Windows 操作系统

Windows 是 Microsoft 公司在 1985 年 11 月发布的第一代窗口式多任务系统,它使 PC 开始进入了所谓的图形用户界面时代。在图形用户界面中,每一种应用软件(由 Windows 支持的软件)都用一个图标(icon)表示,用户只需把鼠标移到某图标上,双击即可进入该软件,这种界面方式为用户提供了很大的方便,把计算机的使用提高到了一个新的阶段。

2009 年,Microsoft 公司发布了功能极其强大的 Windows 7,该系统采用 Windows 2000/NT 内核,运行非常可靠、稳定,用户界面焕然一新,使用起来得心应手,优化了与多媒体应用有关的功能,内建了极其严格的安全机制,每个用户都可以拥有高度保密的个人特别区域,尤其是增加了具有防盗版作用的激活功能。

4. UNIX 操作系统

UNIX 系统是 1969 年在贝尔实验室诞生的,最初是在中小型计算机上运用。UNIX 为用户提供了一个分时系统以控制计算机的活动和资源,并且提供了一个交互、灵活的操作界面。UNIX 被设计成为能够同时运行多进程,支持用户之间共享数据。同时,UNIX 支持模块化结构,当安装 UNIX 操作系统时,只需要安装用户工作需要的部分,例如,UNIX 支持许多编程开发工具,但是如果并不从事开发工作,只需要安装最少的编译器。用户界面同样支持模块化原则,互不相关的命令能够通过管道相连接,用于执行非常复杂的操作。UNIX 有很多种,许多公司都有自己的版本,如 AT&T、Sun、HP 等。

5. Linux 操作系统

Linux 是当今计算机界一个耀眼的名字,是目前全球最大的一个自由免费软件,其本身是一个功能可与 UNIX 和 Windows 相媲美的操作系统,具有完备的网络功能。它的用法与 UNIX 非常相似,因此许多用户不再购买昂贵的 UNIX,转而投入 Linux 等免费系统的怀抱。Linux 最初由芬兰人 Torvalds 开发,其源程序在 Internet 上公开发布,由此,引发了全球计算机爱好者的开发热情,许多人下载该源程序并按自己的意愿完善某一方面的功能,再发回网上,Linux 也因此被雕琢成为一个全球最稳定的、最有发展前景的操作系统。

2.2　Windows 基本操作

Windows 操作系统之所以能够取得如此巨大的成功,得益于它最早推出市场化的图形界面。后来很多字符界面的操作系统都推出了自己的图形界面。图形界面通过桌面、窗口、图标、菜单和对话框等可视化部件,结合鼠标和键盘的操作,完成用户的各项操作。下面分别介绍图形界面各要素及其基本操作。

2.2.1　Windows 图形界面对象

1. 鼠标

在 Windows 图形界面下,鼠标是最基本的输入设备。利用鼠标可以完成除字符输入之外的几乎所有操作。现在通用的鼠标一般都有左右两键及两键之间的滚轮。

鼠标的基本操作有以下 5 种。

(1) 指向:移动鼠标,使鼠标指针指向某个对象或位置。

(2) 单击:指向某对象后快速按下鼠标左键并释放,一般用于选择鼠标指向的对象。

(3) 右击:指向某对象后快速按下鼠标右键并释放,一般用于对鼠标指向的对象进行相关的操作。

(4) 双击:指向某对象后连续两次快速按下鼠标左键并释放,一般用于打开选中的对象。

(5) 拖动:指向某对象,按下鼠标左键,移动鼠标指针至目标位置后释放。

通常情况下,鼠标指针的形状是一个小箭头。但是,某些特殊场合下,如鼠标指针位于窗口边缘时,鼠标指针的形状会发生变化,表 2-1 列出了 Windows 7 缺省方式下最常见的几种鼠标指针形状。

表 2.1　几种鼠标指针形状及意义

指针符号	指针名	指针符号	指针名	指针符号	指针名
	正常选择		垂直调整		手写
	求助		对角线调整		精确定位
	后台运行		对角线调整		水平调整
	忙		移动		链接选择
	选定文字		候选		不可用

2. 图标

图标是用来表示各种 Windows 应用程序、文件(文件夹)、计算机网络设备和其他计算机信息等对象的小图片,它一般由小图片和说明文字两部分组成。根据图标表示的对象的类型,将图标分为以下几类。

(1) 应用程序图标:每个图标表示一个应用程序,完成一些特定的功能。

(2) 文件图标:每个图标表示一个文件。不同类型的文件的图标是不一样的,一般文件的图标与打开该文件的应用程序的图标是一样的。

(3) 文件夹图标:每个文件夹图标表示一个文件夹。一般的文件夹图标为一个黄色的公文包。

(4) 驱动器图标:每个驱动器图标表示一个逻辑存储器。不同的存储介质驱动器图标不一样,例如,软盘驱动器、硬盘(U 盘)驱动器、光盘驱动器、磁带驱动器等默认图标都是不一样的。

(5) 快捷方式图标:快捷方式是 Windows 提供给用户用于快速访问各种对象而复制的可以直接访问该对象的替身。一般桌面上大多数图标都是快捷方式图标,其标志就是在图标的左下方有一个小小的弯曲的箭头。

3. 桌面

桌面是打开计算机并登录到 Windows 之后用户看到的主屏幕区域。用户向系统发出的各种操作命令都是通过桌面来接收和处理的。它分为两部分:一个是桌面上面积最大的区域,用于放置各种图标的工作区;另一个是位于工作区下方的长条形的任务栏。

Windows 安装时系统自动创建的图标称为系统图标,主要包括以下几个。

(1) 计算机:用于管理和浏览计算机中所有的资源信息,包括硬件信息、软件信息、系统配置信息以及外部设备信息等。

(2) 用户文档:"用户文档"是一个文件夹,使用它可存储文档、图片和其他文件,它是系统默认的文档保存位置,每位登录到该台计算机的用户均拥有各自唯一的"用户文档"文件夹。

(3)网络:用于浏览网络对象和进行网络参数设置。

(4)回收站:用于存储和管理从本地硬盘上删除的文件。

(5)控制面板:整个 Windows 操作系统的参数设置中心。

Windows 7 初装时桌面只有一个系统图标,那就是回收站。用户可以在桌面工作区右击,在弹出的快捷菜单中选择"个性化"菜单打开控制面板设置窗口,在窗口右侧单击"更改桌面图标"项,打开"桌面图标设置"窗口,勾选要在桌面上显示的系统图标。

任务栏位于桌面工作区下方,依次由四部分组成,如图 2-1 所示。

图 2-1 任务栏组成

(1)开始按钮:开始按钮按下时打开"开始"菜单,其中包括使用 Windows 7 所需的全部命令,如要启动程序、打开文档、改变系统设置、查找特定信息等,都可以通过在"开始"菜单中选择具体的命令来完成,是用户操作计算机的总控中心。

(2)任务按钮区:在这个区域,主要放置固定在任务栏上的程序(用于快速启动相应的应用程序)和当前正打开的程序和文件的任务按钮。每一个由用户启动的、正在运行的应用程序或者打开的文件都对应着一个按钮。用户通过单击按钮来查看对应应用程序的运行情况,也可以在此区域通过单击的方法在不同任务窗口之间进行切换。

(3)通知区:显示系统在开机状态下常驻内存的一些程序的状态信息,如输入法状态、网络连接状态、杀毒软件监控状态、音效状态、当前系统时间以及软件的升级信息等。用户可通过通知区了解计算机当前运行情况。

(4)显示桌面按钮。在 Windows 7 中,任务栏的最右边有一个无文字图标标识的按钮,该按钮的功能就是快速显示桌面工作区内容。

4. 菜单

图形界面下的菜单,其实就是将一系列常用的命令排列在一起,形成一个列表,方便用户通过鼠标或者键盘选择相关的命令进行操作。

在 Windows 系统中,关于菜单的约定,如图 2-2 所示。

(1)菜单的可用:一般当前可用的菜单命令用黑色字体显示出来,不可使用的菜单命令用灰色字体显示。

(2)菜单名字后有省略号:单击这种菜单命令可以弹出一个相应的对话框,要求用户输入某种信息或改变某些设置。

(3)菜单名字右侧带有三角形标记(级联菜单):这种菜单命令表示下面还有一个子菜单,当鼠标指针指向该命令时会自动弹出下一级子菜单。

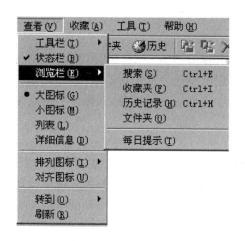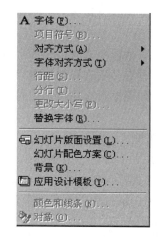

图 2-2　菜单的类型

（4）菜单中命令名后有带下划线的字母，表示该命令可通过按 Alt＋对应字母键执行。

（5）菜单中的命令名后带有快捷键，表示该命令可以直接通过快捷键执行。

（6）若菜单命令名前面有标记，表示该菜单选项有效。带有"●"，表示该菜单是目前有效的单选项，带有"√"，则表示目前有效复选项。

5．窗口

窗口是桌面上用于查看应用程序或文档等信息的一个矩形区域，包括应用程序窗口、文件夹窗口等。

一个窗口的组成一般包括以下几部分。

标题栏：位于窗口顶部，左侧标明该窗口的名称，右侧是窗口控制按钮（最小化、最大化、关闭）。

菜单栏：位于标题栏下方，由一系列菜单按钮组成。单击每一个菜单按钮都会打开一个下拉菜单，提供大多数操作控制命令。

工具栏：位于标题栏下方，由许多常用的命令按钮组成。每一个命令按钮与菜单栏下某一个菜单功能对应。

工作区：整个窗口中面积最大的区域，显示相应的应用程序的运行情况或信息。

状态栏：位于窗口底部，显示窗口的当前状态和有关信息。

窗口边框：组成窗口矩形区域的四条边。需要改变窗口大小时可以用鼠标指向边框后拖动。

滚动条：当窗口工作区内容太多，超出了工作区显示范围时，窗口工作区底部或右侧会出现一个滚动条，用户可通过用鼠标拖动滚动条来查看更多内容。

6．对话框

在 Windows 环境下执行某些操作时，系统会出现一个临时窗口，在该临时窗口中会出现一些选项或者一些提示供用户选择，这类临时窗口被称为对话框。

对话框分为以下几种。

1) 列表框

在一个对话框中有时出现一个方框,并在右边有一个"▼"按钮,当单击该按钮时,就会出现一个具有多项选择的列表,我们可以从中选择其一,该类列表称为列表框。

当一个列表框具有很多选项时,可能会出现一个滚动条,其操作和使用窗口的滚动条一样。

2) 复选框

有时,在一个对话框中会列出多项的选择,我们可以从这些项目中选择一项或者多项,该类对话框称为复选框。当单击某一项目时,会在该项目前的方框中出现一个"√"符号,表示该项已被选中。如果要取消选中,再次单击出现"√"符号的项目即可。

3) 单选按钮

在某些项下有若干选项,其标志是前面有一个圆环,当选中某项时,出现一个实心圆点表示选中。在单选按钮选项下的选择项中,只能选中一个选项。这与复选框是不同的。

4) 输入框

当单击后,会出现插入光标,可以在其中输入文字。

5) 命令按钮

当在对话框中按下按钮后,可以根据对话框的性质产生相应的动作,如确定、取消、应用或关闭。

6) 选项卡与标签

有许多对话框都是由多个选项卡组成,即对话框包含多组内容,每组内容是一个选项卡,选项卡上有相应的标签识别。各个选项卡互相重叠,以减少对话框所占空间。如图 2-3 所示的对话框就是由中文版式、文件位置、保存等多个选项卡组成。

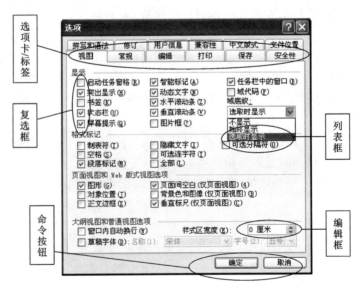

图 2-3　标签及对话框对象

7. 剪贴板

剪贴板是 Windows 操作系统内置的一个不可见对象,是一片用于临时存放各种信息(包括文字、图像、图表、文件等)的连续内存,是应用程序之间进行信息交换必不可少的工具。剪贴板的工作特点可以概括如下。

(1) 一次性输入:剪贴板上只能存放最近一次输入到剪贴板上的内容,后面输入的内容会覆盖前面输入的内容。

(2) 重复性输出:剪贴板上的信息只要不被覆盖可以多次输出。

(3) 临时性:由于剪贴板上的内容是存放在内存上的,只能临时存放,一旦掉电、关机,剪贴板上的内容都会丢失。

2.2.2　Windows 基本操作

在 Windows 图形界面下,主要是通过鼠标和键盘等输入设备操作以上介绍的图形对象,并在显示器上监控操作过程和查看计算机返回的结果。Windows 下的基本操作包括以下几种。

1. 对象的选取

在 Windows 图形界面对指定对象执行相应的操作,首先需要选定指定的对象。有时候只需要对一个对象执行操作,有时候要对一批对象执行相同的操作。选取对象的方法如下。

(1) 选定单个对象:在屏幕上移动鼠标指向要选定的对象并单击。

(2) 选定多个连续的对象:在键盘上按住 Shift 键不放,单击第一个对象,再单击最后一个对象,释放 Shift 键。

(3) 选定多个不连续(离散)的对象:在键盘上按住 Ctrl 键不放,依次单击多个不连续的对象,释放 Ctrl 键。

2. 剪贴板的操作

剪贴板的操作主要有复制、剪切、粘贴三种。

复制:将选中的对象或信息输入到剪贴板上,原信息不变。操作方法:选中要复制的对象或信息并右击,在弹出快捷菜单中选择"复制"命令或直接在键盘上同时按下 Ctrl+C 键。

剪切:将选中的对象或信息输入到剪贴板上,原信息被删除。操作方法:选中要剪切的对象或信息并右击,在弹出快捷菜单中选择"剪切"命令或直接在键盘上同时按下 Ctrl+X 键。

粘贴:将剪贴板上的对象或信息输出到目标位置。操作方法:在要粘贴的地方右击,在弹出快捷菜单中选择"粘贴"命令或者直接在键盘上同时按下 Ctrl+V 键。

由于剪贴板是 Windows 中应用程序间进行信息传递的重要工具,在图形界面下很多对象都支持剪贴板的操作。

3. 桌面工作区的操作

由于桌面工作区上放置的是图标,工作区可以设置背景,因此桌面工作区的操作主要包括桌面上图标的操作和桌面外观设置方面的操作。

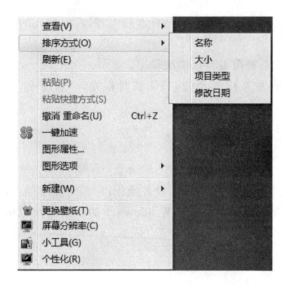

图 2-4 图标排列

1) 图标的操作

移动:对于放置在桌面上的图标,可以通过前面介绍的方法选择一个或多个图标,用鼠标拖拽的方式改变图标在桌面上的位置。

排列:当在桌面上安排了较多的图标时,会显得非常混乱,这时可以排列它们的顺序,以使桌面整洁。在桌面空白处右击,出现的快捷菜单如图 2-4 所示,选择其中"排列图标"命令下的排列方式,单击即可。

2) 桌面外观设置

默认的 Windows 7 桌面背景是纯色的蓝色背景。如果需要修改,在桌面空白处右击鼠标打开图 2-4 显示的快捷菜单,单击"个性化"命令打开个性化设置窗口,如图 2-5 所示。

图 2-5 个性化设置

（1）桌面主题设置。桌面主题是一整套包括背景、屏幕保护程序、图标、窗口、鼠标指针和声音等多项设置的集合。

在"主题"下拉列表中进行选择，可以进行桌面主题的设置。Windows 安装时提供了一些默认的主题，用户也可以在该下拉列表框单击"联机获取更多主题"选项下载自己偏好的个性化主题进行设置。

（2）桌面背景设置。在主题列表框下方单击"桌面背景"图标打开背景设置窗口，可以进行桌面背景的设置。

将鼠标指针指向背景图片列表框中的某张图片，图片的左上角会出现一个复选框，单击该复选框可以选中一张图片。采用同样的方法可以选中多张图片。如果选中一张图片则将选中图片作为背景，如果选中多张图片则以幻灯片播放的方式周期性地更换选中图片作为背景。单击"保存修改"按钮就可以使桌面设置信息生效，如图 2-6（a）所示。

在"图片位置"下拉列表中可以设定墙纸的显示方式："平铺"选项将图像重复排列，"居中"选项将图像放在桌面的中央，"拉伸"选项将图片放大到与屏幕同样大小，如图 2-6（b）所示。

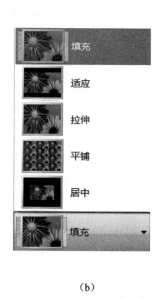

（a）　　　　　　　　　　　　　　　　　　（b）

图 2-6　背景设置

（3）屏幕保护程序。当用户在一段指定的时间内未对计算机进行任何操作时，屏幕保护程序会在显示器上显示指定的图像，一旦用户对计算机做任何操作，屏幕保护程序就停止运行。使用屏幕保护的好处在于，一方面可以防止显示器屏幕长期显示同一个画面，造成显示器屏幕损坏；另一方面通过显示一些运动的图像，隐藏计算机屏幕上显示的信息。

在图 2-5 所示的"个性化设置"窗口的主题列表框下方单击"屏幕保护程序"图标打开屏幕保护程序设置窗口，可以进行屏幕保护程序的设置。

在"屏幕保护程序"下拉列表中可以选择不同风格的屏幕保护程序,在"等待时间"输入框中可以设置计算机等待时间,一旦超过设置的时间用户没有对计算机做操作,屏幕保护程序就开始工作;还可以设置恢复显示时是否需要设置密码。单击"预览"按钮,可以观看该屏幕保护程序的演示,如图 2-7 所示。

图 2-7　"屏幕保护程序设置"对话框

(4) 外观设置。外观设置用于设置桌面上的各种元素(包括活动窗口、非活动窗口、消息栏等)的外观,包括颜色、字体等。

在图 2-5 所示的"个性化设置"窗口的主题列表框下方单击"窗口颜色"图标打开"窗口颜色和外观"设置界面(图 2-8),可以外观设置。

在"项目"下拉列表中选择要进行外观和颜色设置的对象,依次为各对象设置大小、颜色、字体等。

(5) 显示器设置。对于一个显示器,衡量其性能的主要技术标准有以下几项。

分辨率:指屏幕上共有多少个像素点。例如,分辨率为 800×600,表示屏幕上共有 800×600 个像素点,分辨率越高,图像的质量越好。

颜色数:指一个像素点可显示成多少种颜色。颜色数越多,图像越逼真。

在桌面工作区右击,从弹出的快捷菜单中选择"屏幕分辨率"命令,打开显示器设置窗口(图 2-9)。

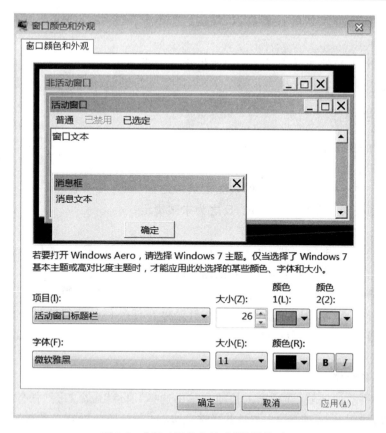

图 2-8　"窗口颜色和外观"设置界面

图 2-9　显示器设置窗口

在连接了多台显示器的计算机上,单击"显示器"下拉按钮选择不同的显示器进行设置。

在"分辨率"下拉列表框中对选中显示器进行分辨率设置。

在"方向"下拉列表框选择显示器的方向,可设置为纵向(翻转)、横向(翻转)。

4. 任务栏操作

对任务栏的操作主要有以下几种。

1) 改变任务栏的锁定状态

右击任务栏空白区域,从弹出的快捷菜单中选择"锁定任务栏"命令。若在选项前出现"√"标记,则表明任务栏已被锁定,反之为未被锁定。

2) 改变任务栏的位置

确定任务栏处于非锁定状态,在任务栏上的空白部分按下鼠标左键将鼠标指针拖动到屏幕上要放置任务栏的位置后,释放鼠标左键。

3) 改变任务栏及各区域大小

确定任务栏处于非锁定状态,将鼠标指针悬停在任务栏的边缘或任务栏上的某一工具栏的边缘,当显示鼠标指针变为双箭头形状时,按住鼠标左键拖动到合适位置后,释放鼠标左键。

4) 设置任务栏属性

右击任务栏空白区域,在弹出的快捷菜单中选择"属性"命令打开"任务栏和「开始」菜单属性"窗口,如图 2-10 所示,单击任务栏选项卡,自定义任务栏外观及通知区域。

图 2-10　"任务栏和「开始」菜单属性"窗口

5. 语言栏操作

单击位于任务栏的语言栏,会弹出菜单显示当前已安装的输入法。在菜单上单击某输入法命令可以激活相应的输入法。激活输入法后桌面工作区会出现一个输入法状态条。虽然每种输入法所显示的工具栏图标会有所不同,但是它们都具有一些相同的部分(以智能 ABC 输入法为例)。

(1) 输入法名称:在单击此按钮时可以在不同输入法之间进行切换。

(2) 中英文切换:用于在中文输入法和英文输入法之间切换。

(3) 全角/半角切换:可以方便用户输入全角、半角文字。所谓全角是指该方式下输入的所有键盘字符和数字都是纯中文方式。数字、英文字母、标点符号与原来的西文方式不同,需占用一个汉字的宽度。

(4) 软键盘:Windows 系统用软件模拟的键盘,通过鼠标操作,与实际键盘功能一样。

(5) 中英文标点符号切换:输入标点符号时,通过按此按钮在中文标点符号和英文标点符号之间进行切换。各中文标点符号与键盘上各按键的对应关系如表 2-2 所示。

表 2-2　中文标点符号与键盘上各按键的对应关系

中文符号	对应键	中文符号	对应键
。句号	.	《〈 左单、双书名号	<
,逗号	,	〉》右单、双书名号	>
;分号	;	……省略号	^
:冒号	:	、顿号	\
!感叹号	!	——破折号	_
?问号	?	·间隔号	@
""双引号	" "	—连接号	&.
''单引号	' '	￥人民币符号	$

在默认情况下,Windows 安装了"智能 ABC"、"全拼"、"双拼"等中文输入法,用户可以对系统的输入法进行设置,删除不常用的输入法或者安装自己惯用的输入法(如搜狗拼音输入法)。设置方法如下。

右击语言栏,在弹出的快捷菜单中选择"设置"命令,打开"文字服务和输入语言"对话框,如图 2-11 所示,可以完成如下设置。

(1) 添加或删除输入法。

在"已安装的服务"列表框中选择要删除的输入法,单击"删除"按钮就可以删除选中的输入法。

单击对话框中的"添加"按钮,弹出一个"输入法"列表框,选择要添加的输入法,单击"确定"按钮,若最初的 Windows 7 是用 CD-ROM 安装的,计算机会提示插入 Windows 7 安装盘,然后自动完成选定输入法的添加操作。

(2) 默认输入语言的设置。

默认输入语言是计算机启动时使用的一个已安装的输入语言,通常选用简体中文-美

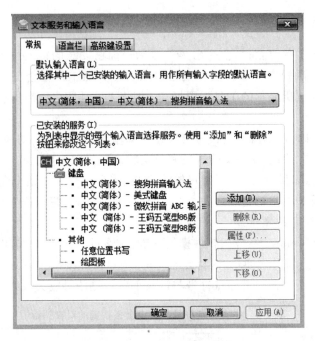

图 2-11　文字服务和输入语言

式键盘,用户可以根据自己的习惯设置开机后的输入法。在"默认输入语言"下拉列表框中选择需要设置的默认输入法即可。

（3）输入法的属性设置。

在"已安装的服务"列表框中选择一种设置属性的输入法,单击"属性"按钮,打开该输入法的属性对话框,进行各种有关设置。

（4）输入法热键的设置。

有时候用户需要快速切换到某种输入法,可以通过设置热键完成。

6. 窗口操作

1）移动窗口和改变窗口尺寸

将鼠标指针移至窗口标题栏,可以把窗口拖动到桌面上的任何位置;要改变窗口尺寸,只要把鼠标指针移动到窗口边缘或角上,指针就会自动地变成双向箭头的形状,这时按住鼠标左键,按照箭头指示的方向拖动,在缩放到合适尺寸时释放鼠标。

2）最大化、最小化、还原及关闭按钮

每个窗口右上角都有着形象易懂的控制按钮:最小化、最大化/还原、关闭按钮。

窗口的关闭除了使用标题栏中的关闭按钮外,还可以双击标题栏左边的控制菜单图标和使用组合快捷键 Alt＋F4。

3）窗口的切换

由于 Windows 是一个多用户多任务操作系统,当同时打开多个窗口时,用户一次只能对一个窗口进行操作,这个可以操作的窗口称为活动窗口,活动窗口的标题栏会高亮显示。在活动窗口和非活动窗口之间切换的方式有三种。

（1）在桌面上单击窗口的任何可见部分，将其切换为活动窗口。

（2）在任务栏上单击对应窗口的按钮，将其切换为活动窗口。

（3）在键盘上按 Alt＋Tab 键，屏幕上出现"切换任务栏"窗口，列出当前正在运行的应用程序窗口。按住 Alt 键不放，每按下并释放一次 Tab 键，显示一个窗口的标题信息。通过这种方法切换到想要设置为活动窗口的窗口后，同时释放 Alt 和 Tab 键，完成一次活动窗口切换。

4）窗口的排列

对于打开的多个窗口，每个窗口都会有一个对应的按钮出现在任务栏的窗口按钮区。由于桌面区域有限，窗口之间互相重叠，有时候会导致用户无法全面获得每个窗口的信息。这时可以通过窗口排列的方式将多个打开的窗口进行重新排列。方法是在任务栏空白处右击，在弹出的快捷菜单中，选择窗口排列方式之一（层叠、堆叠、并排）即可对多个窗口进行重新排列。

需要注意的是，最小化的窗口不参加重新排列。

7. 获得帮助

Windows 为用户提供了强有力的帮助和技术支持。当用户在使用 Windows 的过程中出现问题时，可以查看 Windows 的相关帮助。在桌面单击"开始"按钮，选择"帮助和支持"命令，就可以通过输入关键字查询相关主题获得帮助。

2.3　Windows 文件管理

计算机运行过程中需要的所有信息都是以文件的形式存放在磁盘上的。这些文件包括系统文件、各种应用程序、文本文件等，它们存放在磁盘上的不同文件夹中。如何对这些类型繁多且数量巨大的各种文件进行有效的管理是非常重要的。

1. 文件

文件是相关信息的集合，可以是一个应用程序，像文字处理程序、打印程序或者是一段文字，如信函或备忘录那样的文本，或者由计算机数据等组成。为了区别不同的文件，给每个文件取一个名字，文件名是管理文件的依据。

在 Windows 操作系统中，一个文件包括一个图标和一个名字，相同类型的文件具有相同的图标。

2. 文件夹

一个计算机系统中往往包含上万甚至几十万个文件，为了对这些文件进行有效的管理，引入了文件夹的概念。文件夹是一种特殊的文件，是用来存放文件和文件夹的容器。

Windows 采用树状结构的文件夹管理模式管理文件和文件夹。由于它的结构层次分明，很容易被人们理解；文件夹也称为目录。在树状目录中有一个特殊的目录称为根目录,这个目录是操作系统启动过程中创建的,用户只能使用不能创建根目录。

3. 文件三要素

1) 主文件名

主文件名是区别不同文件的标志,一般高度概括文件的内容、作用、意义等,最好做到"见名知意"。给文件命名时一般要注意以下几点。

(1) 文件名中不区分大小写。

(2) 文件名最大长度(包括路径、扩展名)不超过 255 个字符,可以包含空格和汉字。

(3) 不能包括以下特殊字符:\、/、:、*、?、"、<、>、|。

2) 扩展名

Windows 沿袭了 DOS 操作系统下文件命名的规则,通过扩展名来表示文件的类型。常见的文件类型的扩展名,见表 2-3。

表 2-3　常见的文件类型扩展名

扩展名	文件类型	扩展名	文件类型
exe	二进制码可执行文件	bmp	位图文件
txt	文本文件	tif	tif 格式图形文件
sys	系统文件	html	超文本多媒体语言文件
bat	批处理文件	zip	zip 格式压缩文件
ini	Windows 配置文件	arj	arj 格式压缩文件
wri	写字板文件	wav	声音文件
doc	Word 文档文件	MP3	MP3 声音文件
bin	二进制码文件	dat	VCD 播放文件
cpp	C++语言源程序文件	mpg	MPG 格式压缩移动图形文件

Windows 默认通过扩展名将文件类型和打开文件的应用程序关联起来。如果打开某种类型的文件的应用程序已经安装并关联,则文件的图标默认为应用程序的图标。如果没有给文件指定扩展名或者虽然指定了扩展名但与该扩展名关联的应用程序没有安装,文件图标一律为 📄。双击这种类型的文件时系统会自动打开"打开方式"对话框,要求用户选择打开文件的应用程序。

3) 路径

为了在巨大的辅存空间定位到一个具体的文件,仅有文件的主文件名和扩展名是不够的。如前所述,为了有效地管理海量文件,操作系统将文件目录组织成树状结构,文件的位置一定处于树状目录中的某一个目录中。将从根目录开始一直到文件中间顺序经过的目录依次列出并用分隔符"\"隔开形成的目录串称为文件的路径。有时候为了方便组织和管理,一个物理的磁盘会被划分为几个分区,每个分区有一个不同的盘符(C\D\E\F…)来区别,还需要在路径前面加上盘符,盘符和路径之间用":"分隔。例如,C:\Program Files\Tencent\QQ\Bin\qq.exe 就包含了完整的文件三要素,系统通过这个目录就可以在辅存上定位到指定的文件。

2.4　资源管理器

要对计算机中的文件或文件夹进行浏览、搜索、新建、修改、删除、移动或复制等操作管理，可以在 Windows 资源管理器中进行。

资源管理器可以显示计算机所有软、硬件资源，可以访问控制面板中的各个程序项，对硬件进行设置，可以非常方便地完成移动文件、复制文件等操作，是 Windows 对系统的软件、硬件资源进行管理的有效工具。

2.4.1　打开资源管理器

（1）执行"开始→程序→附件→Windows 资源管理器"命令。

（2）右击"开始"菜单或"我的电脑"图标，在弹出快捷菜单中选择"资源管理器"命令。

2.4.2　资源管理器的组成

Windows 7 的资源管理器窗口如图 2-12 所示，除了一般的窗口元素，如标题栏、状态栏等，还包含有功能丰富的工具栏。

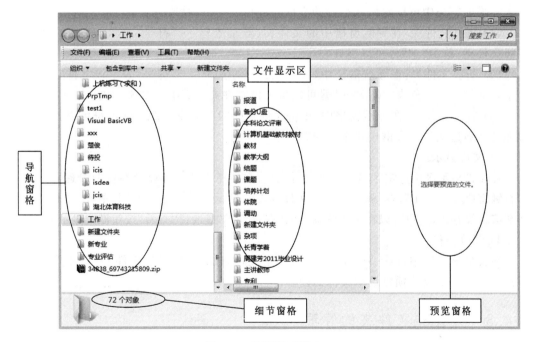

图 2-12　资源管理器窗口

资源管理器窗口分为四部分，左边的小窗口称为导航窗格，它以树型结构表示计算机中的所有对象。中间的窗口称为资源管理器的文件显示区，它显示导航窗格中被选中文

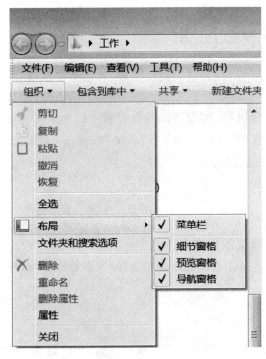

图 2-13　"组织"下拉菜单

件夹的内容。右边的小窗口称为预览窗格,它可以在不打开文件的情况下预览文件列表窗口中选中文件(文档、图片、视频)的内容。用鼠标调整左右窗格之间的分界线的位置,改变左右窗格的大小。在资源管理器的最下方是细节窗格,显示文件显示区的细节信息。

用户可以根据自己的需要来决定资源管理器的窗格布局情况。在资源管理器的工具栏单击"组织"下拉菜单,选择"布局"级联菜单,分别选择不同对象决定是否显示相应对象,如图 2-13 所示。

1)导航窗格

导航窗格是资源管理器工作区的左侧窗口,以文件夹树型结构显示整个计算机中的资源。在导航窗格中选定的文件夹称为当前文件夹,位置等有关信息在地址栏和状态栏中显示。

在导航窗格中可以对树状结构的文件夹进行展开、折叠或打开。

(1)展开文件夹:在导航窗格中的文件夹,若左边有"＋"符号,表示该文件夹中有下一级文件夹,单击"＋"号可以展开它。

(2)折叠文件夹:在导航窗格中,如果文件夹左边有"－"符号,表示该文件夹已经展开了它的下一级文件夹,单击"－"号可以折叠该文件夹及其下一级文件夹。

(3)打开文件夹:在导航窗格中,单击文件夹前的图标或文件夹标识符可以打开该文件夹并在右边文件列表框中显示其内容。

2)文件显示区

在文件显示区中选定了当前文件夹后,当前文件夹中的内容就会在资源管理器工作区的右侧窗口,即"文件列表"框中显示。文件列表的显示可以采用缩略图、平铺、图标、列表、详细信息等方式,用户可以在资源管理器的"查看"菜单或通过"查看"按钮设置显示方式。

3)预览窗格

在文件显示区中选中一个文件时,主要是文档(rtf 文件、图片文件、视频文件)等,在不打开文件的情况下预览选中文件的内容。

2.4.3　文件和文件夹的管理

1. 创建文件夹和文件

在 Windows 中,创建文件夹和创建文件的方法类似。首先,无论文件还是文件夹一定要有一个确定的路径,因此创建文件(文件夹)的第一步是从文件夹窗口或资源管理器窗口切换目录到要创建文件(文件夹)的目标位置。

有两种方法来创建文件(文件夹)。

(1) 在资源管理器窗口选择"文件→新建"→文件类型(文件夹)命令,在文件夹窗口的工作区会出现一个"新建文件夹"(新建文件)图标,图标名称处于可编辑状态,输入文件夹(文件)名称。

(2) 在资源管理器窗口的文件列表框的空白区域右击,从弹出的快捷菜单中选择"新建"子菜单下的"文件夹"(文件)命令,窗口中将出现一个名字为"新建文件夹"的文件夹("新建文件"的文件)。文件夹名(文件名)高亮显示为可编辑状态,输入新文件夹名(文件名),按 Enter 键或单击窗口空白处完成创建文件夹(文件)的操作。

2. 更改文件、文件夹的名称

(1) 选中需要改名的文件或文件夹,然后执行"文件→重命名"命令。

(2) 输入新的名称,按回车键或在窗口中的空白区域单击确认。

如果输入的新名称与现有的文件夹重名,系统将提示"无法重命名"的信息,建议用户重新输入一个名称。此时,单击"确定"按钮关闭此对话框,输入一个新名称。

3. 移动/复制文件或文件夹

移动与复制的不同之处在于:移动时文件或文件夹从原位置被删除并被放到新位置,而复制时文件或文件夹在原位置仍然保留,仅仅是将副本放到新位置。

移动/复制文件或文件夹有多种方法。

1) 用鼠标右键移动和复制文件或文件夹

(1) 在"资源管理器"的右侧窗格中选定要移动或复制的文件或文件夹。

(2) 用鼠标右键将它们拖放到"资源管理器"左侧窗格的目标文件夹上,移动操作选择"移动到当前位置"菜单选项,复制操作选择"复制到当前位置"菜单选项。

2) 用鼠标左键移动和复制文件或文件夹

(1) 在"资源管理器"的右侧窗格中选定要移动或复制的文件或文件夹。

(2) 用鼠标左键将它们拖放到"资源管理器"左侧窗格的目标文件夹上。

(3) 执行移动操作还是复制操作的规则如下:

① 拖放时按下 Ctrl 键,无论是否同盘都执行复制操作。

② 拖放时按下 Shift 键,无论是否同盘都执行移动操作。

③ 直接拖放,同盘执行移动操作,不同盘执行复制操作。

④ 直接拖放时,若选定的对象全部是.exe 或.com 文件,系统将在目标文件夹上为所有的被拖动对象创建快捷方式。

3) 用剪贴板移动或复制文件或文件夹

(1) 在"资源管理器"的右侧窗口中选定要移动或复制的文件或文件夹并右击,要复制文件或文件夹则在快捷菜单中选择"复制"命令,要移动文件或文件夹选择快捷菜单中的"剪切"命令。

(2) 在目标驱动器或文件夹上右击,在弹出的快捷菜单中选择"粘贴"命令。

（3）使用快捷键：Ctrl＋C 复制，Ctrl＋X 移动，Ctrl＋V 粘贴。

4）复制文件和文件夹到移动盘

（1）选择要复制的对象。

（2）右击选定的对象，在弹出的快捷菜单中选择"发送到"→"移动盘盘符"命令。

4. 删除文件或文件夹

选定删除的文件或文件夹，在选定的对象上右击，在弹出的快捷菜单中选择"删除"命令或按 Del 键，如果确定要删除，则单击"是"按钮，否则单击"否"按钮。

提示：这里的删除并没有把文件或文件夹真正删除掉，只是将文件或文件夹移动到了"回收站"中，这种删除是可以恢复的。若要彻底删除所选对象，可以使用 Shift＋Del 组合键。

5. 设置文件或文件夹属性

设置文件或文件夹的属性时，首先要打开其属性对话框，方法是在文件或文件夹的快捷菜单中选择"属性"命令，就可以打开如图 2-14 所示的对话框。文件的常规属性包括文件名、文件类型、文件打开方式、文件存放的位置、文件大小、占用空间以及创建、修改、访问的时间等。文件的属性有两种：只读、隐藏。

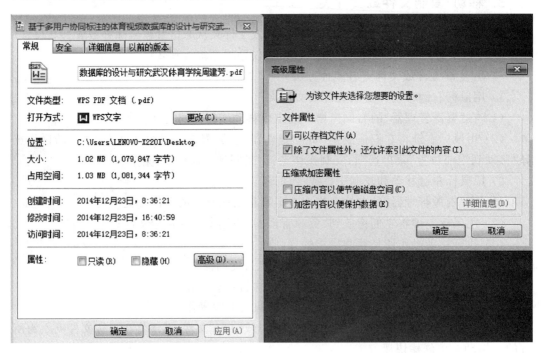

图 2-14　文件属性

只读：只能查看内容，不能修改。设置此属性可防止文件被修改或意外删除。

隐藏：为了保护某些文件或文件夹不会轻易被修改或复制而将其设为"隐藏"，设置这一属性的文件或文件夹在桌面、文件夹或资源管理器中将不会显示。

　　在如图 2-14 所示对话框的"常规"选项卡中,利用"属性"栏的选择框可以设置文件的属性;单击对话框中的"更改"按钮,可以改变文件的打开方式。

　　单击"高级"按钮可以对文件属性作进一步设置,包括存档属性、加密和压缩属性的设置。

　　如图 2-15 所示,文件夹属性对话框"常规"选项卡的内容基本与文件相同,"共享"选项卡可以设置文件夹成为本地或网络上共享的资源,"自定义"选项卡可以更改文件夹的显示图标。

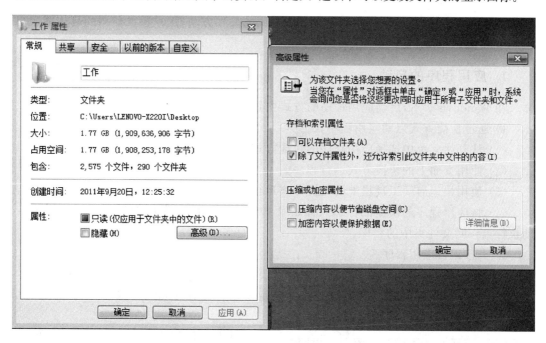

图 2-15　文件夹属性

6. 显示"系统"或"隐藏"文件

　　如果文件或文件夹具有"系统"或"隐藏"属性,那么浏览文件夹时要看到这类文件或文件夹需要按以下步骤进行设置:在资源管理器窗口中,选择"工具→文件夹选项"命令,出现如图 2-16所示的"文件夹选项"对话框。

　　选择"查看"选项卡,在"高级设置"列表框中有"隐藏文件和文件夹"项,根据文件要显示或隐藏的要求,在单选项"不显示隐藏的文件、文件夹或驱动器"和"显示隐藏的所有文件、文件夹和驱动器"中选择一项即可。

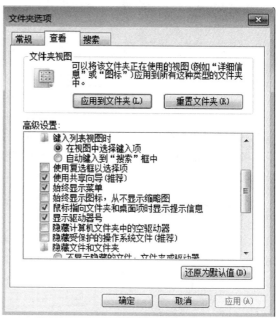

图 2-16　文件夹选项

2.5 Windows 应用程序管理

2.5.1 应用程序的启动和退出

启动和退出 Windows 应用程序有多种不同的操作方法,用户根据使用的具体情况可以从中选取适当的方法。

1. 应用程序的启动

在 Windows 7 下,启动应用程序的方式主要有以下 3 类。

1)通过快捷方式启动应用程序

(1)从开始菜单中选择应用程序的快捷方式运行。

(2)使用桌面上的快捷方式运行程序。

(3)使用快速启动工具栏上的快捷方式运行程序。

(4)将应用程序的快捷图标加入开始菜单中的"启动"文件夹,Windows 7 启动时自动执行"启动"文件夹中的程序。

2)直接运行应用程序

(1)在 Windows 资源管理器窗口中双击要运行的程序。

(2)先在 Windows 资源管理器窗口中选定要运行的程序,选择"文件→打开"命令,或在快捷菜单中选择"打开"命令。

图 2-17 "运行"对话框

(3)从"开始"菜单中选择"运行"命令,打开"运行"对话框(图 2-17),在"打开"文本框中输入应用程序的可执行文件路径和名称,或利用"浏览"按钮在磁盘中查找定位要运行的程序。

(4)在任务管理器窗口的"应用程序"选项卡中单击"新任务"项,输入要运行程序的全名或通过浏览定位到要运行的程序。

3)通过打开由应用程序制作的文档启动应用程序

一个应用程序可以创建许多文档,文档文件总是与创建它的应用程序保持关联,当打开这类文档或数据文件时,系统将自动运行与之关联的应用程序。

2. 退出应用程序

运行多个程序会占用大量的系统资源,使系统性能下降。当不需要一个应用程序运行时,应该退出这个应用程序,具体方式主要有如下几种。

(1)在应用程序窗口中选择"文件→退出"命令。

(2)按 Alt+F4 组合键。

(3)通过关闭应用程序的主窗口来退出应用程序。

（4）在任务栏的应用程序列表中选定要关闭的应用程序，右击出现快捷菜单，选择"关闭"命令，可退出应用程序。

2.5.2　任务管理器

任务管理器可以提供正在计算机上运行的程序和进程的有关信息。一般用户主要使用任务管理器来快速查看正在运行的程序的状态、终止已经没有响应的程序、切换程序或者运行新的任务。利用任务管理器还可以查看 CPU 和内存使用情况的图形和数据等。

在任务栏的空白处右击，从出现的快捷菜单中选择"任务管理器"命令，或按下组合键 Ctrl＋Alt＋Del 都可以打开任务管理器。

在任务管理器窗口中选择"应用程序"选项卡，如图 2-18 所示，窗口中会列出当前计算机正在执行的任务及其状态。用户如果要终止某个正在运行或未响应的应用程序，可以选定该任务，单击"结束任务"按钮即可。也可以选定某项正在运行的任务，单击"切换至"按钮，使该任务对应的应用程序窗口成为活动窗口。

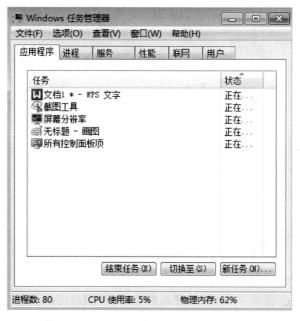

图 2-18　Windows 任务管理器-"应用程序"选项卡

在任务管理器窗口中选择"性能"选项卡，如图 2-19 所示，窗口中会显示 CPU 和内存当前使用情况的相关数据和图形。

图 2-19　Windows 任务管理器-"性能"选项卡

2.6　Windows 控制面板

控制面板是 Windows 下计算机系统对软件和硬件资源进行控制、设置和管理的总控制台。掌握控制面板的使用对于用户个性化定制自己的计算机系统、提高工作效率具有十分重要的作用。

2.6.1　启动控制面板

（1）选择"开始→控制面板"命令。

（2）在资源管理器窗口中选择"控制面板"图标可启动控制面板（图 2-20）。

其中显示器设置已经在前面关于桌面操作中讲过了，下面主要进行日常工作中较为常用的项目的设置。

2.6.2　添加新的硬件

Windows 7 支持即插即用的硬件设备（PnP）。即插即用设备的安装是自动完成的，只要根据生产商的说明将硬件设备安装到计算机上，然后启动计算机，Windows 将自动检测新的即插即用设备，并安装所需的软件，有时需要插入含有相应驱动程序的驱动盘或 Windows 7 光盘。

图 2-20　控制面板项

2.6.3　常见硬件设备设置

在"控制面板"窗口中选择"设备和打印机"项,会打开"设备和打印机"对话框,如图 2-20所示在这个对话框中可选择常用的硬件设备,如键盘、照相机、调制解调器等,对其属性进行设置。

1. 鼠标的设置

鼠标是用来操作 Windows 的极其重要的设备,鼠标性能的好坏会直接影响工作效率。

在控制面板中选择"鼠标"选项,打开"鼠标属性"对话框,如图 2-21(a)所示,可以对鼠标进行设置。

"鼠标属性"对话框包含有多个选项卡。

(1)"鼠标键"选项卡:用于配置鼠标键,当选中"切换主要和次要的按钮"复选框时,鼠标左、右按钮的功能被交换,适合左手使用。在此选项卡中还可以设置鼠标的双击速度,启用单击锁定。

图 2-21　鼠标和键盘属性设置对话框

（2）"指针"选项卡：用于改变在各种工作或运行状态时鼠标指针的大小和形状，也可以保存自定义的鼠标指针方案。

（3）"指针选项"选项卡：用于设置鼠标指针移动的速度，也可以设置是否显示鼠标移动的踪迹，在打字时隐藏鼠标指针，或在对话框中自动将鼠标指针指向默认按钮等鼠标显示方式。

（4）"滑轮"选项卡：用于设置鼠标滑轮一次滚动的行数。

（5）"硬件"选项卡：用于设置有关的硬件属性。

2. 键盘的设置

在控制面板中选择"键盘"选项，打开"键盘属性"对话框，如图 2-21（b）所示，调整字符重复延迟的时间及重复率可以影响键盘按键反应的快慢。在此对话框中还可以设置光标闪烁的频率。

2.6.4　系统属性

在"控制面板"窗口中选择"性能和维护"项，双击"系统"图标，出现如图 2-22 所示的"系统属性"窗口。在"系统属性"窗口中可以查看修改计算机硬件设置，查看设备属性及硬件配置文件。

2.6.5　安装和删除应用程序

在计算机的使用过程中，经常需要安装、更新或删除某些应用程序。安装应用程序可以简单地从装有应用程序的软盘或光盘中运行安装程序。在删除应用程序时最好不要通过直接打开文件夹，彻底删除其中文件的方式来删除应用程序，因为有些应用程序的 DLL

图 2-22　"系统属性"窗口

文件安装在 Windows 目录中，一方面难以删除干净，另一方面很可能会删除其他某些应用程序也需要的 DLL 文件，导致这些应用程序无法使用。

　　Windows 提供了专门添加和删除应用程序的工具，能够自动对驱动器中的安装程序进行定位，简化用户安装。对于安装后在系统中注册的应用程序，也能彻底快捷地全部删除。

1. 安装应用程序

　　安装应用程序通常有两种方法：自动安装、运行安装文件。

　　1）自动安装应用程序

　　目前不少软件安装光盘中附有自动运行（autorun）功能，将安装光盘放入光驱就会自动启动安装程序，用户只需在安装向导的提示引导下输入序列号及作一些选择就可以完成应用程序的安装。

　　2）运行安装文件

　　对于不能自动安装的软件，可以直接运行其安装程序进行安装，通常安装程序名为SETUP. EXE 或 INSTALL. EXE。

2. 更改或删除应用程序

　　更改或删除应用程序时，在控制面板中选择"程序和功能"项目，打开如图 2-23 所示窗口。

　　在该窗口中列出了要更改或删除的应用程序，表示该应用程序已经注册了，只要在程序列表框中选择该应用程序，然后根据需要单击不同的按钮：单击"更改"按钮对选中程序进行安装选项的修改；单击"卸载"按钮，Windows 开始进入更改应用程序的向导或自动删除该应用程序；单击"修复"按钮则是当应用程序受损时进行修复。

　　如果在"添加或删除程序"对话框中没有列出要删除的应用程序，则应该检查该程序所在的文件夹，查看是否有名称为 Remove. exe 或 Uninsmll. exe 的卸载程序，直接运行就可以删除该应用程序。

3. 安装和删除 Windows 7 组件

　　Windows 7 提供了丰富的组件，通常的安装中，往往没有把组件一次全部安装，在使用过程中如果需要某些组件，可以再进行安装。同样，当某些组件不再使用时，可以删除这些组件。

　　在图 2-23 所示的"程序和功能"窗口中单击"打开或关闭 Windows 功能"超级链接，打开如图 2-24 所示的"Windows 功能"窗口。

　　在组件列表框中，选定要安装的组件复选框，或者清除要删除的组件复选框。每个组件包含一个或多个程序，如果要添加或删除一个组件的一部分程序，单击该组件左边的十字框展开该组件显示列表，选择或清除要添加或删除的应用程序的复选框，再单击"确定"按钮。

图 2-23　程序和功能

图 2-24　"Windows 功能"窗口

2.6.6　系统日期和时间的设置

有时,用户为了修正计算机系统的时间误差,或者为了避开某种计算机病毒发作的时间,需要设置系统的日期/时间,设置方法如下。

在"控制面板"窗口中选择"日期和时间"选项,打开日期和时间属性对话框,选择其中的"日期和时间"选项卡,如图 2-25 所示,设置正确的年、月、日和时间后,单击"确定"或"应用"按钮即可。

图 2-25　日期和时间属性对话框

或者双击任务栏右下角的时钟图标打开日期和时间属性对话框进行设置。

2.7　Windows 常用附件

Windows 7 提供了一些内置的应用软件工具,帮助用户完成一些常用的管理和应用操作。这些应用软件一般组织在"附件"中。用户可以通过单击"开始"按钮选择"所有程序"菜单下的"附件"菜单来浏览、查看和运行这些应用软件。下面介绍附件中最常用的一些应用软件。

2.7.1　系统工具应用程序

用户通过执行"开始→所有程序→附件→系统工具"命令可以看到相应的系统工具应用程序,包括磁盘清理、磁盘碎片整理、任务计划、系统还原、系统信息和字符映射表等。在此主要介绍日常系统管理中常用的磁盘清理和磁盘碎片整理程序。

1. 磁盘清理

计算机使用时间长了以后,磁盘上会有许多无用的文件,如 Internet 临时文件、查看特定网页时从网上自动下载的程序文件、删除后仍然保存在"回收站"中的文件、运行程序时存储在 TEMP 文件夹中的临时信息文件等,清除这些无用的文件,可以释放一些磁盘空间。选择系统工具中的"磁盘清理"命令,出现如图 2-26所示的对话框,选择要清理的驱动器后,单击"确定"按钮,程序就自动开始检查磁盘。

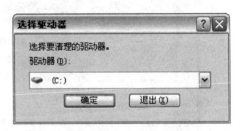

图 2-26　磁盘驱动器选择对话框

清理完毕后,程序将报告清理后可能释放的磁盘空间,列出可被删除的文件类型及其说明,用户选定要删除的文件类型后,单击"确定"按钮即可。

2. 磁盘碎片整理

在磁盘上保存文件时,字节数较大的文件常常被分段存放在磁盘的不同位置,当计算机使用时间很长以后,大量执行过文件的写入、删除等操作,许多文件分段分布在磁盘的不同位置,空间不连续,形成了所谓的磁盘碎片。大量的磁盘碎片直接影响了文件的存取速度,也使计算机的运行速度降低。

通过磁盘碎片整理可以重新安排磁盘中的文件和磁盘自由空间,使文件尽可能存储在连续的单元中,磁盘空闲的自由空间形成连续的块。

在"系统工具"中选择"磁盘碎片整理程序"命令,会打开如图 2-27 所示窗口。

在"磁盘碎片整理程序"窗口中选择需要进行磁盘碎片整理的驱动器,然后单击"分析"按钮,由整理程序分析文件系统的碎片程度;单击"碎片整理"按钮,可开始对选定驱动器进行碎片整理。

2.7.2　文档编辑程序

Windows 附件中为用户提供了两个文档编辑应用程序:记事本和写字板。

1. 记事本

记事本是 Windows 提供的用来编辑、浏览小型文本文件的应用程序。生成的文档扩

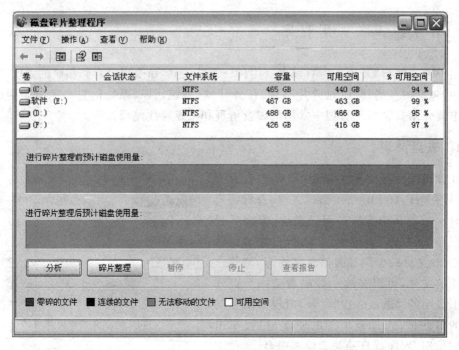

图 2-27　磁盘碎片整理程序

展名为 txt。记事本创建的文本文件大小不超过 48 KB,适合编写源程序、纯数据文件等纯文本文件。存文本文件中不支持键盘以外的特殊字符、音频、视频、图片和表格。

2. 写字板

写字板是 Windows 提供的另外一个文档编辑程序,适合编辑具有特定编排格式的短小文档。用户可以设置不同的字体、段落格式,还可以向文档中插入图片、声音、视频等多媒体信息,具备了 Word 编辑较为复杂文档的基本功能。

如果需要更为复杂的编辑功能,可以选用微软公司专业的办公软件套件中的 Word 程序。

2.7.3　多媒体应用软件

Windows 附件中为用户提供了一些多媒体应用软件,包括"画图""录音机""CD 播放器""Windows Media Player 播放器"等。

1. "画图"应用软件

"画图"应用软件是 Windows 7 自带的简洁实用的绘图工具。用户使用它可以绘制黑白或彩色的位图图形,可以对图形进行旋转、翻转、拉伸以及扭曲等处理,使用非常方便,最后可以把图形保存为图形文件或打印出来。画图程序有一套绘制工具和颜料盒,用于编辑图形图像，也可以输入文字。用画图程序建立的文件，保存时将自动加上文件的扩展名.BMP(位图文件格式)。通过该工具，用户可以创建、编辑多种格式的图片文档，包括 bmp 格式、gif 格式或 jpg 格式的文档。

2. 录音机

使用 Windows 自带的"录音机"程序可以进行声音的录制、播放和简单的编辑。在录制声音之前，确保计算机上装有录音所需的硬件：处理声音信息的声卡和采集声音信息的麦克风。在附件中选择"录音机"命令运行"录音机"应用程序，单击"录音"按钮，开始通过麦克风录音，默认情况下录音机可以录制 60 秒的声音。录制完毕后单击"停止"按钮结束录音。在"文件"菜单下选择"另存为"命令保存录制的声音文件，扩展名为 wav。

3. 媒体播放器

媒体播放器是 Windows 自带的音视频播放软件，可以播放 CD、MP3、音视频文件等。Windows 系统在安装媒体播放器时已经自动将多种可由媒体播放器播放的文件的类型与媒体播放器关联。查看这些文件时会发现这些文件的图标为媒体播放器的图标。使用媒体播放器播放音视频的方法比较简单。

(1)直接双击音视频文件，打开媒体播放器。

(2)运行媒体播放器，在"文件"菜单下选择"打开"命令，打开相应的文件或设备(CD、VCD、DVD 等)。

打开媒体文件后，可以通过媒体播放器界面下方的主控按钮选择"播放""暂停""快进""快退""全屏""音量调节"等功能进行播放过程的控制。更精细的控制可以通过"播放"菜单下的命令来控制。

第 *3* 章　Word 文字处理

　　中文 Word 2010（以下简称 Word）是微软办公自动化软件（Microsoft Office 2010）中最主要和最常用的软件之一，使用 Word 不仅可以实现各种书刊、杂志、信函等文档的录入、编辑、排版，而且可以对各种图像、表格等文件进行处理，它是一个功能非常强大的文字处理软件。本章结合 Word 应用实例，介绍 Word 的操作方法，主要包括文本编辑处理、表格处理、图形处理和综合排版等内容。

本章学习目标

　　掌握 Word 文本的输入与编辑；
　　掌握 Word 文档排版和版面设置；
　　掌握 Word 表格制作与格式化；
　　掌握 Word 图文处理；
　　掌握 Word 文档输出与打印。

3.1　Word 文档的基本操作

3.1.1　文本输入与编辑

1. 中、英文输入

　　Word 的默认输入状态为英文输入状态。按 Ctrl＋Space 键，可在中文和英文输入法之间进行切换。在中文输入状态下，单击语言栏中的 🈲 按钮，或按 Ctrl＋Shift 键，进行输入法的切换。单击语言栏中的 🔳 按钮，可以进行中文标点符号输入和英文标点符号输入的切换。

　　若在 Word 中输入英文，系统会启动自动更正功能。在英文输入状态下，用户可以快速更正已经输入的英文字母或英文单词的大小写，操作方法如下。

　　(1) 选定要更新的文本。

　　(2) 按住 Shift 键的同时，不停地按 F3 键。每次按 F3 键时，英文单词的格式会在“全部大写”、“单词首字母大写”和“全部小写”格式之间进行切换。

2. 特殊符号的输入

　　Word 中允许输入一些特殊的符号，如 ✆、 、Φ、Ω等，操作步骤如下。

　　(1) 光标定位到需要插入字符的位置。

　　(2) 选择“插入”菜单中的“符号”命令，打开“符号”对话框。单击“符号”选项卡，在“字体”下拉列表框中选择符号集。在选定的符号集中，又可以选择不同的子集。

　　(3) 选择要插入的字符，单击“插入”按钮，即可在文档的光标处插入字符。如果要插入常用的印刷符号，如©、§、¶等，可以在“符号”对话框的“特殊字符”选项卡中选择。

3．日期和时间的输入

在文档中可插入固定的日期和时间，也可插入自动更新的日期和时间，操作步骤如下。

（1）单击要插入的日期和时间的位置。

（2）选择"插入"菜单中的"日期和时间"命令，打开"日期和时间"对话框。

（3）在"可用格式"列表框中选择一种要用的格式。

（4）如果选中"自动更新"复选框，可在打印文档时自动更新日期和时间。

（5）单击"确定"按钮。

4．文本的选择

进行文字编辑或格式设置的时候要"先选择后操作"，以下将主要的、常用的操作列出，其中"文本选择区"指文字左边的页边空白区，在文本选择区鼠标指针的形状变为指向右上方的箭头。

选择英文单词或汉字词组：在单词或词组上双击。

选择一句：Ctrl＋单击。

选择一行：在文本选择区单击。

选择多行：在文本选择区上下拖动鼠标。

选择一段：在文本选择区双击。

选择一个矩形区域：Alt＋拖动鼠标左键。

选择整个文档：在文本选择区三击，或者选择"编辑→全选"命令，或者使用组合键Ctrl＋A。

选择任意文本：按住鼠标左键在文字上拖动，可以把鼠标拖动所经过的文字选中，或者先把鼠标指针移到开始位置并单击，然后按住 Shift 键把光标移到结束位置并单击。

5．插入与改写文本

在文档的某一个位置插入文本时，将光标定位到插入位置，输入文本即可，在输入过程中，插入点右面的字符会自动右移。此时文档应该处于非"改写"状态，即"插入"状态。在"插入"状态下，状态栏标记为"插入"，如图 3-1 所示。否则当状态栏标记为"改写"时，即"改写"状态，插入的新文本将替换其后原来的文本。可以通过如下方法来切换插入/改写状态。

图 3-1　"插入"状态

（1）使用鼠标。通过双击状态栏上的"插入"或"改写"标志来打开或关闭改写模式。

（2）使用键盘。通过反复按键盘上 Insert 键可以在插入和改写模式之间进行切换。

6．查找与替换

Word 提供的查找功能可以使用户方便、快捷地找到所需的内容及所在位置，操作方法如下。

（1）选择"开始→查找→高级查找"命令，弹出"查找和替换"对话框。

（2）单击"查找"选项卡，在"查找内容"文本框中输入或选择要查找的文本，单击"查找下一处"按钮，即可查找要找的内容，并以高亮方式显示。

（3）对于一些特殊要求的查找，单击"更多"按钮，弹出如图 3-2 所示对话框。

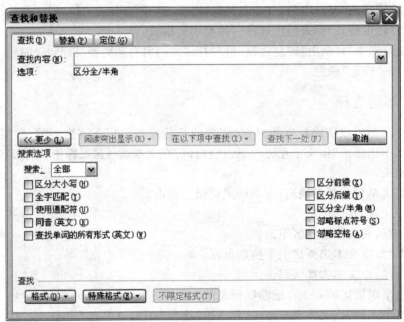

图 3-2 "查找和替换"对话框

（4）在"搜索"下拉列表框中可以设定查找的范围，"全部"是指在整个文档中查找，"向下"是指从当前插入点位置向下查找，"向上"是指从当前位置向上查找。另外，有多个复选框来限制查找内容的形式，用户可以根据需要选择使用。

如果在文档中某些内容需要替换成其他的内容，并且在文档中将多次进行这种替换操作，可以使用替换功能来实现，操作方法如下。

（1）选择"开始→替换"命令，或者按组合键 Ctrl＋H，打开"查找和替换"对话框。

（2）在"查找内容"文本框中输入要查找的内容，如 information。

（3）在"替换为"文本框中输入替换后的新内容，如"信息"。

（4）在"搜索"下拉列表框中选择查找替换的范围。

（5）单击"替换"按钮，则完成文档中距离输入点最近的文本的替换。如果单击"全部替换"按钮，则可以一次替换全部满足条件的内容。

3.1.2 文档的安全性设置

1. 设定打开文档权限密码

为文档设置打开文档设置密码后，只有知道密码的人才有资格阅读和修改该文档。

设置打开文档权限密码的步骤如下。

（1）执行"文件→保护文档→用密码进行加密"菜单命令，打开如图 3-3 所示的"加密文档"对话框。

（2）在"密码"文本框中输入密码，密码可以是字母、数字和符号。

（3）单击"确定"按钮，打开"确认密码"对话框，如图 3-4 所示。

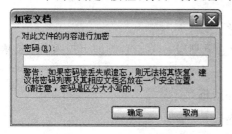
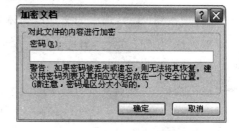

图 3-3　设置权限密码对话框　　　　图 3-4　确认密码

（4）在"重新输入密码"文本框中再输入一遍密码，以确保无误。如果这里输入的密码与上一次输入的密码不同，密码将设置不成功。

（5）单击"确定"按钮即可。

经过上述密码设置后，我们下一次打开文档时，就会弹出一个"密码"对话框，要求用户输入打开权限密码。如果用户忘记了密码，将打不开这个文档。

如果要修改或者删除原来的密码，只需在打开文档后，在设置打开权限密码的地方将密码修改为新的密码或者设为空即可。

2．设置修改权限密码

有些文档只允许别人阅读、复制，但不希望被随意修改演示内容，这时可以设置文档的编辑限制。设置编辑限制并启动强制保护后，不知道密码的用户虽然可以打开该文档，但没有相关的编辑功能。

设置编辑限制的方法和设置打开权限密码的方法基本一样，只需执行"文件→保护文档→编辑限制"菜单命令中进行相关设置即可。

3.2　文档排版与版面设置

3.2.1　设置字符格式

1．使用"开始→字体"工具栏

在"字体"工具栏上提供了一些命令按钮可以直接设置字符的格式，具体操作如下。

（1）字体。"字体"按钮（宋体　▼）：Word 提供了几十种中文和英文字体供用户选择使用，单击右侧的下拉按钮，可以为选中的文本设置字体。

（2）字号。"字号"就是字的大小，在 Word 里，表示字号的方式有两种：一种是中文字号，字号越小，对应的字越大，例如，一号字要比二号字大；另一种是阿拉伯数字，数字越大,对应的字越大。"字号"按钮(五号▾):单击右侧的下拉按钮,可以为选中的文本设置字号。

(3) 字形。"字形"就是文字的形状,在工具栏中 Word 提供了几个设置字形的按钮,用户可以使用它们来选择字形。

"加粗"按钮(**B**):选中的文本以粗体方式显示。

"斜体"按钮(*I*):选中的文本以斜体方式显示。

"下划线"按钮(U▾):为选中的文本下面添加下划线。单击右侧的下拉按钮,选择下划线的类型和粗细。

"字符边框"按钮(A):为选中的文本加上外边框。

"字符底纹"按钮(A):为选中的文本加上底纹。

"字符缩放"按钮(A A):对选中的文本进行放大或缩小。

"字体颜色"按钮(A▾):为选中的文本设置颜色。单击右侧的下拉按钮,选择要设置字体的颜色。

2. 使用"字体"对话框

除了使用格式工具栏中的按钮外,还可以使用"字体"对话框对字符进行综合设置,其中包括字体、字形、字号、颜色和效果,还可以设置字符间距并产生动态效果。具体操作步骤如下。

(1) 选择需要进行排版的文本。

(2) 单击字体工具栏中的▫按钮,弹出"字体"对话框,如图 3-5 所示。

图 3-5　"字体"对话框的"字体"选项卡

（3）在"中文字体"或者"西文字体"下拉列表框中选择字体。

（4）在"字形"列表框中选择常规、倾斜或加粗等字形。

（5）在"字号"列表框中选择字的大小。

（6）选择"字体颜色"。

（7）选择"下划线线型"。

（8）在"效果"各个选项中进行选择，在选中项前面的方框中会有"√"标记。

（9）单击切换到"高级"选项卡，可以进行字符间距的设置。

"缩放"：设置字符的缩放。

"间距"：设置字符之间的距离，如标准、加宽、紧缩等。

"位置"：设置字符的位置，如标准、提升、降低等。

单击"文字效果"按钮，可以进行文本效果格式设置。

3.2.2　设置段落格式

段落作为排版对象指的是两个回车符之间的文本内容。在进行段落排版时，并不需要每开始一个新段落都重新进行排版。当设定一个段落排版后，用户开始新的一段时，新段落的排版和上一段一样。

1. 段落对齐

Word 提供了五种段落对齐方式：左对齐、右对齐、两端对齐、居中对齐和分散对齐。设置段落的对齐方式可以通过如下两种方式进行。

1）使用段落工具栏

"两端对齐"按钮（▤）：将插入点所在段落的每行首尾对齐，但对未输满的行则保持左对齐。默认情况下使用这种方式，适合于书籍的排版。

"居中对齐"按钮（▤）：将插入点所在的段落设为居中对齐。"居中"是指段落的每一行距页面的左、右边距相同，如标题一般设置为居中方式。

"右对齐"按钮（▤）：将插入点所在的段落设为右对齐。

"分散对齐"按钮（▤）：使文字均匀地分布在页面上。段落的"分散对齐"和"两端对齐"很相似，其区别在于"两端对齐"方式当一行文本未输满时左对齐，而"分散对齐"则将未输满的行的首尾仍与前一行对齐，而且平均分配字符间距。

2）使用对话框

单击"段落"工具栏中的 ▣ 按钮，弹出"段落"对话框，切换到"缩进和间距"选项卡，在"对齐方式"的下拉列表框里有 5 种对齐方式可供选择。

2. 段落缩进

段落缩进就是设置和改变段落两侧与页边的距离。段落缩进有 4 种形式：首行缩进、悬挂缩进、左缩进和右缩进。可以使用以下几种方式进行段落缩进的设置。

1）使用标尺。

标尺如图 3-6 所示。

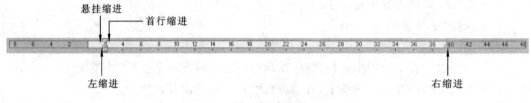

图 3-6　标尺

　　（1）首行缩进。所谓段落首行缩进,是指段落的第一行缩进显示,一般段落都采用首行缩进格式,以标明段落的开始。具体操作方法如下:将光标停留在段落中的任何位置,用鼠标将呈下三角"首行缩进"游标拖动到所需缩进量的位置即可。

　　（2）悬挂缩进。所谓悬挂缩进,指的是段落的首行起始位置不变,其余各行一律缩进一定的距离,形成悬挂效果。具体操作方法如下:将光标停留在段落中的任何位置,用鼠标将呈上三角"悬挂缩进"游标拖动到所需缩进量的位置即可。

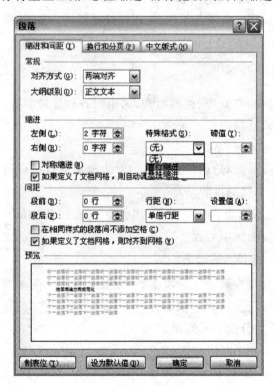

图 3-7　"段落"对话框

　　（3）左缩进。所谓左缩进,是指整个段落向右缩进一段距离。具体操作方法如下:将光标停留在段落任何位置,用鼠标将呈矩形"左缩进"游标向右拖动到所需缩进量位置即可。

　　（4）右缩进。所谓右缩进,是指整个段落向左缩进一段距离。具体操作方法如下:将光标停留在段落任何位置,用鼠标将标尺右边呈上三角形"右缩进"游标向左拖动到所需缩进量位置即可。

　　2）使用对话框

　　段落缩进也可以使用对话框来设置,与鼠标拖动标尺上游标相比,使用对话框可使缩进量更加精确。单击段落"开始"工具栏段落中的 按钮,弹出"段落"对话框,切换到"缩进和间距"选项卡,如图 3-7 所示。从中可以进行相应的缩进设置,可在"特殊格式"下拉列表框里设置"首行缩进"和"悬挂缩进"。

3. 段落间距和行间距

　　段落间距是指段落与段落之间的距离,行间距是指段落中行与行之间的距离。可以使用以下两种方法调整段落间距和行间距。

（1）使用"行距"按钮（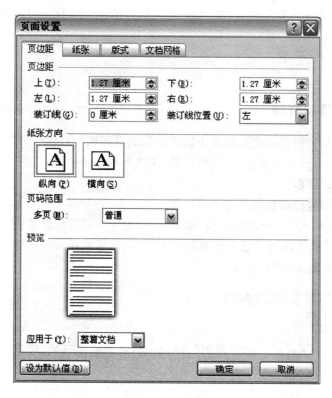），单击右侧的下拉按钮，弹出"行距"下拉菜单，设置相应倍数的行距。

（2）使用"段落"对话框，可以设置段前、段后间距及行间距等。

3.2.3　页面格式化

字符和段落文本只会影响到某个页面的局部外观，影响外观的另一个重要因素是它的页面设置。页面设置包括页边距、纸张大小、页眉版式和页眉背景等。使用 Word 能排出清晰美观的版面。

1．设置页边距

页边距是指页面四周的空白区域。通俗理解是页面的边线到文字的距离。通常，可在页边距内部的可打印区域中插入文字和图形。也可以将某些项目放置在页边距区域中，如页眉、页脚和页码等。选择"页面布局→页边距→自定义页边距"命令，弹出"页面设置"对话框，如图 3-8 所示，可以设置上、下、左、右、装订线的页边距，也可以设置纸张横向、纵向的方向。

图 3-8　设置页面

2．设置纸张大小

在图 3-8 中所示对话框,选择"纸张"选项卡,可以设置打印纸张的大小,也可根据需要自定义纸张大小。

3．设置版式

选择"版式"选项卡,可以设置页眉、页脚出现位置等版式内容。

4．设置文档网格

选择"文档网格"选项卡,可以设置分栏、网格对齐,也可以定义每行字数、每页行数等。

3.2.4　边框与底纹

在 Word 中,可以对文本和段落设置边框和底纹。设置边框和底纹的方法如下。
(1) 单击"格式"工具栏上的"边框"按钮 **A** 和"底纹"按钮 **A**。
(2) 选择"格式→边框和底纹"菜单命令,在打开的"边框和底纹"对话框中进行设置。

3.2.5　页眉与页脚

1．创建页眉和页脚

页眉和页脚是文档中每个页面边距的顶部和底部区域。可以在页眉和页脚中插入文本或图形,如页码、日期、公司徽标、文档标题、文件名或作者名等,这些信息通常出现在文档中每页的顶部或底部。

对页眉和页脚进行设置的具体步骤操作如下。
(1) 选择"插入→页眉→编辑页眉"菜单命令,则进入页眉编辑区域。
(2) 在页眉编辑区域可以输入相关的文本内容、图标或插入页码等,编辑完成后双击正文区可结束页眉设置,返回正文。

2．修改页眉和页脚的内容

操作步骤如下:
(1) 选择"插入→页眉→编辑页眉"菜单命令,或者双击页眉,则进入页眉编辑区域。页脚的设置方法与此类似。
(2) 选择待修改的页眉或页脚,然后直接修改即可。在修改一个页眉或页脚时,Word 会自动对整个文档中相同的页眉或页脚进行修改。

3. 删除页眉和页脚

操作步骤如下。

(1) 选定要删除的页眉或页脚。

(2) 按 Del 键。在删除一个页眉或页脚时，Word 会自动删除整个文档中相同的页眉或页脚。

3.2.6　设置页码

插入页码的具体步骤如下。

(1) 选择"插入→页眉→编辑页眉"菜单命令，工具栏出现"页眉和页脚"按钮，选择"页码→页面顶端"命令，则插入页码到页码顶端，再选择"页码→设置页码格式"命令，出现页码格式设置对话框，如图 3-9 所示。

图 3-9　"页码格式"对话框

(2) 选择页码的编号格式、页码编号等。

(3) 选择对齐方式，如外侧、左侧、居中等。

(4) 选择是否首页显示页码等。

(5) 单击"确定"按钮。

注意：只有在页面视图模式下才能显示页码。只要设置了当前页的页码，Word 就会将所有的页面自动加上页码，并且页码是连续的。

3.2.7　编制文档目录

1. 建立纲目结构

在 Word 中编辑文档时，应用程序为用户提供了能识别文章中各级标题样式的大纲视图，以方便作者对文章的纲目结构进行有效的调整，如图 3-10 所示。

单击"视图"菜单中的"大纲视图"按钮，文档显示为大纲视图。在大纲视图中调整纲目结构，主要是通过大纲视图中的"大纲"工具栏中图 3-11 所示的功能按钮来实现的。

2. 生成目录

编制目录最简单的方法是使用内置的标题样式。如果已经使用了内置标题样式，则可以按下列步骤操作生成目录。

(1) 单击要插入目录的位置。

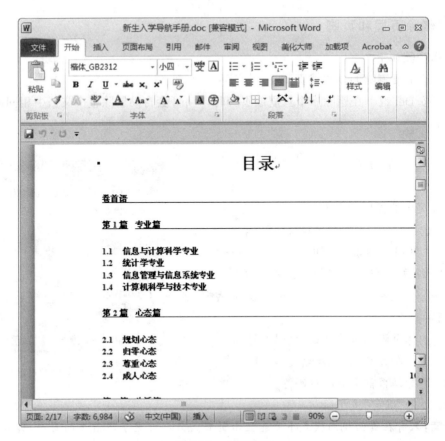

图 3-10　大纲视图

图 3-11　"大纲"工具栏

（2）执行"引用→目录→插入目录"菜单命令，打开"目录"对话框，如图 3-12 所示。

（3）选定"显示页码"和"页码右对齐"两个复选框，单击"确定"按钮，则系统在光标所在位置插入目录。

对已经生成的目录可以进行以下操作。

（1）按住 Ctrl 键的同时，单击目录中的某一行，光标就会定位到正文相应的位置。

（2）如果正文的内容有所修改，需要更新目录，则右击目录，在弹出的快捷菜单中选择"更新域"命令，在"更新目录"对话框中选择"更新整个目录"选项，单击"确定"按钮即可更新目录。

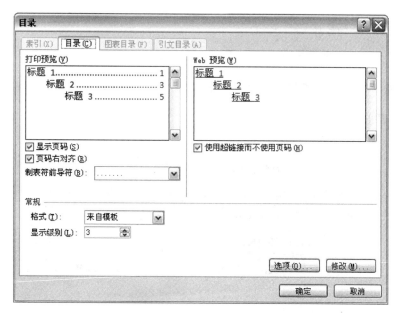

图 3-12　"目录"对话框

3.2.8　样式与格式

样式是字体、字号和缩进等格式设置特性的组合。样式根据应用的对象不同，可以分为字符样式和段落样式两种。字符样式是只包含字符格式的样式，用来控制字符的外观；段落样式是同时包含字符、段落、边框与底纹、制表位、语言、图文框、项目列表符号和编号等格式的样式，用于控制段落的外观。另外，样式根据来源不同，分为内置样式和自定义样式。

用户在新建的文档中所输入的文本具有 Word 系统默认的"正文"样式，该样式定义了正文的字体、字号、行间距、文本对齐等。Word 系统默认内置样式中除了"正文"样式，还提供了其他内置样式，如标题 1、标题 2、默认段落字体等。单击"开始"菜单，在样式工具栏就可以看到内置样式。

在文档中应用样式的方法如下。

（1）单击要设置样式的段落或选定要设置样式的文本。

（2）单击"样式"工具栏右下角的"样式"按钮 ，弹出"样式"对话框，在对话框中单击一种样式，即完成对段落或文本的样式设置。

在编制文档的过程中，经常需要使一些文本或段落保持一致的格式，如章节标题、字体、字号、对齐方式、段落缩进等。如果将这些格式预先设定为样式，再进行命名，并在编辑过程中应用到所需的文本或段落中，可使多次重复的格式化操作变得简单快捷，且可保持整篇文档的格式协调一致，美化了文档外观。

3.2.9　日常文稿处理实例

1. 任务1　比赛通知的编辑与排版

1) 任务要求

参考样张图 3-13,制作比赛通知。

武汉体育学院 2014 年教职工羽毛球比赛通知

为了丰富教职工业余文化生活,提高教职工的身体素质,深入开展全民健身活动,校工会定于 2014 年 4 月 10—13 日举行武汉体育学院教职工羽毛球比赛。现将比赛规程等有关事项通知如下:

一、主办单位:校工会

二、协办单位:教工羽毛球协会

三、比赛形式:团体三场对抗赛

四、比赛日期:4 月 10 日小组循环赛,9:00-14:00;4 月 13 日淘汰赛,13:00开始。

五、比赛地点:小球馆

六、参赛办法:

以各院系工会为单位组队参赛。每队参赛人数为:领队 1 人,教练员 1 人,男运动员 4 人,女运动员 2 人,替补队员 3 人(男队员 2 人、女队员 1 人)。领队、教练员可兼运动员。

七、比赛规则:

➢ 三场对抗赛比赛次序为:混双、男双、混双。

➢ 本次比赛男女均不分年龄对抗,运动员不可兼项。

➢ 比赛采取最新的羽毛球国际比赛规则"21 分制",每场一局决胜(20 平不加分)。

➢ 比赛分两个阶段进行,第一阶段小组循环赛,决出前 16 名。第二阶段交叉淘汰赛,决出最终名次。如果小组循环赛中两个队获胜场数相同,两者比赛的胜队名次列前,三个队或三队以上的获胜场数相同,按该组比赛的净胜局数定名次。依此类推。

➢ 每小组前 2 名进入第二阶段淘汰赛,交叉淘汰赛直至决出前 16 名。

八、奖励办法:

比赛取前八名颁发获奖证书和奖品,所有参赛队颁发鼓励奖。所有参赛队必须按比赛赛程打完所有比赛,中途退出作弃权处理,不发鼓励奖。

九、报名方式:

请于 4 月 2 日前按要求将《武汉体育学院 2014 年教职工羽毛球比赛报名表》发到 ***@wipe.edu.cn 邮箱 。

联系人:***　　　办公室电话:********　　　手机:***********

武汉体育学院工会

2014 年 3 月 25 日

图 3-13　武汉体育学院 2014 年教职工羽毛球比赛通知样张

2) 实现步骤

(1) 新建文档,输入通知内容。

(2) 以"武汉体育学院 2014 年教职工羽毛球比赛通知.docx"为名,保存文档。

(3) 设置字体格式。选定标题,打开"开始"菜单,单击"字体"工具栏右下角的按钮,打开"字体"对话框,设置标题为宋体,四号字,加粗。选定正文,打开"字体"对话框,设置正文为宋体,小四号字。

（4）设置段落格式。选定标题，打开“开始”菜单，单击打开“段落”工具栏右下角的按钮，打开“段落”对话框，设置标题居中。选定正文，打开“段落”对话框，设置正文行间距为“多倍行距”，为值 1.2。参考样张设置相应段落，首行缩进 2 字符。选定文档最后两行，设置为右对齐。

（5）设置项目符号和编号。参考样张，选择一级项目，单击“段落”功能区的“编号”按钮，打开“编号”对话框，在“编号”选项卡中选择编号。选定二级项目，执行“段落→项目符号”命令，打开“项目符号”对话框，在“项目符号”选项卡中选择项目符号。

（6）页面设置。执行“页码布局→页边距→自定义页边距”命令，打开“页面设置”对话框，在“页边距”选项卡中设置上、下 2.5 厘米，左、右 3.2 厘米，方向为横向。在“文档网格”选项卡中，设置每页 44 行。

（7）执行“文件→保存”或“另存为”命令，保存文档。

2. 任务 2　体育项目介绍文档特色设计

1）任务要求

参考样张（图 3-14），对原始文档进行格式设置。

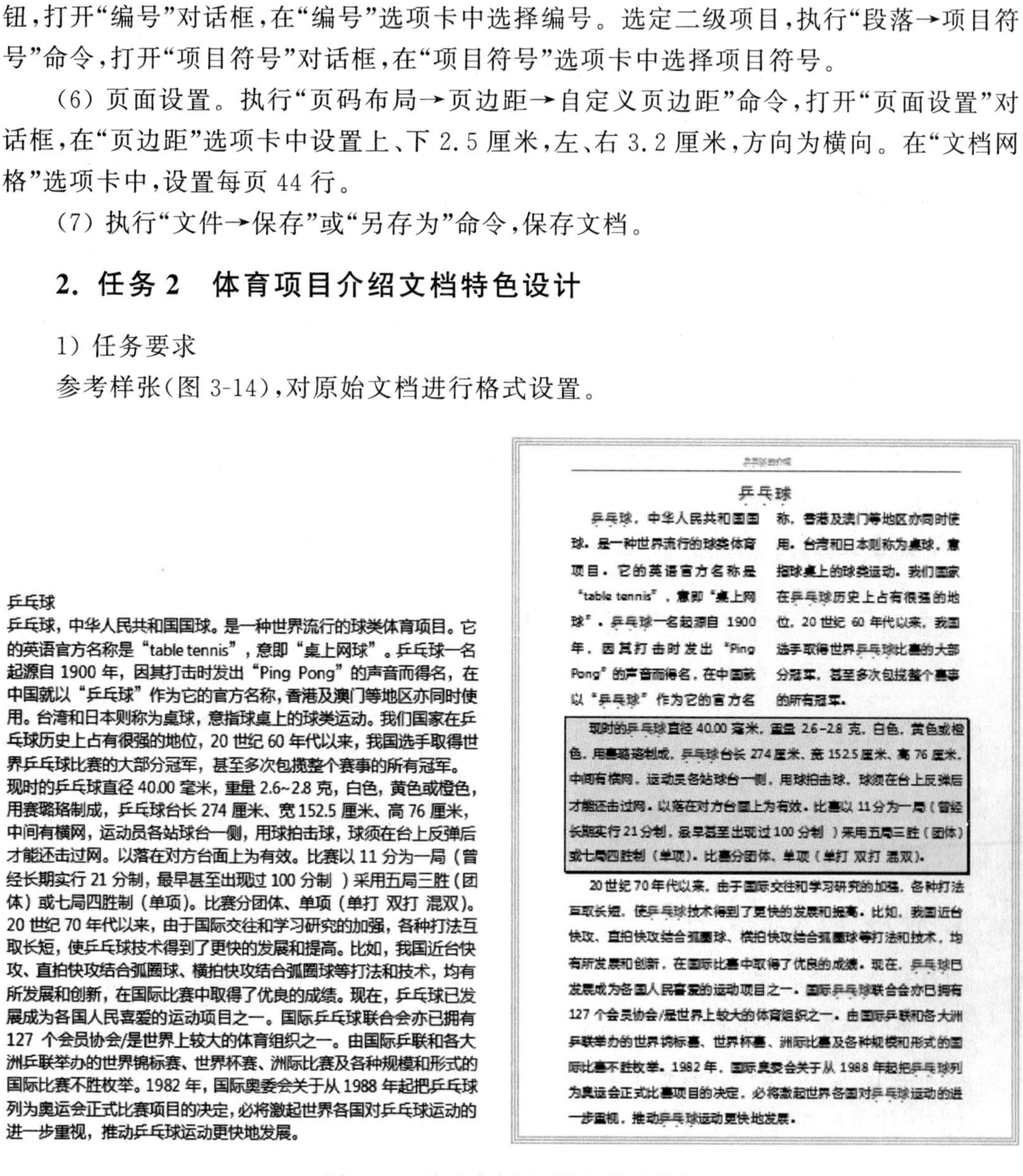
乒乓球
乒乓球，中华人民共和国国球。是一种世界流行的球类体育项目。它的英语官方名称是“table tennis”，意即“桌上网球”。乒乓球一名起源自 1900 年，因其打击时发出“Ping Pong”的声音而得名，在中国就以“乒乓球”作为它的官方名称，香港及澳门等地区亦同时使用。台湾和日本则称为桌球，意指球桌上的球类运动。我们国家在乒乓球历史上占有很强的地位，20 世纪 60 年代以来，我国选手取得世界乒乓球比赛的大部分冠军，甚至多次包揽整个赛事的所有冠军。
现时的乒乓球直径 40.00 毫米，重量 2.6~2.8 克，白色，黄色或橙色，用赛璐珞制成，乒乓球台长 274 厘米、宽 152.5 厘米、高 76 厘米，中间有横网，运动员各站球台一侧，用球拍击球，球须在台上反弹后才能还击过网。以落在对方台面上为有效。比赛以 11 分为一局（曾经长期实行 21 分制，最早甚至出现过 100 分制 ）采用五局三胜（团体）或七局四胜制（单项）。比赛分团体、单项（单打 双打 混双）。
20 世纪 70 年代以来，由于国际交往和学习研究的加强，各种打法互取长短，使乒乓球技术得到了更快的发展和提高。比如，我国近台快攻、直拍快攻结合弧圈球、横拍快攻结合弧圈球等打法和技术，均有所发展和创新，在国际比赛中取得了优良的成绩。现在，乒乓球已发展成为各国人民喜爱的运动项目之一。国际乒乓球联合会亦已拥有 127 个会员协会/是世界上较大的体育组织之一。由国际乒联和各大洲乒联举办的世界锦标赛、世界杯赛、洲际比赛及各种规模和形式的国际比赛不胜枚举。1982 年，国际奥委会关于从 1988 年起把乒乓球列为奥运会正式比赛项目的决定，必将激起世界各国对乒乓球运动的进一步重视，推动乒乓球运动更快地发展。

图 3-14　乒乓球介绍原始文档及样张

2）实现步骤

（1）设置字体格式。选定标题，打开“开始”菜单，单击“字体”工具栏右下角的按钮，打开"字体"对话框,设置标题为宋体,三号字。选定正文,打开"字体"对话框,设置正文为宋体,四号字。

(2) 设置段落格式。选定标题,打开"开始"菜单,单击打开"段落"工具栏右下角的按钮,打开"段落"对话框,设置标题居中。选定正文,打开"段落"对话框,设置正文行间距为"1.5 倍行距",首行缩进 2 字符。

(3) 设置页眉和页脚。执行"插入→页眉"命令,参考样张,添加页眉。单击"关闭页眉和页脚"工具栏的"关闭"按钮,回到正文编辑状态。

(4) 查找与替换。执行"开始→替换"命令,弹出"查找和替换"对话框,设置查找内容为"乒乓球",替换为"乒乓球",单击"更多"按钮,选择"格式→字体"命令,在弹出的"字体"对话框中,设置字体为"红色""阴影""着重号",单击"全部替换"按钮。

(5) 分栏。选定第一段,执行"页面布局→分栏→更多分栏"命令,在"分栏"对话框中选择"两栏",加"分隔线",单击"确定"按钮。

(6) 设置边框和底纹。选定第二段,执行"页面布局→页面边框"命令,弹出"边框和底纹"对话框,参考样张,在"边框"选项卡中设置段落边框,在"底纹"选项卡中设置段落底纹,在"页面边框"选项卡中设置整篇文档的边框。

(7) 设置页面背景。执行"页面布局→页面颜色→填充效果"命令,弹出"填充效果"对话框,在"渐变"选项卡中,选择"双色""中心辐射"样式,参考样张设置页面背景。

(8) 保存文档。执行"文件→另存为"命令,以"乒乓球介绍.docx"为名保存文档。

3.3　制作表格

3.3.1　创建表格

使用表格的第一步就是创建表格。在 Word 中,可以通过多种方式创建一个新的表格。

1. 使用"插入表格"按钮

具体操作步骤如下。

(1) 将光标定位在需要插入表格的位置。

(2) 单击"插入"菜单工具栏上的"插入表格"按钮 ▦ 。

(3) 按住鼠标左键拖动,选择满足需要的行数和列数,然后释放鼠标,在插入点出现创建的表格。

2. 使用"菜单"创建表格

具体操作步骤如下。

(1) 将光标定位在需要插入表格的位置。

（2）选择"插入→插入→插入表格"菜单命令，弹出"插入表格"对话框，如图 3-15 所示。

（3）设置表格的参数。其中"列数"和"行数"两个文本框分别用来设置表格的列数和行数。"自动调整"选项组用来设置表格每列的宽度。

（4）单击"确定"按钮，就可以生成所需的表格。

图 3-15　"插入表格"对话框

3. 手动绘制表格

上述两种方法适合比较规则的表格，对于一些比较复杂的表格，如表格中有对角线、斜线等，使用手动绘制方法更加方便灵活，具体操作步骤如下。

（1）将光标定位在需要插入表格的位置。

（2）选择"插入→表格→绘制表格"菜单命令，则光标形状变为绘图笔后，可以开始绘制表格，在绘制表格线后，"表格工具"出现在工具栏，如图 3-16 所示。

图 3-16　表格工具栏

（3）可以通过表格工具栏更改绘图笔的颜色和线条，继续绘制表格。

（4）单击"擦除"按钮，鼠标指针变成橡皮的形状，在要擦除的线上单击或拖动即可完成擦除操作。

（5）绘制完表格后，将光标定位到某一个单元格，就可以进行表格编辑操作。

4. 绘制斜线表头

有些表格需要在表头中加入斜线，Word 特别提供了绘制斜线表头的功能，具体操作步骤如下。

（1）将光标定位到表头位置，即表格的第一行第一列。

（2）选择"表格工具→边框"菜单命令，弹出"表格边框"选项，如图 3-17 所示。

（3）选择斜线的样式，然后进行调整。

图 3-17　"表格边框"选项

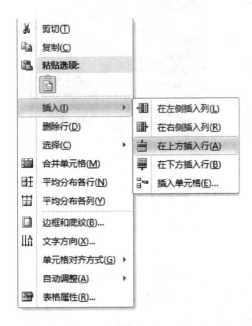

图 3-18　"表格"菜单中"插入"子菜单

3.3.2　编辑表格

1. 添加行或列

用户在绘制完表格后，如果发现行数或列数不够用了，可以添加行或列，现以添加行为例说明具体的操作方法。

（1）选定与插入位置相邻的行，选定的行数要与添加的行数相同。

（2）右击，在弹出的快捷菜单中选择"插入→在上方插入行"或"在下方插入行"命令即可，如图 3-18 所示。选定了几行，表格就增加几行。

添加列的操作与上述添加行的操作基本相同。若要在表格末插入一行，可将光标定位到最后一行的最后一个单元格，然后按 Tab 键，或者将光标定位到最后一行末尾，然后按 Enter 键。

2. 删除行或列

删除行或列与添加行或列的方法类似，首先选中行或列，然后右击，从弹出的快捷菜单中选择"删除行"或"删除列"命令即可。

3. 行列重调

表格的行列重调是指重新调整单元格的行高和列宽。由于调整行高和列宽的操作基本相同，所以这里仅以列宽的调整为例介绍行列重调的操作方法。

1）使用鼠标

将鼠标指针移到要改变列宽的表格竖线上，当鼠标指针变为双箭头形状时，按下鼠标左键，拖动鼠标就可改变列宽。

2）使用对话框

使用对话框可更精确地调整列宽，具体操作方法如下。

（1）将光标放在要调整列宽的列或选中该列。

（2）右击，在弹出的快捷菜单中选择"表格属性"命令，打开"表格属性"对话框，并选择"列"选项卡。

（3）在变数框中输入或选择列的宽度值，并可选择列宽单位。不仅可以调整指定列的宽度，还可以调整前后列的宽度。

（4）完成后单击"确定"按钮。

4. 合并和拆分单元格

1）合并单元格

具体操作步骤如下。

（1）选定需要合并的单元格。

（2）右击，在弹出的快捷菜单中选择"合并单元格"命令，执行合并单元格操作。

2）拆分单元格

拆分单元格操作与合并单元格操作相反，具体操作步骤如下。

（1）将光标定位到需要拆分的单元格。

（2）右击，在弹出的快捷菜单中选择"拆分单元格"命令，弹出"拆分单元格"对话框。

（3）在"列数"和"行数"变数框中输入或选择拆分后的列数和行数。

（4）完成后单击"确定"按钮。

5. 插入和删除单元格

1）插入单元格

具体操作步骤如下。

（1）选定若干单元格，插入的单元格数与选定的单元格数相同。

（2）右击，在弹出的快捷菜单中选择"插入→插入单元格"命令，打开"插入单元格"对话框。

（3）在对话框中选择插入单元格的方式，最后单击"确定"按钮。

2）删除单元格

删除单元格是插入单元格的逆操作，与插入单元格的方法相似，具体操作步骤如下。

（1）选定要删除的单元格。

（2）右击，在弹出的快捷菜单中选择"删除单元格"命令，打开"删除单元格"对话框。

（3）在对话框中选择删除单元格的方式，最后单击"确定"按钮。

3.3.3 格式化表格

表格的修饰主要包括设置表格的边框和底纹等效果。表格修饰的方法有以下两种。

（1）使用表格样式。选择要进行格式化的表格，在"表格样式"工具栏选定已有的一种表格格式，则表格更改为该样式，如图 3-19 所示。

图 3-19 "表格样式"工具栏

(2) 右击表格,在弹出的快捷菜单中选择“边框和底纹”命令,可以对表格中的单元格或整个表格进行边框和底纹的修饰。

3.3.4 表格制作实例

1. 任务1 个人简历表的制作

1) 任务要求

设计制作如图 3-20 所示的个人简历表。

<table>
<tr><td>姓名</td><td></td><td>性别</td><td></td><td>出生年月</td><td></td><td rowspan="4"></td></tr>
<tr><td>民族</td><td></td><td>政治面貌</td><td></td><td>身高</td><td></td></tr>
<tr><td>学制</td><td></td><td>学历</td><td></td><td>户籍</td><td></td></tr>
<tr><td>专业</td><td></td><td colspan="2">毕业学校</td><td colspan="2"></td></tr>
<tr><td colspan="7">主 要 技 能</td></tr>
<tr><td>外语等级</td><td></td><td>计算机</td><td></td><td>特长</td><td colspan="2"></td></tr>
<tr><td colspan="7">个 人 履 历</td></tr>
<tr><td>时间</td><td colspan="2">单位</td><td colspan="4">经历</td></tr>
<tr><td></td><td colspan="2"></td><td colspan="4"></td></tr>
<tr><td></td><td colspan="2"></td><td colspan="4"></td></tr>
<tr><td></td><td colspan="2"></td><td colspan="4"></td></tr>
<tr><td colspan="7">联 系 方 式</td></tr>
<tr><td>通讯地址</td><td colspan="3"></td><td>联系电话</td><td colspan="2"></td></tr>
<tr><td>E-mail</td><td colspan="3"></td><td>邮编</td><td colspan="2"></td></tr>
<tr><td colspan="7">自 我 评 价</td></tr>
<tr><td colspan="7"></td></tr>
<tr><td>求职意向</td><td colspan="6"></td></tr>
</table>

图 3-20 个人简历表样表

2) 实现步骤

(1) 创建名称为“个人简历表.docx”的文档。

（2）插入表格。执行"插入→表格→插入表格"命令，在"插入表格"对话框中设置列数为 7，行数为 17。

（3）调整表格大小。将鼠标指针放置在表格右下角，当鼠标指针变为斜向双向箭头时，按住鼠标左键调整表格到适当大小。需要添加行、列和单元格时，可选中相应行、列或单元格后，右击，在弹出的快捷菜单中执行相应命令。

（4）合并单元格。参考样表，选定需要合并的两个或两个以上连续单元格，执行快捷菜单中的"合并单元格"命令。输入表格中的内容。

（5）调整行高、列宽。参考样表，将鼠标指针放在每两行或每两列的边线上，拖动鼠标调整行高或列宽。要精确设置行高、列宽，可选中要改变的行或列并右击，执行快捷菜单中的"表格属性"命令，打开"表格属性"对话框，在"行""列"选项卡中，可精确设置行高、列宽。

（6）设置表格中的文字格式及对齐方式。选中表格中的相关内容，单击"开始"菜单按钮，即可对文字及对齐方式进行设置；表格中文字的垂直对齐设置可通过"表格属性"对话框完成。

（7）设置底纹。将光标定位在需要选定的行，执行快捷菜单中的"边框和底纹"命令，或者执行"表格工具→边框→边框和底纹"命令，打开"边框和底纹"对话框，在"底纹"选项卡中设置底纹。

（8）设置边框。选定整个表格，执行快捷菜单中的"边框和底纹"命令，或者执行"表格工具→边框→边框和底纹"命令，打开"边框和底纹"对话框，在"边框"选项卡中，选择相应的线型、颜色、宽度，在右侧"预览"中应用。选定需要更改的行、列边框，通过"边框"选项卡用相同的方法更改边框。

（9）保存文件。

2. 任务 2　运动员信息表的制作

1）任务要求

设计制作如图 3-21 所示的运动员信息表。

2）实现步骤

（1）创建名称为"运动员信息表.docx"的文档。

（2）输入表头文字，通过"段落"工具栏和"文字"工具栏，设置文字"运动员信息表"居中，"填表日期"右对齐。

（3）手工绘制表格。执行"插入→表格→绘制表格"菜单命令，按住鼠标左键拖动绘制整个表格的外边框线。参考样表，拖动鼠标，用手工绘制的方法添加行、列边框线。

（4）输入表格内容。选定需要更改格式的文字，通过"字体"工具栏，或打开"字体"对话框，在"字体"对话框中设置表格中的文字格式。表格中文字对齐方式的设置，单元格的合并、拆分，边框线的更改，底纹的添加，均可通过选中表格内容，执行快捷菜单中的相关操作来实现。

（5）保存文件。

运动员信息表

填表日期： 年 月 日

姓名		出生日期		籍 贯	
		性 别		政治面貌	
		技术等级	运动健将 一级 二级 三级 无级		
		文化程度	研究生 大学 大专 中专 高中 初中 小学		
注册协会		人事关系所在单位		户口所在地	
身高		体重		血型	
身份证号		登记证号		近期照片	
联系电话					
家庭通讯地址					
所属俱乐部					
运动简历：				参赛及获奖情况	
年 月- 年 月在 队					
年 月- 年 月在 队					
年 月- 年 月在 队					
年 月- 年 月在 队					
年 月- 年 月在 队					
年 月- 年 月在 队					
本人身份证复印件粘贴处					
教练员签字		本人签字			

图 3-21 运动员信息表样表

3.4 图文处理

3.4.1 图片编辑

1. 插入图片

图片的来源主要分为两大类：来自 Word 的剪辑库，或者来自用户文件。Word 中的剪辑库中包含了大量专业人员设计并制作的剪贴画，在安装 Office 时作为一个选项与

Word 软件一起安装。另外一类来自用户图片文件,其包含内容更为广泛,存储在计算机内的各种图片资源均可以使用。

1) 插入剪贴画

具体操作步骤如下。

(1) 将光标定位于要插入图片的位置。

(2) 选择"插入→剪贴画"菜单命令,在屏幕右侧出现"剪贴画"任务窗格。

(3) 在"搜索文字"文本框中输入搜索关键字。

(4) 在"搜索范围"下拉列表框中选择"Office 收藏集"选项。

(5) 在"结果类型"下拉列表框中选择文件类型(在选中类型的前面方框中打"√"标志)。

(6) 单击"搜索"按钮,搜索结果出现在右侧,单击要插入的剪贴画即可将其插入到文档中。

2) 插入用户图片文件

具体操作步骤如下。

(1) 将光标定位于要插入图片的位置。

(2) 选择"插入→图片"菜单命令,弹出"插入图片"对话框。

(3) 在"查找范围"下拉列表框里选择包含用户所需图片的文件夹。

(4) 在"查找范围"下面的浏览区中选择所需的图片。

(5) 单击"插入"按钮,完成图片的插入操作。

2. 编辑图片

Word 提供了多种图片编辑工具,可对插入文档中的图片进行各种编辑操作。在文档中选定图片,会自动打开"图片"工具栏,如图 3-22 所示。

图 3-22　"图片"工具栏

"图片"工具栏中有多个按钮,对图片的操作分四种设置介绍如下。

"调整"设置区按钮:主要用于图片的背景删除、锐化和柔化、颜色、艺术效果。

"图片样式"设置区按钮:主要用于设置图片的整体外观样式、图片边框、图片效果、图片版式。

"排列"设置区按钮:用于设置图片位置、环绕方式、图片对齐、组合、旋转效果。

"大小"设置区按钮:用于图片裁剪、图片高度及宽度设置。

3.4.2　艺术字添加

艺术字就是具有特殊效果的文字,可以有各种颜色、各种字体,可以带阴影,可以倾斜、旋转和延伸,还可以变成特殊的形状。在文档中插入艺术字的操作方法如下。

（1）选择"插入→艺术字"菜单命令,弹出"艺术字"对话框。

（2）选择一种艺术字样式,弹出"编辑艺术字文字"对话框。

（3）在"文本"文本框内填写文字内容,并设置字体、字号、是否加粗或倾斜。

（4）选中艺术字,出现艺术字编辑工具栏,可以对艺术字的形状样式、艺术字样式、文本、排列、大小进行编辑。

3.4.3　绘制图形

Word 提供了一套强大的用于绘制图形的工具,用户能够在文档中用这套工具绘制所需的图形并产生一些特殊效果。

图 3-23　形状工具栏

1. 绘制图形

1）插入"形状"工具栏

选中"插入→形状"菜单命令,弹出形状工具栏,如图 3-23 所示。

2）绘制简单图形

如果绘制的是直线、箭头、矩形或椭圆,只需选中"形状"工具栏上相应按钮在文本编辑区进行绘制即可。正方形和圆形分别是矩形和椭圆的特例,绘制时先单击"矩形"或"椭圆"按钮,再绘制即可。

Word 提供了多种图形样式,利用这些样式能绘制用户需要的大多数基本图形。用户单击形状工具栏上的相应按钮,可绘制各种线条、连接符、基本形状、箭头、流程图、星与旗帜以及标注等。

2. 编辑图形

1）选定图形

如果要同时选定多个图形,可先按住 Shift 键,然后依次单击每个图形即可。

2）图形叠放次序

当用户绘制多个图形位置相同时,它们会重叠起来,用户可以自行调节各图形的叠放次序,操作方法如下:选定需要调整叠放次序的图形,单击"绘图"工具栏上的"上移一层"或"下移一层"按钮,则选定的图形移动到相应的层次。

3）旋转图形

用户可以改变图形的方向,将图形进行旋转,操作方法如下:首先选定一个图形,单击"绘图"工具栏上的"旋转"按钮,其中包括 3 种旋转方式和 2 种翻转方式,用户根据需要选择合适的命令即可。

4）删除图形

首先选定要删除的图形，然后按 Del 键即可。

3.4.4　使用文本框

1. 插入文本框

为了与插入的图片配合，往往需要加上一些解释说明性文字，这时需要插入文本框来实现。可以使用如下方法插入文本框。

1）使用"插入"菜单

（1）选择"插入→文本框"菜单命令，弹出"文本框"选项。

（2）在文本框选项中选择一种文本框，则相应的文本框插入到了文档中。

（3）向文本框中输入所需文字。

2）使用"绘图"按钮

选择"插入→形状"菜单命令，在弹出的下拉菜单中选择"文本框"或"垂直文本框"，然后在文档中按下鼠标左键拖动即可完成。

2. 编辑文本框

1）使用"绘图"工具栏

操作文本框时，可以使用"绘图"工具栏上的形状填充、形状轮廓、形状效果等功能对文本框进行形状设置；使用"绘图"工具栏上的文字方向、对齐文本、创建链接等对文本框中的文字进行设置。

2）删除文本框。

先选定文本框（单击两次，第二次单击时将鼠标指向文本框边框，当光标变为十字形指针时再单击），然后按下 Del 键即可。

3.4.5　使用批注

在修改别人的文档的时候，用户需要在文档中加上自己的修改意见，但是又不能影响原有文章的排版。这时可以插入批注按钮，如图 3-24 所示。

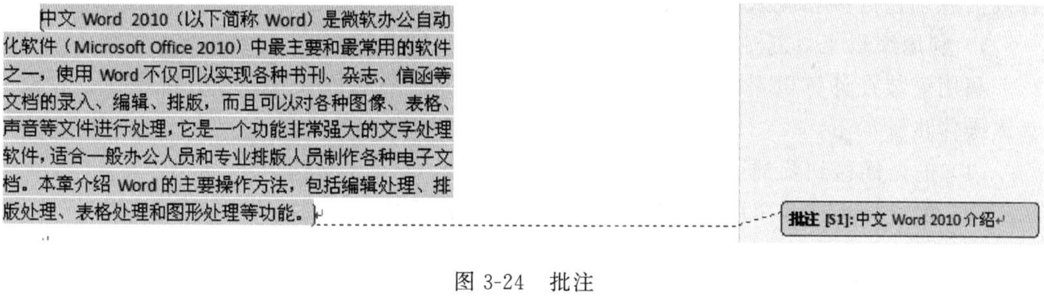

图 3-24　批注

插入批注的方法是:首先选定要进行批注的文本,然后打开"审阅"菜单,单击"新建批注"按钮,在出现的"批注"文本框中输入批注信息。

删除批注的方法是:右击批注文本框,在弹出的快捷菜单中选择"删除批注"命令。

3.4.6 编辑公式

在编辑有关文档时,经常会遇到各种公式。Word 提供的公式编辑器能以直观的操作方法帮助用户编辑各种公式,编辑公式的操作步骤如下。

(1)将插入点定位于要加入公式的位置,执行"插入→公式→插入新公式"命令,打开公式编辑框,同时工具栏按钮显示出各种公式符号与结构。

(2)单击"公式"工具栏上的符号按钮,可以插入各种数学字符;单击结构按钮,可以插入分式、上下标、根式、积分、大型运算符等公式结构。

(3)用户根据需要在工具栏的符号和结构中选择相应的内容。公式建立结束后,单击工作区以外的区域可返回 Word 编辑环境。

公式作为一个独立的对象,可以如同处理其他对象一样处理,如进行移动、缩放等操作。若要修改公式,可选择公式对象,弹出"公式"工具,并进入公式编辑状态,即可对公式进行修改。

3.4.7 对象的嵌入和链接

在 Word 2010 中,可以嵌入和链接一个对象。在 Word 2010 中嵌入一个对象,不仅在文档中插入了一个对象,还带入了所有编辑。在文档中双击嵌入的对象,便可进入编辑、生成该对象的工具,可对该对象进行修改。在 Word 2010 中链接对象与嵌入对象不同,虽然它也是在文档中插入一个对象,但它并没有带入编辑、生成这个对象时使用的工具,而是使这个工具和插入对象的文档产生一种联系,当在这个工具中修改对象时,它会通过这种联系将文档中的对象自动更新,这也就意味着链接对象时,该对象并未真正存放在用户的文档中,而是存放在编辑、生成它的工具中。

通过链接对象和嵌入对象,可以在文档中插入利用其他应用程序创建的对象,从而达到程序间共享数据和信息的目的。

创建链接和嵌入的对象有三种方法:第一种是利用要插入对象的编辑工具新建一个对象;第二种是由已有的文件创建链接和嵌入的对象;第三种是用已有文件中的一部分内容或信息创建链接和嵌入的对象。下面将具体介绍。

1)利用编辑工具新建一个对象

利用安装在计算机上的支持链接和嵌入对象的程序,可以在 Word 中新建一个对象。具体操作步骤如下。

(1)把光标移到要插入对象的位置。

(2)单击"插入"菜单中的"对象"菜单项,在弹出的"对象"对话框中选择"新建"选项卡,如图 3-25 所示。

图 3-25　"新建"选项卡

（3）在"对象类型"列表框中，可以根据需要选择一个要插入的对象。如要插入一个媒体剪辑，可选中"媒体剪辑"选项。

（4）如果在文档中并不显示嵌入对象本身，而是显示创建这个对象的工具图标，请选中"显示为图标"复选框。这样如果别人在联机查看文档时，就能很容易地看出创建这个对象的工具。但是如果要查看这个对象中的内容，必须双击对象的图标进入创建这个对象的工具才能看到嵌入的对象的具体内容。可以单击"更改图标"按钮来改变对象在Word文档中显示的图标。

2）利用已有的文件创建链接与嵌入的对象

利用已有的文件创建链接与嵌入对象的本质是将已有文件的内容插入到当前文档中，然后可以调用创建这个已有文件的应用程序对插入的文件内容进行编辑。利用已有文件创建链接与嵌入对象的操作步骤如下。

（1）将光标移到要插入对象的位置。

（2）选择"插入"菜单中的"对象"菜单项，打开"对象"对话框，并选择"由文件创建"选项卡。

（3）在"文件名"文本框中输入要插入的对象的文件名。

也可以单击"浏览"按钮，打开"浏览"对话框。从"查找范围"下的文件名列表中选择所需的文件名后单击"插入"按钮，返回"对象"对话框。

（4）如果要创建链接对象，可以选中"链接到文件"复选框，如果创建嵌入对象，要取消选中"链接到文件"复选框。

（5）如果要以图标的方式显示链接或嵌入的对象，以便于查看，可以选中"显示为图标"复选框。

经过上述操作，就可以将已有的文件作为链接或嵌入的对象插入当前文档中，这样就可以双击该对象调用相应的应用程序对该对象进行编辑。

3)用已有文件的部分内容或信息创建链接和嵌入对象

各应用程序之间要交换信息时,可以通过复制粘贴的方法实现。在 Word 文档中,可以把粘贴的信息作为 Word 文档中的一个对象。具体操作步骤如下。

(1)打开相应的应用程序,复制要插入 Word 文档中的信息。

(2)在 Word 中,执行"开始→粘贴→选择性粘贴"命令,打开"选择性粘贴"对话框。

(3)如果要创建嵌入对象,选中"粘贴"单选按钮,并在"形式"列表框中选择对象的形式,如选择"Microsoft Word 文档对象"选项,则可以为其创建一个嵌入对象。如果要创建链接对象,请选择"粘贴链接"单选按钮。

注意:只有粘贴的对象支持粘贴链接,"粘贴链接"单选按钮才会被激活。一部分图形文件不能作为链接或嵌入对象插入,因此插入图形最好利用"插入"菜单中的"图片"按钮完成操作。

(4)如果要以图标方式链接或嵌入对象,请选中"显示为图标"复选框。

(5)单击"确定"按钮,则选定的内容或信息作为链接或嵌入对象已插入当前文档的指定位置。

利用已有文件的部分内容或信息创建链接对象时,在当前文档中双击该对象,会打开已有文件;而创建为嵌入对象时,在当前文档中双击该对象,也会打开一个窗口,但窗口中只有选定为嵌入对象的内容,而且在窗口标题栏标明对象的来源,如果在打开的窗口中修改嵌入的内容,则关闭该窗口后,修改后的结果也显示在原来的嵌入文档中。

3.4.8　图文排版实例

1. 任务1　台签的制作

1)任务要求

参考样张,制作在正式会议及大型活动等场合使用的台签,如图 3-26 所示。

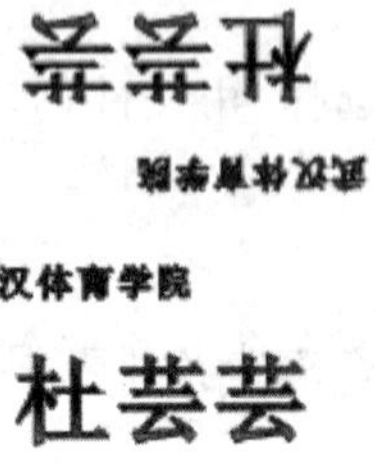

2)实现步骤

(1)创建文档"台签. docx"。

(2)执行"插入→艺术字"命令,弹出"艺术字库"对话框,选择第三行第四列样式,弹出"编辑艺术字文字"对话框,输入"武汉体育学院",字体为宋体,字号为 32 号,选定添加的艺术字,通过"绘图"工具栏,设置为"上下型环绕"方式,参考样张,拖动艺术字到文档下方。用相同的方法添加艺术字姓名,并将其放置到适当位置。

图 3-26　台签样张

(3)按住键盘上的 Shift 键并单击,选定艺术字的两个对象,执行"绘图"工具栏上的"组合→组合"命令。

(4)选定已组合的对象,执行复制粘贴操作,选定复制的对象,执行"格式→对象"菜单命令,弹出"设置对象格式"对话框,选择"大小"选项卡,旋转 180°,参考样张,拖动对象到文档上方。

(5)保存文档。

2．任务 2　体育赛事介绍文档排版

1）任务要求

参考图 3-27 和图 3-28 的样张，将原始文档进行排版。

第二届全国智力运动会
一、第二届全国智力运动会简介
第二届全国智力运动会将于 2011 年 11 月在湖北武汉举行，是湖北省继承办第六届全国城市运动会之后，又一次承办的全国综合性体育赛事。全国智力运动会以智力运动项目（围棋、象棋、国际象棋、桥牌、五子棋、国际跳棋）为主要比赛项目，旨在推动我国棋牌事业的发展，发现和培育棋牌类优秀体育后备人才，弘扬体育精神和中华民族传统文化，引导人民群众参与积极健康的群众体育运动。
第二届全国智力运动会必将成为 2011 年全国重点关注的体育赛事。第二届全国智力运动会在湖北的举办，将有力提升湖北"唯楚有才"的社会知名度，为促进湖北省实施中部崛起和武汉两型社会建设提供新机遇、新动力。
二、第二届全国智力运动会赛会纵览
时间
2011 年 11 月 5 日——2011 年 11 月 15 日
规模
比赛包括 6 大项目，54 个小项。
全国各地区 51 个代表团参加（含香港、澳门代表团）
1000 多名工作人员（官员、裁判员、教练员）
3000 多名运动员参赛
国内外新闻传媒单位 100 多家，300 多名媒体记者
赛事受众多为名流大家、政府要员、商界精英、科技领袖、学生群体。受众群体具有博学、理性、独特的财智观、强大的消费能力和控制能力等特征。
竞赛项目
6 个大项：围棋、中国象棋、五子棋、国际象棋、国际跳棋、桥牌
系列活动
棋牌文化博览会、主题论坛、讲座培训、棋牌用品展览会

图 3-27　智运会原始文档

2）实现步骤

（1）设置字体格式。打开"智运会原始文档.docx"，选定标题，执行"开始→字体"命令，打开"字体"对话框，设置标题为黑体，一号字。选定正文，执行"开始→字体"命令，打开"字体"对话框，设置正文为楷体，四号字。

（2）选定一级项目标题，执行"格式→字体"命令，打开"字体"对话框，设置一级项目标题为仿宋，小二号字。参考样张，用相同的方法，在"字体"对话框中设置文字字体、字号、颜色、加粗、阴影等效果。

（3）设置段落格式。选定标题，执行"开始→段落"命令，打开"段落"对话框，设置标题居中。选定正文，执行"开始→段落"命令，打开"段落"对话框，设置正文行间距为"1.5 倍行距"。参考样张，设置相应段落，首行缩进 2 字符。

（4）设置项目符号和编号。参考样张，选择"规模"部分的段落，执行"开始→符号"命令，打开"符号"对话框，在"符号"对话框中选择项目符号。

（5）插入图片。执行"插入→图片"命令，插入图片文件"智运会文档图片 2.jpg"，选择图片，出现"图片"工具栏按钮，选择"大小"设置区，设置图片高 5.7 厘米，宽 8.8 厘米，

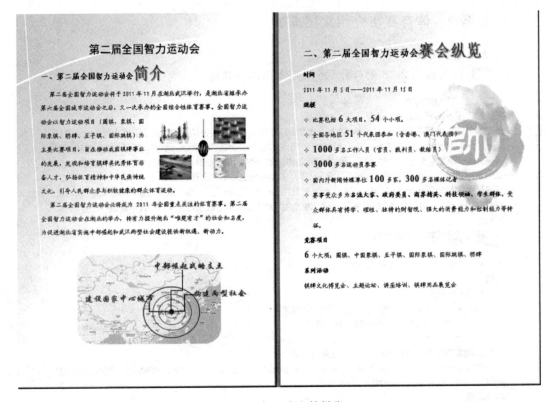

图 3-28　智运会文档样张

单击"位置"按钮,设置图片为紧密型环绕。参考样张,拖动图片到适当位置。

(6)执行"插入→图片"命令,插入图片文件"智运会文档图片 4.jpg",选择图片,出现"图片"工具栏按钮,选择"大小"设置区,设置图片高 11.8 厘米,宽 10.5 厘米,单击"位置"按钮,设置图片"衬于文字下方",通过"图片"工具栏选择"颜色"按钮,设置效果。参考样张,拖动图片到适当位置。用相同的方法添加其他图片,调整大小、环绕方式、亮度、对比度等效果。

(7)文档背景图片的添加,执行"页面布局→页面背景"中的相关命令,完成设置。

(8)保存文档。

3.5　文档的输出与打印

3.5.1　文档预览

在打印之前,用户可以通过打印命令先预览文档的打印效果,操作步骤如下。

(1)选择"文件→打印"命令,可以看到打印的效果,如图 3-29 所示。

(2)拖动"打印"工具栏右下角的显示比例工具按钮,在窗口显示一个或多个页面。

(3)单击"开始"菜单按钮,返回文档编辑窗口。

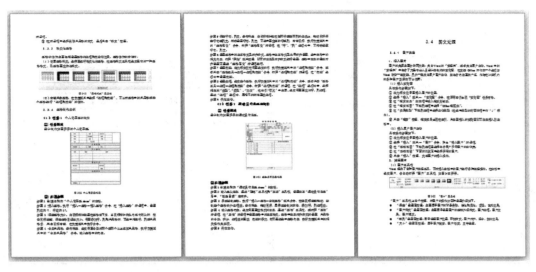

图 3-29　"打印"窗口

3.5.2　打印文档

处理 Word 文档的最后一步是打印文档，打印文档之前需要对打印机和打印方式进行设置，具体操作步骤如下。

（1）选择"文件→打印"菜单命令，弹出"打印"对话框，如图 3-30 所示。

（2）在"打印机"下拉列表框中选择打印机名称。

（3）在"设置"中选择打印的范围，如打印全部文档、当前页、打印所选内容等。

（4）在"打印"文本框中输入打印份数，默认状态下为一份。

（5）设置完成后单击"打印"按钮。

3.5.3　排版综合应用实例

1）任务要求

参考样张图 3-31～图 3-35，完成毕业论文的编辑排版。

图 3-30　"打印"对话框

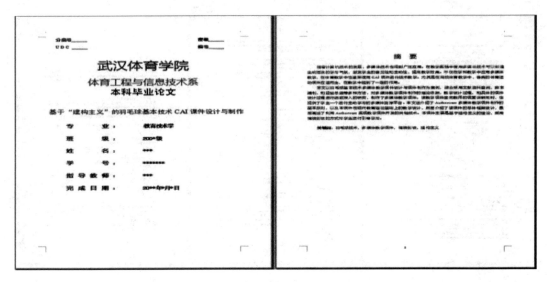

图 3-31 毕业论文封面与摘要

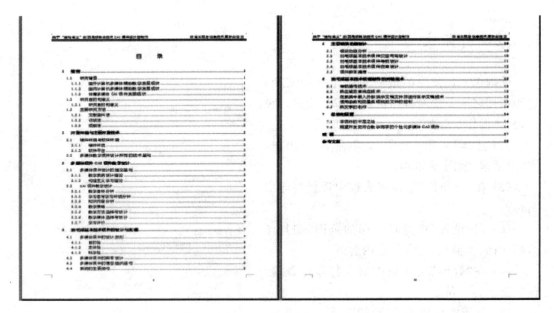

图 3-32 毕业论文目录

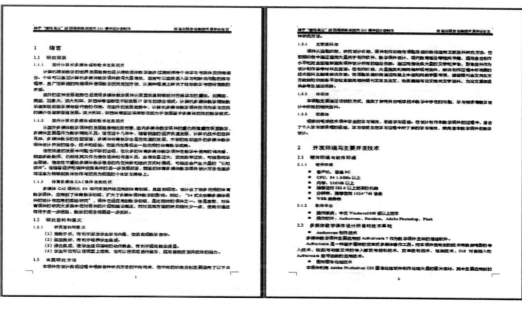

图 3-33　毕业论文正文

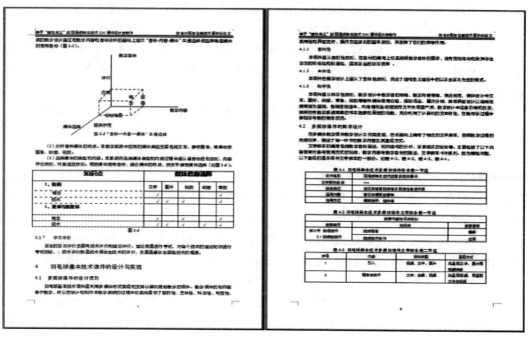

图 3-34　毕业论文表与图

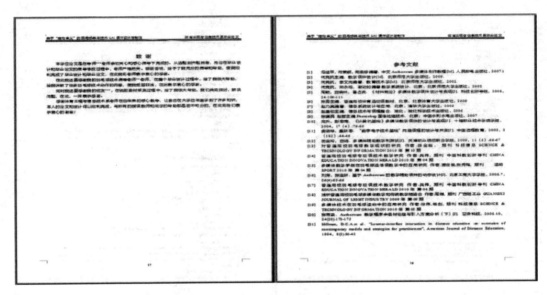

图 3-35　毕业论文致谢与参考文献

2) 实现步骤

(1) 执行"页面布局→页边距→自定义页边距"命令,弹出"页面设置"对话框,设置上边距为 25 mm,下边距为 25 mm,左边距为 25 mm,右边距为 25 mm,纸张为 A4。

(2) 执行"插入→页眉/页脚"命令,设置页眉内容为"体育工程与信息技术系本科毕业论文(设计)"。如果需设置奇偶页不同的页眉和页脚,可通过执行"页眉和页脚工具"栏命令,设置奇偶页不同。

(3) 执行"开始→字体"命令,弹出"字体"对话框,设置论文题目为小二号,黑体,正文为五号宋体等文字的格式。

(4) 样式的设置与使用。应用样式,选定要更改的内容,单击"开始"工具栏的样式按钮,选择相应样式即可将选取的内容更改为此样式。自定义样式,打开"开始"菜单,单击样式工具栏右下角的"样式"图标,打开"样式"对话框,单击最下面一行的"新建样式"按钮,在对话框中设置样式属性、格式等信息,单击"确定"按钮。更改样式,在"样式"对话框中,单击最下面一行的"关联样式"按钮,打开"管理样式"对话框,在对话框中选中所需修改的样式,设置属性、格式等信息,即可将所选样式更改。用上述方法设置各级标题。

(5) 执行"开始→段落"命令,弹出"段落"对话框,设置正文行间距为 1.25 倍行距。一级标题为单倍行距,段前 2 行,段后 1 行,二级标题为单倍行距,段前段后各 0.5 行,三级标题为单倍行距,段前段后各 0.5 行,四级标题为单倍行距,段前段后各 0.5 行。设置正文题目、作者、摘要等文字居中。

(6) 制作目录。各级标题设置好以后,可自动生成目录。执行"引用→目录→插入目录"命令,在"目录"选项卡中进行设置生成目录。

(7) 若对生成的目录的格式有更具体的要求,可单击"修改"按钮,打开"样式"对话框,在其中单击"修改"按钮,打开"修改样式"对话框,更改每级目录的格式。若想生成的目录级别多,可以自己定义样式,然后增加显示级别即可。

（8）执行"插入→文本框"命令,为表和图添加标题。

（9）在需要添加脚注和尾注的位置单击插入点,执行"引用→插入脚注/插入尾注"命令,添加脚注和尾注。脚注添加在当前页的下方,尾注添加在文章的末尾。

（10）保存文件。

（11）执行"文件→打印"命令,可查看预览效果,如果效果达到要求,可单击"打印"按钮打印输出。

第4章 Excel 电子表格

Excel 2010 是美国 Microsoft 公司开发的一款电子表格软件，是 Microsoft Office 2010 中的一个重要组件。Excel 以直观的表格形式供用户编辑操作，它不仅能制作日常工作中的各种表格，而且提供了大量的函数，在表格中可直接运用这些函数进行财务、统计以及体育等领域的数据分析，制作各种分析报表及分析图表，也可方便地制作各种数据图表。如今，它已广泛应用于管理、统计财经、体育等众多领域。

本章学习目标

掌握工作簿与工作表的基本概念与操作；

掌握工作表中各类数据的录入与编辑；

掌握数据表的格式化编辑操作；

掌握简单公式与函数的使用；

掌握管理数据的基本操作与使用图表分析数据。

4.1 Excel 2010 基本概念

第一次启动 Excel 2010 时，会自动打开一个名为工作簿 1 的空工作簿，该工作簿默认含有三张工作表，如图 4-1 所示。

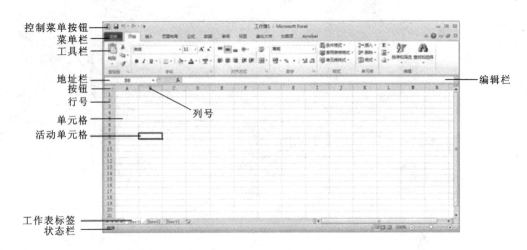

图 4-1 Excel 工作界面

工作簿是计算机存储数据的文件，一个工作簿就是一个 Excel 文件，其扩展名为xlsx。一般系统默认每个工作簿有三个工作表，工作表不够用时可以添加，每个工作簿最多可以包含 255 个工作表,当前工作表只有一个,称为活动工作表。

　　工作表是 Excel 窗口的主体,由若干行、若干列组成,所有的表格数据都在工作表中输入。

　　行和列分别标有行号和列号,行号位于工作表左侧,列号位于工作表上方。行号从上到下依次为 1,2,3,…,列号从左到右依次为 A,B,C,…。一行和一列相交的地方就是一个单元格,单元格的地址由相应的列号和行号标志,且列号在前,如 C5、E8 等。工作表中只有一个单元格是被激活的,被激活的单元格带黑框,称为活动单元格。单元格中可以输入文字、数字、公式等。每个单元格的最大容量是 32 000 个字符。每个工作表区域一共有 65 536 行 256 列(IV 列),总计 16 777 216 个单元格。图 4-1 中 B8 为活动单元格。

4.2　工作表的基本操作与数据输入

4.2.1　工作表的基本操作

　　默认情况下,一个 Excel 工作簿包括 3 个工作表,默认表名分别为 Sheet1、Sheet2、Sheet3。

1. 选择工作表

　　单击工作表标签,对应的工作表即被选中。如果要选择多个不连续的工作表,可按住 Ctrl 键后进行选择;要选择多个连续的工作表,可按住 Shift 键后单击第一个和最后一个工作表标签。

2. 插入工作表

　　如果在同一个工作簿中的工作表不够用,可以插入新的工作表。右击任一工作表标签,在弹出的快捷菜单中选择"插入"命令,再单击工作表。

3. 删除工作表

　　选择工作表标签并右击,在弹出的快捷菜单中选择"删除"命令。

4. 移动工作表

　　单击要移动的工作表标签,并按下鼠标左键,这时鼠标指针所指示的位置会出现一个图标,然后拖动鼠标到目标位置释放即可完成移动操作。

5. 工作表更名

　　双击要修改的工作表标签名,然后删除已有标签名,输入新的标签名。

6. 复制工作表

如果要建立两个具有相同数据的工作表,在第一个工作表建好之后,可以复制一个与之相同的工作表。方法是:首先按住 Ctrl 键,然后单击要复制的工作表标签,并将其拖放到另一个工作表的前面(或后面),然后释放 Ctrl 键。

7. 隐藏工作表

在实际应用过程中,会遇到有的工作表暂时不用,但是当前打开的工作表太多的情况,这时就可以隐藏工作表。选择要隐藏的工作表并右击,在弹出的快捷菜单中选择"隐藏"命令。

8. 显示工作表

对于隐藏的工作表,在需要编辑的时候,可以取消隐藏。右击,在弹出的快捷菜单中选择"取消隐藏"命令,然后选择需要取消隐藏的工作表,单击"确定"按钮。

4.2.2 工作表的数据输入

1. 数据类型及数据输入

1) 数值型

当输入数值型数据时,默认形式为常规表示法,如 235、3.62 等。如果要输入分数类型数据,必须在分数前加 0 和空格,如输入"0 5/7",则显示"5/7",否则显示"5 月 7 日"。可以科学计数法的形式输入数据,如 5.23e3,等于 5230。输入数据时,当长度超过单元格宽度时自动转换成科学计数法表示,如输入 123456789876,则显示 1.23457E11。数值数据在单元格中自动右对齐。

2) 文本

文本包括汉字、英文字母、数字、空格等多个符号组成的字符串。一般文本数据可直接输入。

如果要将数字作为一个文本,如身份证、学号、电话号码等,输入时应在数字前加上一个单引号,如'0812103。文本数据在单元格中自动左对齐。

在一个单元格内还可以将输入的内容分段:按 Alt+Enter 键表示一段结束。

3) 日期和时间

若要输入日期数据,可以用 09/8/1、2009/8/1、2009-8-1 等形式;要输入时间数据,可采用 18:30、6:30PM、18 时 30 分等形式。也可以采用日期和时间的组合输入,输入时在日期和时间之间用空格隔开。

4.2.3 利用自动填充功能输入有规律的数据

对于相邻单元格中要输入相同数据或按某种规律变化的数据,可以用 Excel 的智能填充功能实现快速输入。当选中某单元格时,将鼠标指针移动到该单元格的右下角,此时鼠标将变为黑色十字形,称为填充句柄。

1. 填充相同数据

如果一行或一列的数据是重复出现的,可以先输入一段并选定,然后用鼠标拖动填充句柄到结束位置,则选定的一段就会重复填充至结束位置。

2. 填充已定义的序列数据

Excel 2010 中还提供了一些已定义的序列数据,如甲、乙、丙、丁、…,一月、二月、…,星期一、星期二、…,当输入这类数据时,只需要在某个单元格输入该类数据的第一个值,如“一月”,然后拖动往下填充句柄,则会在后续的单元格中自动填充“二月”、“三月”、“四月”、…。

如果用户需要自定义序列数据,可执行“文件→选项”命令,在弹出的“选项”对话框中选择“高级→编辑自定义列表”命令,则可出现“自定义序列”对话框,添加新序列或修改系统提供的序列,即可使用。

3. 填充等比、等差序列数据

如图 4-2(a)所示,先在两个单元格输入数据,再选中这两个单元格,按住右下方的填充句柄往下拖拽,系统根据默认的两个单元格的等差关系(差值为 2),在后续单元格内依次填充有规律的数据,效果如图 4-2(b)所示。

填充等比、等差序列数据,也可以通过选择“开始→填充→系列”命令,在“序列”对话框中进行有关选择,如图 4-3 所示。

(a) 选取单元格　　　　(b) 拖拽产生的序列

图 4-2　等差序列填充示例

图 4-3　“序列”对话框

4.2.4　数据的有效性设置

在使用 Excel 的过程中,经常需要录入大量的数据,利用 Excel 的数据有效性功能,可以提高数据输入速度和准确性。

例如,要在某列数据上输入所学专业,该专业必须限定为指定的几项。首先选定该列中的所有单元格,然后选择“数据→数据有效性→数据有效性”命令,在其对话框的“设置”选项卡中进行相关设置,如图 4-4 所示。设置完成后,在数据输入时的效果如图 4-5 所示。

图 4-4　"数据有效性"对话框　　　　　　　图4-5　设置数据有效性后的数据输入

4.3　工作表的格式化

　　工作表的格式化包括修改单元格的文字对齐方式、添加一些色彩内容等。工作表格式化的目的不仅是使工作表更加漂亮,而且能够使表格所表达的信息更清晰,更易于阅读、理解和接受。

4.3.1　设置单元格格式

1. 数字

　　选定要格式化的单元格区域并右击,在弹出的快捷菜单中选择"设置单元格格式"命令,如图 4-6 所示。

　　在"数字"选项卡中,可以直接进行数字格式、会计数字格式、百分比样式、增加/减少小数位数等设置。

2. 对齐

　　利用"设置单元格格式"对话框的"对齐"选项卡,可以设置单元格文本的水平对齐方式、垂直对齐方式、文本方向、合并单元格等,如图 4-7 所示。

3. 字体

　　在"设置单元格格式"对话框的"字体"选项卡中,可对选择单元格或区域进行字体、字号、加粗、倾斜、下划线、字体颜色、特殊效果等设置。

4. 边框

　　默认情况下,单元格都没有设置边框线,如果要设置边框线,可在"边框"选项卡中进行设置,可设置选择单元格的边框样式、线条样式和线条颜色。

图 4-6　设置单元格格式

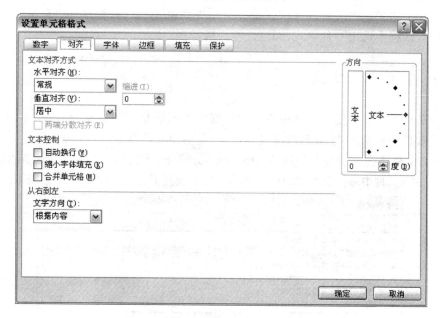

图 4-7　"对齐"选项卡

4.3.2　设置行列格式

1. 行列的插入与删除

在表格中要插入一行(列),可选择要在其上方(右方)插入新行(列)的行(列),然后右击,从弹出的快捷菜单中选择"插入"命令即可。

删除行(列)时,先选中需要删除的行(列),然后右击,从弹出的快捷菜单中选择"删除"命令即可。

2. 调整行高和列宽

Excel 默认工作表中任意一行的所有单元格的高度总是相等的,要调整行高,可以先将鼠标指针指向某行行号下框线,这时鼠标指针变为双向箭头,拖动鼠标上下移动,直到合适的高度为止。

此外,要精确调整行高,还可以通过菜单命令来进行设置,选择"开始→格式→行高"命令,在弹出的对话框中输入行高数值即可。

列宽的调整方法与行高类似。

4.3.3 　自动套用格式

Excel 提供了几十种已设置好数据显示样式的工作表,用户可在工作表中直接套用这些样式,美化工作表。

先选定要格式化的区域,选择"开始→套用表格格式"命令,将出现"套用格式"对话框。在该对话框中选定一种格式,即可设置为所需样式。

4.3.4 　应用条件格式

运用条件格式可以使工作表中不同的数据以不同的格式来显示,即可以根据某种条件来决定数值的显示格式。例如,将成绩低于 60 的用红色显示。

要设置条件格式,先选定要使用条件格式的单元格,执行"开始→条件格式→新建规则"命令,在弹出的对话框中进行设置,如图 4-8 所示。如需设置多种格式,可建立多条规则。

图 4-8 　条件格式设置对话框

4.4　公式与函数

Excel 的公式与函数不仅可以进行加、减、乘、除之类的算术运算,还能够对文本进行处理,建立复杂的统计、财会、经济或工程方面的公式,将工作表变成功能强大的数据分析工具。通过在单元格中输入公式和函数,可以对表中数据进行总计、平均、汇总及更为复杂的运算。

4.4.1　使用公式

Excel 的公式由运算符、数值、字符串、变量和函数组成。公式必须以"＝"开头,在 Excel 的单元格中,凡是以等号开头的输入数据都被认为是公式。在等号开头的后面可以跟数值、运算符、字符串、变量或函数,在公式中还可以使用括号。

利用公式可以进行算术运算、比较运算、文本运算及单元格引用。各种运算有不同的运算符。表 4-1 列出了常用的运算符。

表 4-1　运算符

运算符名称	符号表示形式及意义
算术运算符	＋(加),－(减),＊(乘),/(除),%(百分号)和^(乘方)
关系运算符	＝,＞,＜,＞＝,＜＝,＜＞
文本运算符	&(字符串连接)
逻辑运算符	NOT(逻辑非),AND(逻辑与),OR(逻辑或)

当公式中出现多个运算符时,Excel 对运算符的优先级作了规定:算术运算符从高到低分三个级别,依次为百分号和乘方、乘和除、加和减;关系运算符优先级相同。三类运算符优先顺序从高到低依次为算术运算符、文本运算符、关系运算符。优先级相同时,运算符的运算顺序是从左到右。

若要输入公式,先选择要输入公式的单元格,然后输入"＝"号和后面的内容,按回车键即可将公式运算的结果显示在所选单元格中,如图 4-9 所示。

在图 4-9 中,利用公式计算得到第一个学生的总成绩后,其余学生的总成绩可以利用自动填充功能快速获得。方法是先选中第一个输入公式的单元格,在图 4-9 中,是 G2 单元格,然后将鼠标指针移动到该单元格的右下角,待出现填充句柄后向下拖拽鼠标,即可得到其余学生的总成绩。

4.4.2　使用函数

Excel 提供了多种不同类型的函数,大致可分为工作表函数、财务函数、日期函数、时间函数、数学与三角函数、统计函数、数据库管理函数、文本函数、信息函数等。

	A	B	C	D	E	F	G
1	学号	姓名	性别	专业	英语成绩	计算机成绩	总成绩
2	15140628	朱毅鹏	男	新闻	74	82	=E2+F2
3	15140629	姜菲琦	男	新闻	86	91	
4	15140630	叶方耀	男	新闻	67	93	
5	15140631	项函颖	男	新闻	85	89	
6	15140632	徐兰燕	女	新闻	93	78	
7	15140633	宋梦箫	女	新闻	78	69	
8	15140634	刘宇文	女	新闻	50	95	
9	15140635	汪志熊	女	新闻	72	97	
10	15140636	候琳	女	外语	90	94	
11	15140637	郝涵娇	女	外语	85	83	
12	15140638	候林彤	女	外语	78	72	
13	15140639	王雨童	女	外语	68	69	
14	15140640	冯欣迪	男	外语	89	78	
15	15140641	汪洁	男	外语	66	76	
16	15140642	卢璇	男	外语	73	82	
17	15140643	李钧	男	外语	81	97	

图 4-9　利用公式计算总成绩

函数实际上是 Excel 预定义的一些公式,它们使用一些称为参数的特定数值按特定的顺序或结构进行计算,然后把计算结果存放在某个单元格中。在大多数情况下,函数的计算结果是数值。当然,它也可以返回文本、引用、逻辑值、数组或工作表的信息。

向 Excel 的公式中输入函数的常用方法有下面两种。

1. 在公式中直接输入

如果知道函数名和需要的参数,就可在公式或表达式中直接输入函数。例如,求单元格区域 A1：D3 的数据总和,结果保存在 F1 单元格中。如果对汇总函数非常熟悉,就可以直接在 F1 单元格中输入公式"=SUM(A1：D3)"。输入完成并按 Enter 键后,Excel 就会自动把 A1：D3 区域中的所有数值之和显示在 F1 单元格中。

2. 使用函数向导

Excel 提供了 329 个可用的工作表函数,这些函数覆盖了许多应用领域,每个函数又允许使用多个参数。要记住所有函数的名字、参数及其用法是不可能的。当知道函数的类别以及需要计算的问题时;或知道函数的名字,但不知道函数所需的参数时,可以使用用函数向导来完成函数的输入。

选中单元格,执行"公式→插入函数"命令,这时系统将弹出"插入函数"对话框,如图 4-10(a)所示,选择需要的函数,输入需要的参数,如图 4-10(b)所示,即可完成插入函数。

在 Excel 中,常用函数主要包括 SUM、AVERAGE、IF、COUNT、MAX 等,它们的语法和作用如表 4-2 所示。

（a）

（b）

图 4-10　插入函数

表 4-2　常用函数

语法	作用
SUM(nunber1,number2,…)	返回单元格区域中所有数值的和
AVERAGE(nunber1,number2,…)	计算参数的算术平均值
IF(Logical_test,Value_if_true,Value_if_false)	执行真假值判断,如果条件为真则返回一个值,如果为假则返回另一个值
COUNT(value1,value2,…)	计算包含数字的单元格以及参数列表中数字的个数
MAX(nunber1,number2,…)	返回一组数值中的最大值

3．单元格引用的几种方式

在公式或函数的使用中,经常用填充句柄复制公式或函数,这就涉及被复制的单元格引用是否会改变,单元格的引用有如下几种方式。

1) 相对引用

相对引用也称为相对地址引用,是指在一个公式中直接用单元格的列标与行号来取用某个单元格中的内容。例如,在 G2 单元格中输入了一个公式"=E2+F2",该公式中的 E2、F2 都是相对引用。如果含有引用的公式被复制到另一个单元格,公式中的引用也会随之发生相应的变化,变化的依据是公式所在的单元格到目标单元格所发生的行、列位移,公式中所有的单元格引用都会发生与公式相同的位移变化。

在电子表格软件中,相对引用具有非常重要的作用,现举一个例子来说明相对引用的意义。在图 4-9 中,对第一个学生利用公式计算出他的总成绩后,其他学生的总成绩只需要复制公式就行了,复制公式时,由于是相对引用,单元格引用会自动相应变化,计算出每个学生的总成绩,结果如图 4-11 所示。

| | G17 | ▾ | f_x | =E17+F17 | | |
	A	B	C	D	E	F	G
1	学号	姓名	性别	专业	英语成绩	计算机成绩	总成绩
2	15140628	朱毅鹏	男	新闻	74	82	156
3	15140629	姜菲琦	男	新闻	86	91	177
4	15140630	叶方耀	男	新闻	67	93	160
5	15140631	项函颖	男	新闻	85	89	174
6	15140632	徐兰燕	女	新闻	93	78	171
7	15140633	宋梦箫	女	新闻	78	69	147
8	15140634	刘宇文	女	新闻	50	95	145
9	15140635	汪志熊	女	新闻	72	97	169
10	15140636	候琳	女	外语	90	94	184
11	15140637	郝涵娇	女	外语	85	83	168
12	15140638	候林彤	女	外语	78	72	150
13	15140639	王雨童	女	外语	68	69	137
14	15140640	冯欣迪	男	外语	89	78	167
15	15140641	汪洁	男	外语	66	76	142
16	15140642	卢璇	男	外语	73	82	155
17	15140643	李钧	男	外语	81	97	178

图 4-11　利用相对引用复制公式计算学生的总成绩

2) 绝对引用

在应用单元格数据时,如果在行号和列号前都加上"$"符号,如$D$2、$E$3,则表示绝对引用。当公式在复制、移动时,绝对引用单元格将不随着公式位置的变化而改变。

3) 混合引用

混合引用具有绝对列和相对行,或是绝对行和相对列。例如,$A1、$B1 就是具有绝对列的混合引用,A$1 就是具有绝对引用行的混合引用。如果包含混合引用的公式所在单元格的位置改变,则混合引用中的相对引用位置改变,而其中的绝对引用位置不变。

4) 内部引用与外部引用

在 Excel 的公式中,可以引用相同工作表中的单元格,也可以引用不同工作表中的单元格,还可以引用不同工作簿中的单元格。如果引用同一工作表中的单元格就称为内部引用;如果引用不同工作表中的单元格就称为外部引用。

引用同一工作表中其他工作表上的单元格,只要在引用单元格地址前加上工作表名和"!"。例如,当前公式位于 Sheet2 工作表中,要引用 Sheet1 工作表中的单元格,可以表示为"=Sheet1!A1+Sheet1!B1"。

　　引用不同工作簿中的单元格。如果要引用的数据来自另一个工作簿,此时的引用方法是:[工作簿名称]工作表名称! 单元格地址,如"=[book1]Sheet1!D4+[book3]Sheet2!E5"。

4.5　数 据 处 理

　　Excel 不仅具有简单的数据计算处理功能,还具有数据库管理的一些功能。Excel 在数据管理方面提供了排序、检索、数据筛选、分类汇总等数据库管理功能。

4.5.1　数据清单

　　数据清单就是包含有关数据的一系列由工作表中的单元格构成的矩形区域。它的特点如下:数据清单中的每列都有列标题,且列标题必须在数据的前面;数据清单中不允许有空行或空列;每一列必须是性质相同、类型相同的数据。

　　数据清单既可像一般工作表那样直接建立和编辑,也可通过"数据→记录单"命令以记录为单位进行编辑,如图 4-12 所示。在 Excel 2010 中要显示记录单图标,可通过"文件→选项"命令实现,打开 Excel 选项对话框,在对话框中选择"快速访问工具栏→不在功能区中的命令"→"记录单"命令来完成。

图 4-12　以记录为单位进行编辑

4.5.2　数据排序

　　排序是对数据进行重新组织安排的一种方式,即根据表格中数据清单中某列数据的数值大小,从小到大或从大到小排列工作表中的数据。Excel 可以按字母、数字或日期顺序等不同方式对数据进行排序。

1. 简单排序

　　如果要对数据清单中的数据进行排序,可以根据需要使用各种排序方法。根据某一列的内容对数据排序的操作方法有两种:一种是使用"数据"工具栏上的两个排序按钮;另一种是利用多关键字组合排序对话框。

　　"升序"按钮 ：按字母顺序、数据由小到大、日期由前到后排序。

　　"降序"按钮 ：按反向字母表顺序、数据由大到小、日期由后到前排序。

　　利用多关键字组合排序对话框进行排序操作时,可通过"数据→排序"命令来实现。

2．复杂数据排序

在根据单列数据对工作表中的数据进行排序时，如果这一列的某项数据完全相同，则这些行的内容就按原来的顺序排列，这就给数据排序带来一定的麻烦。选择多列排序可以解决这个问题，而且在实际操作中经常会遇到按照多列的结果进行排序的情况。

选择"数据→排序"按钮，可使用多个字段进行复杂排序，如图 4-13 所示。

如果上述排序满足不了实际需要，还可利用自定义排序功能，根据自定义排序条件进行排序，如按笔画、字母排序等，只需在"排序"对话框中单击"选项"按钮，在弹出的对话框中进行相应设置，如图 4-14 所示。

图 4-13　"排序"对话框　　　　　　　　　　　图 4-14 "排序选项"对话框

4.5.3　数据筛选

数据筛选是将数据清单中满足条件的数据显示出来，将不满足条件的数据暂时隐藏起来；当筛选条件被删除后，隐藏的数据又恢复显示。

1．自动筛选

选定数据区域的任意单元格，单击"数据→筛选"按钮。此时，数据表的每个字段名旁边出现了下拉按钮。单击下拉按钮将出现下拉列表，在下拉列表中选定要显示的项，在工作表中就可以看到筛选后的结果。如图 4-15 所示，利用自动筛选显示所有男生的数据。

	A	B	C	D	E	F	G
1	学号	姓名	性别	专业	英语成绩	计算机成绩	总成绩
4	15140640	冯欣迪	男	外语	89	78	167
5	15140629	姜菲琦	男	新闻	86	91	177
6	15140631	项函颖	男	新闻	85	89	174
8	15140643	李钧	男	外语	81	97	178
11	15140628	朱毅鹏	男	新闻	74	82	156
12	15140642	卢璇	男	外语	73	82	155
15	15140630	叶方耀	男	新闻	67	93	160
16	15140641	汪洁	男	外语	66	76	142

图 4-15　数据筛选

2. 自定义条件筛选

选定数据区域的某一个需要设置筛选条件的字段,如"英语成绩"字段,单击该字段旁的下拉按钮,选择"数字筛选→自定义筛选"命令,即打开"自定义自动筛选方式"对话框,如图 4-16 所示,在对话框中输入筛选条件,即可得到筛选结果。

图 4-16　"自定义自动筛选方式"对话框

3. 高级筛选

在自动筛选中,如果筛选条件涉及多个字段,则实现起来较麻烦,也不易实现,而用高级筛选就可以一次完成。

首先在数据表旁边构造筛选条件,如图 4-17 所示。然后选择"数据→高级"命令,打开"高级筛选"对话框,分别设定列表区域和条件区域单元格,如图 4-18 所示,最后单击"确定"按钮,数据记录即按设定的条件筛选并显示在工作表上。

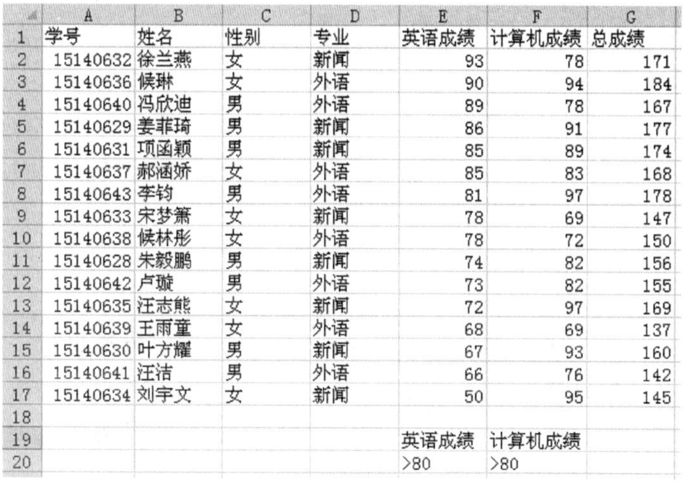

	A	B	C	D	E	F	G
1	学号	姓名	性别	专业	英语成绩	计算机成绩	总成绩
2	15140632	徐兰燕	女	新闻	93	78	171
3	15140636	候琳	女	外语	90	94	184
4	15140640	冯欣迪	男	外语	89	78	167
5	15140629	姜菲琦	男	新闻	86	91	177
6	15140631	项函颖	男	新闻	85	89	174
7	15140637	郝涵娇	女	外语	85	83	168
8	15140643	李钧	男	外语	81	97	178
9	15140633	宋梦箫	女	新闻	78	69	147
10	15140638	侯林彤	女	外语	78	72	150
11	15140628	朱毅鹏	男	新闻	74	82	156
12	15140642	卢璇	男	外语	73	82	155
13	15140635	汪志熊	女	新闻	72	97	169
14	15140639	王雨童	女	外语	68	69	137
15	15140630	叶方耀	男	外语	67	93	160
16	15140641	汪洁	男	外语	66	76	142
17	15140634	刘宇文	女	新闻	50	95	145
18							
19					英语成绩	计算机成绩	
20					>80	>80	

图 4-17　构造筛选条件

图 4-18　"高级筛选"对话框

4.5.4　数据汇总

分类汇总是分析图表的常用方法。例如,在成绩表中要按专业统计学生的成绩平均分,使用 Excel 提供的分类汇总功能,很容易得到这样的结果。

Excel 在分类汇总前,必须先按分类的字段进行排序;否则分类汇总的结果不是所要求的结果。要进行多级分类汇总,在排序时,先分类汇总的关键字为第一关键字,后分类汇总的关键字分别为第二、第三关键字。

1. 单级分类汇总

首先根据要汇总的分类字段排序,如果要根据专业分类,查看各个不同专业总成绩的平均分,则根据专业分类。然后选择"数据→分类汇总"命令,系统会弹出如图 4-19 所示的"分类汇总"对话框。在对话框中分别设置分类字段、汇总方式、选定汇总项,单击"确定"按钮,汇总结果如图 4-20 所示。

1 2 3		A	B	C	D	E	F	G
	1	学号	姓名	性别	专业	英语成绩	计算机成绩	总成绩
	2	15140636	候琳	女	外语	90	94	184
	3	15140640	冯欣迪	男	外语	89	78	167
	4	15140637	郝涵娇	女	外语	85	83	168
	5	15140643	李钧	男	外语	81	97	178
	6	15140638	候林彤	女	外语	78	72	150
	7	15140642	卢璇	女	外语	73	82	155
	8	15140639	王雨童	女	外语	68	69	137
	9	15140641	汪洁	男	外语	66	76	142
	10				外语 平均值			160.125
	11	15140632	徐兰燕	女	新闻	93	78	171
	12	15140629	姜菲琦	男	新闻	86	91	177
	13	15140631	项函颖	男	新闻	85	89	174
	14	15140633	宋梦箫	女	新闻	78	69	147
	15	15140628	朱毅鹏	男	新闻	74	82	156
	16	15140635	汪志熊	女	新闻	72	97	169
	17	15140630	叶方耀	男	新闻	67	93	160
	18	15140634	刘宇文	女	新闻	50	95	145
	19				新闻 平均值			162.375
	20				总计平均值			161.25

图 4-19　"分类汇总"对话框　　　　　　　　　图 4-20　分类汇总结果

2. 高级分类汇总

在同一分类汇总级别上可能不只进行一种汇总运算,Excel 可以对同一分类进行多重汇总。要进行多重分类汇总,必须按分类汇总级别进行排序。如要先按专业求平均成绩,每个专业再按性别求平均成绩,必须以"专业"为第一关键字排序,以"性别"为第二关键字排序,再分类汇总。

用前面的方法先进行第一级分类汇总结果,再进行第二级分类汇总结果,在第二级分类汇总时,要把"替换当前分类汇总"选项前的"√"去掉,这样就完成了多重分类汇总。汇总结果如图 4-21 所示。

1 2 3 4		A	B	C	D	E	F	G
	1	学号	姓名	性别	专业	英语成绩	计算机成绩	总成绩
	2	15140640	冯欣迪	男	外语	89	78	167
	3	15140643	李钧	男	外语	81	97	178
	4	15140642	卢璇	男	外语	73	82	155
	5	15140641	汪洁	男	外语	66	76	142
	6			男 平均值				160.5
	7	15140636	候琳	女	外语	90	94	184
	8	15140637	郝涵娇	女	外语	85	83	168
	9	15140638	候林彤	女	外语	78	72	150
	10	15140639	王雨童	女	外语	68	69	137
	11			女 平均值				159.75
	12			外语 平均值				160.125
	13	15140629	姜菲琦	男	新闻	86	91	177
	14	15140631	项函颖	男	新闻	85	89	174
	15	15140628	朱毅鹏	男	新闻	74	82	156
	16	15140630	叶方耀	男	新闻	67	93	160
	17			男 平均值				166.75
	18	15140632	徐兰燕	女	新闻	93	78	171
	19	15140633	宋梦箫	女	新闻	78	69	147
	20	15140635	汪志熊	女	新闻	72	97	169
	21	15140634	刘宇文	女	新闻	50	95	145
	22			女 平均值				158
	23			新闻 平均值				162.375
	24			总计平均值				161.25

图 4-21　多级分类汇总结果

4.6　数据图表

　　Excel 的图表功能并不逊色于一些专业的图表软件,它不但可以创建条形图、折线图、饼图等标准图形,还可以生成较复杂的三维立体图表。同时,Excel 还提供了许多工具,用户运用它们可以修饰、美化图表,如设置图表标题,修改图表背景色,加入自定义符号,设置字体、字形等。

1. 创建图表

　　在 Excel 中对已建立的工作表,可以建立其图表,创建图表的具体方法如下。

　　(1)切换到"插入"菜单页,在工具栏按钮选择一种图表类型,弹出空白图表窗口。

　　(2)单击"选择数据"按钮,则出现"选择数据源"对话框。

　　(3)选择图表的源数据区域,单击"确定"按钮。

　　(4)选择图表放置的位置,即可完成图表的创建。

　　图 4-22 为根据学生的英语考试成绩创建的图表示例。

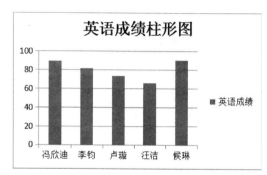

图 4-22　图表示例

2. 编辑图表

1）修改图表的类型

如果已经创建好的图表并不能很好地反映数据之间的关系,可以重新选择适当的图表类型。

选中要更改类型的图表并右击,在弹出的快捷菜单中选择"更改图表类型"命令,则出现"更改图表类型"对话框,重新选择所需的图表类型即可。

2）更新图表数据

当创建了图表后,图表和创建图表的数据源之间就建立了联系。当需要更新图表数据时,在选定图表后,单击"选择数据"按钮,打开"选择源数据"对话框,如图 4-23 所示,在该对话框中更改数据源即可更新图表数据。

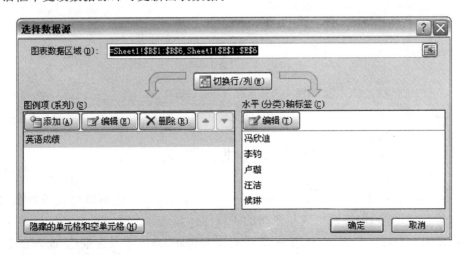

图 4-23 "选择数据源"对话框

3）图表中文字的编辑

文字的编辑是指给图表增加说明性文字,包括标题、坐标轴、网格线、图例、数据标志、数据表等。

3. 格式化图表

图表的格式化是指设置图表中各个对象的格式,包括文字和数值的格式、颜色、外观等。不同的对象有不同的格式设置选项,选定要格式化的对象,利用快捷菜单中的"设置图表区格式"命令来实现。要对图表区进行格式化,对应的图表区域格式对话框如图 4-24所示。

图 4-24　"设置图表区格式"对话框

第 5 章　PowerPoint 演示文稿

PowerPoint 2010 和 Word 2010、Excel 2010 等应用软件一样，都是微软公司推出的 Office 2010 系列产品之一，主要用于演示文稿的创建，即幻灯片的制作，可有效帮助演讲、教学、产品演示等。PowerPoint 2010 是用于设计制作专家报告、教师授课、产品演示、广告宣传的电子版幻灯片，制作的演示文稿可以通过计算机屏幕或投影机播放。

本章学习目标

理解 PowerPoint 2010 中的基本概念；

理解 PowerPoint 2010 演示文稿的设计元素；

掌握幻灯片的外观设计和文本格式化；

掌握幻灯片放映效果设置。

5.1　PowerPoint 2010　概　述

5.1.1　PowerPoint 2010 简介

PowerPoint 2010 是制作和演示幻灯片的软件，能够制作出集文字、图形、图像、声音以及视频剪辑等多媒体元素于一体的演示文稿，把自己所要表达的信息组织在一组图文并茂的画面中，用于介绍公司的产品、展示自己的学术成果。

5.1.2　PowerPoint 2010 工作界面

PowerPoint 2010 的工作界面与 Word 2010、Excel 2010 结构基本相同，包括标题栏、菜单栏、格式工具栏、常用工具栏、工作区、绘图工具栏、状态栏、大纲栏八大部分。与其他两个办公软件不同的是，增加了任务窗格、大纲区、备注区，如图 5-1 所示。

（1）标题栏：主要显示软件名称（Microsoft PowerPoint）和当前文档名称（演示文稿 1）在左侧；右侧显示常见的"最小化、最大化/还原、关闭"按钮。

（2）菜单栏：主要展示"文件"、"开始"、"插入"、"设计"、"切换"、"动画"、"幻灯片放映"、"审阅"、"视图"、"加载项"10 大菜单项。

（3）常用工具栏：主要功能显示软件中较为常用的命令按钮。

（4）任务窗格：此功能是 PowerPoint 2010 新增的一个功能，利用这个窗口，可以完成编辑演示文稿的主要工作任务。

（5）备注区：主要功能用于编辑幻灯片的"备注"文本。

（6）状态栏：主要功能显示出当前文档的状态。

（7）工作区：主要功能是编辑幻灯片的工作区。

（8）大纲区：主要功能是进行"大纲视图"或"幻灯片视图"的快速切换，默认"幻灯片视图"显示。

图 5-1　PowerPoint 2010 工作界面

5.1.3　PowerPoint 2010 中的几个基本概念

1. 对象

在 PowerPoint 2010 中，将文本、表格、图形、音频、视频等统称为对象，在制作演示文稿中对这些对象进行格式或者动画的编辑和设置。

2. 占位符

占位符是 PowerPoint 2010 中构成每页幻灯片布局的重要部分，每页幻灯片中占位符以带有虚线或影线标记的方框构成，每个方框都有不同的文字提示。占位符的形式主要以文本为主，表格、图形、图像等对象也包含在占位符中，便于幻灯片的编辑。不同的 PowerPoint 2010 版式，占位符的布局位置也有所不同。

在 PowerPoint 2010 中可以更改在演示文稿的单张幻灯片或多张幻灯片上出现的占位符，并调整占位符的尺寸，调整占位符的位置，更改占位符内的文本的字体、字号、大小写、颜色或间距。

3. 设计模板

所谓设计模板是 PowerPoint 2010 中包含固定布局、背景和格式的幻灯片。PowerPoint 2010 软件中已自带多个设计模板，用户可根据需要选择设计模板。

4. 母版

所谓母版就是一种特殊的幻灯片，包含幻灯片文本和页脚（如日期、时间和幻灯片编号）等占位符，这些占位符控制了幻灯片的字体、字号、颜色（包括背景色）、阴影和项目符号样式等版式要素。

5. 配色方案

所谓配色，简单来说就是将颜色摆在适当的位置，做最好的安排。色彩通过人的印象或者联想来产生心理上的影响，而配色的作用就是通过改变空间的舒适程度和环境气氛来满足消费者各方面的要求。配色主要有两种方式，一是通过色彩的色相、明度、纯度的对比来控制视觉刺激，达到配色的效果；另一种是通过心理层面感观传达，间接性地改变颜色，从而达到配色的效果。

配色方案：作为一套的八种谐调色，这些颜色可应用于幻灯片、备注页或听众讲义。配色方案包含背景色、线条和文本颜色以及其余六种使幻灯片更加鲜明易读的颜色。

在 PowerPoint 2010 中颜色主要由红、绿、蓝三色组成。

5.1.4　PowerPoint 2010 帮助功能

在 PowerPoint 2010 中，帮助功能在"帮助"菜单中，选择"帮助 → Microsoft PowerPoint 2010 帮助 F1"或者选择 F1 快捷键执行帮助功能，在搜索文本框中输入帮助关键字，如图 5-2 所示。

图 5-2　帮助窗口

5.2　PowerPoint 2010 演示文稿的设计元素

PowerPoint 2010 是制作和演示幻灯片的软件,能够制作出集文字、图形、图像、声音以及视频剪辑等多媒体元素于一体的演示文稿,把自己所要表达的信息组织在一组图文并茂的画面中,用于介绍公司的产品、展示自己的学术成果。

PowerPoint 设计中包含着很多的要素,设计一套完美的演示文稿,其主要的三大要素为字体、色彩和布局。

5.2.1　字体

字体,又称书体,是指文字的风格式样,如汉字手写的楷书、行书、草书。中国文字有篆、隶、草、楷、行、燕六种书体。每种字体中,又根据各种风格以书家的姓氏来命名,像楷书中有欧(欧阳询)体、颜(真卿)体柳(公权)体等。有一种字体却不是创始人的姓氏,而是用朝代名来命名,这就是宋体字。现在也指技术制图中的一般规定术语,是指图中文字、字母、数字的书写形式。

根据文字字体的特性和使用类型,文字的设计风格大约可以分为下列几种。

(1)秀丽柔美。字体优美清新,线条流畅,给人以华丽柔美之感,此类型的字体适用于女用化妆品、饰品、日常生活用品、服务业等主题。

(2)稳重挺拔。字体造型规整,富于力度,给人以简洁爽朗的现代感,有较强的视觉冲击力,这种个性的字体适合于机械科技等主题。

(3)活泼有趣。字体造型生动活泼,有鲜明的节奏韵律感,色彩丰富明快,给人以生机盎然的感受。这种个性的字体适用于儿童用品、运动休闲、时尚产品等主题。

(4)苍劲古朴。字体朴素无华,饱含古时之风韵,能带给人们一种怀旧的感觉,这种个性的字体适用于传统产品、民间艺术品等主题。

5.2.2　色彩

在丰富多样的颜色中,主要分成两个大类:无彩色系和有彩色系。

1. 无彩色系

无彩色系是指白色、黑色和由白色及黑色调和形成的各种深浅不同的灰色。无彩色按照一定的变化规律,可以排成一个系列,由白色渐变到浅灰、中灰、深灰到黑色,色度学上称为黑白系列。黑白系列中由白到黑的变化可以用一条垂直轴表示,一端为白,一端为黑,中间有各种过渡的灰色。纯白是理想的完全反射的物体,纯黑是理想的完全吸收的物体。可是在现实生活中并不存在纯白与纯黑的物体,颜料中采用的锌白和铅白只能接近纯白,煤黑只能接近纯黑。无彩色系的颜色只有一种基本性质——明度。它们不具备色相和纯度的性质,也就是说它们的色相与纯度在理论上都等于零。色彩的明度可用黑白度来表示,越接近白色,明度越高;越接近黑色,明度越低。黑与白作为颜料,可以调节物体色的反射率,使物体色提高明度或降低明度。

2. 有彩色系

彩色是指红、橙、黄、绿、青、蓝、紫等颜色。不同明度和纯度的红、橙、黄、绿、青、蓝、紫色调都属于有彩色系。有彩色是由光的波长和振幅决定的,波长决定色相,振幅决定色调。

有彩色系的颜色具有三个基本特性:色相、纯度(也称彩度、饱和度)、明度。在色彩学上也称为色彩的三大要素或色彩的三属性。

1) 色相

色相是有彩色的最大特征。所谓色相是指能够比较确切地表示某种颜色色别的名称,如玫瑰红、橘黄、柠檬黄、钴蓝、群青、翠绿……从光学物理上讲,各种色相是由射入人眼的光线的光谱成分决定的。对于单色光来说,色相的面貌完全取决于该光线的波长;对于混合色光来说,则取决于各种波长光线的相对量。物体的颜色是由光源的光谱成分和物体表面反射(或透射)的特性决定的。

2) 纯度

色彩的纯度是指色彩的纯净程度,它表示颜色中所含有色成分的比例。含有色彩成分的比例越大,则色彩的纯度越高,含有色成分的比例越小,色彩的纯度也越低。可见光谱的各种单色光是最纯的颜色,为极限纯度。当一种颜色掺入黑、白或其他彩色时,纯度就产生变化。当掺入的色达到很大的比例时,在眼睛看来,原来的颜色将失去本来的光彩,而变成掺和的颜色了。当然这并不等于说在这种被掺和的颜色里已经不存在原来的色素,而是由于大量掺入其他彩色而使得原来的色素被同化,人的眼睛已经无法感觉出来了。

有色物体色彩的纯度与物体的表面结构有关。如果物体表面粗糙,其漫反射作用将使色彩的纯度降低;如果物体表面光滑,那么全反射作用将使色彩比较鲜艳。

3) 明度

明度是指色彩的明亮程度。各种有色物体由于它们的反射光量的区别而产生颜色的明暗强弱。色彩的明度有两种情况:一是同一色相不同明度,如同一颜色在强光照射下显得明亮,弱光照射下显得较灰暗模糊,同一颜色加黑或加白掺和以后也能产生各种不同的明暗层次;二是各种颜色的不同明度。每一种纯色都有与其相应的明度。黄色明度最高,蓝紫色明度最低,红、绿色为中间明度。色彩的明度变化往往会影响到纯度,如红色加入黑色以后明度降低了,同时纯度也降低了;如果红色加白色则明度提高了,纯度却降低了。

有彩色的色相、纯度和明度三特征是不可分割的,应用时必须同时考虑这三个因素。

5.2.3 布局

在演示文稿的制作中布局的作用就像构建建筑物的框架一样,一个完美的演示文稿,其内容并不是最重要的,在播放演示文稿的时候首先吸引人的不是幻灯片的内容,而是文字、图形、线条、表格等要素的设计,并按照一定的艺术方式表达出来。

大部分演示文稿设计以文字为主,虽然会有一些图片、表格插入作为点缀,但是实际应用中,做到合理地布局划分幻灯片,才是完美演示文稿设计的重点。

现在很多关于演示文稿设计的书籍,其中关于布局的设计也归纳得非常齐全,如十五种演示文稿版式布局,如表 5-1 所示。

表 5-1　演示文稿版式布局

标准型	左置型	斜置型	圆图型	中轴型
棋盘型	文字型	全图型	字体型	散点型
水平型	交叉型	背景型	指示型	重复型

5.2.4　演示文稿的显示方式

在 PowerPoint 2010 中,有普通视图、幻灯片浏览、阅读视图、幻灯片放映几种视图方式,切换演示文稿的显示方式只需要在"视图"选项中选择视图方式,也可通过状态栏左侧视图切换按钮进行视图切换操作,如图 5-3 所示。

图 5-3　演示文稿显示方式

5.3　幻灯片的编辑

在 PowerPoint 2010 中,幻灯片的编辑是整个演示文稿制作过程中的重要部分,此过程包含全部对象的操作,操作主要在"开始"菜单中完成。

5.3.1　新建幻灯片

在演示文稿中还需要更多的幻灯片,可以通过执行"开始→新建幻灯片"命令,或者直接按 Ctrl＋M 快捷组合键新建一个普通幻灯片,此时大纲区任务窗格会生成新的幻灯片。

5.3.2　插入文本

插入文本的操作是 PowerPoint 2010 制作过程中文本输入的基本操作之一。具体操作步骤如下:执行"插入→文本框→水平(垂直)"命令,此时鼠标指针变成细十字线状,按住鼠标左键在工作区中拖动,即可插入一个文本框,然后将文本输入到相应的文本框中。设置要点:输入文字后,设置文本框中文本的字体、字号、字体颜色等格式,如图 5-4 所示。

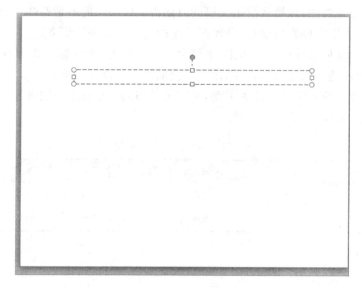

图 5-4　插入文本

调整大小：将鼠标指针移至文本框的四角或四边控制点处，指针变为双向拖拉箭头时，按住鼠标左键拖动即可调整文本框的大小。

移动定位：将鼠标指针移至文本框边缘处呈十字状时，单击，选中文本框，然后按住鼠标左键拖动，将其定位到幻灯片合适位置上即可。

旋转文本框：选中文本框，然后将鼠标指针移至上端控制点，此时控制点周围出现一个圆弧状箭头，按住鼠标左键拖动，即可对文本框进行旋转操作。

5.3.3　插入图形与图片

图形、图片的修饰是 PowerPoint 2010 制作过程中的点睛之笔，图形和图片修饰可以增加演示文稿的生动性。

单击图标添加内容

图 5-5　添加幻灯片内容

在前面的章节中已经详细介绍了图形、图片的插入操作，本章对此操作不再作介绍。需要注意的是，除了前面介绍的插入操作以外，在 PowerPoint 2010 中，可以利用版式中的占位符进行插入图形、图片对象的操作。具体操作步骤如下。

（1）在"幻灯片版式"任务窗格中选择"内容版式"，如图 5-5 所示。

（2）在工作区中单击占位符中的图片按钮，在"插入图片"窗口中选择需要插入的图片插入图片，如图 5-6 所示。

（3）选择图片并右击，在弹出的级联菜单中选择"设置图片格式"命令，在"设置图片格式"窗口中进行图片格式的设置。具体操作与在 Word 2010 中操作相同，如图 5-7 所示。

图 5-6　插入图片

图 5-7　设置图片格式

5.3.4　插入多媒体

在 PowerPoint 2010 中,多媒体包括声音、影片等,这是在前面介绍的 Office 其他组件中不常使用的功能之一,下面将对插入声音文件和插入影片分别介绍。

1) 插入声音文件

(1) 准备好声音文件(* . mid、 * . wav 等格式)。

(2) 选中需要插入声音文件的幻灯片,执行"插入→音频→文件中的音频"命令,打开"插入音频"对话框,定位到上述声音文件所在的文件夹,选中相应的声音文件,单击"确定"按钮返回。

(3) 此时,系统会弹出如图 5-8 所示的提示框,根据需要单击其中相应的按钮,即可将声音文件插入到幻灯片中(幻灯片中显示出一个小喇叭符号)。

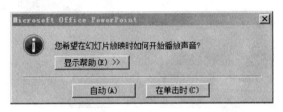

图 5-8　播放声音文件提示框

(4) 插入的声音文件在多张幻灯片中连续播放,可以这样设置:在第一张幻灯片中插入声音文件,选中小喇叭符号,在"自定义动画"任务窗格中双击相应的声音文件对象,打开"播放声音"对话框(图 5-9),选中"停止播放"选项区的"在 X 幻灯片"单选按钮,并根据需要设置好其中的 X 值,确定返回即可。

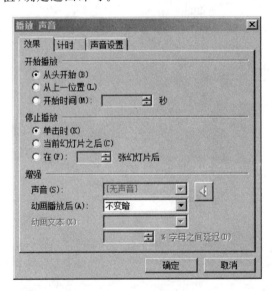

图 5-9　设置声音格式

2）插入视频

准备好视频文件,选中相应的幻灯片,执行"插入→视频→文件中的影片"命令,然后仿照上面插入声音文件的操作,将视频文件插入到幻灯片中。需要注意的是,在插入的影片和声音文件都需要和演示文稿文件一起移动,才能正常播放。

5.3.5　插入页眉与页脚

插入页眉与页脚的操作需执行"插入→页眉和页脚"命令,打开"页眉和页脚"对话框(图 5-10),切换到"幻灯片"选项卡,即可对日期区、页脚区、数字区进行格式化设置。

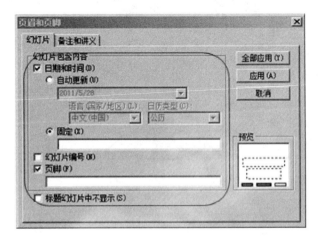

图 5-10　"页眉和页脚"对话框

5.3.6　插入其他对象

插入对象操作需执行"插入→对象"命令,在"插入对象"对话框(图 5-11)中选择"对象类型",或者由文件创建已有的对象。

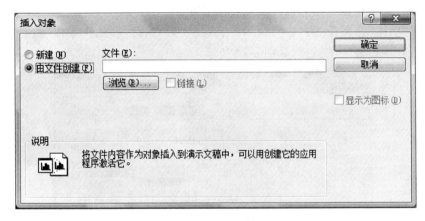

图 5-11　插入其他对象

5.3.7 超链接

如果跳转的幻灯片是固定的,要制作时,将两张幻灯片超级链接起来的方法是:选中幻灯片中的某个任意对象(图片、文本框,或者插入一个图形等),选择"插入→超链接"命令,或直接按 Ctrl+K 组合键,打开"插入超链接"对话框,在右侧选中"本文档中的位置"选项,然后在"请选择文档中的位置"列表框中选择需要链接的幻灯片,确定返回,如图 5-12 所示。

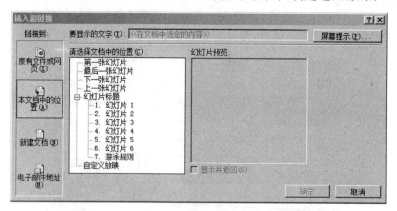

图 5-12 插入超级链接

5.4 幻灯片的外观设计与文本格式化

5.4.1 文本格式化

1. 设置字体格式

对幻灯片的字体进行格式设置有以下几种方法。

(1)用"字体"选项设置:选择占位符或者文字后,执行"开始→字体"命令,在弹出的"字体"对话框中设置字体格式,如图 5-13 所示。

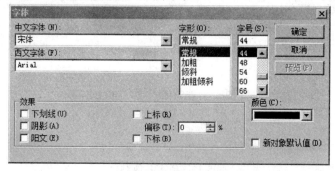

图 5-13 设置字体

（2）用"字体"快捷菜单设置：选择占位符或者文字后，右击，在弹出的"字体"对话框中同样可以设置字体格式。

2．设置段落格式

设置段落格式包括字体对齐方式、对齐方式、行距、项目符号与编号等，选定段落文本后，选择"开始→段落"选项中的"项目符号和编号"、"对齐方式"、"字体对齐方式"、"行距"等命令进行设置，如图 5-14 所示。

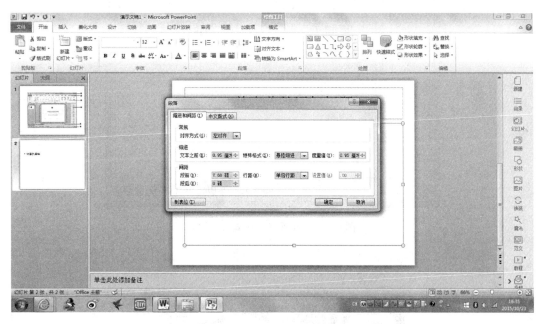

图 5-14　段落格式设置

5.4.2　设置幻灯片背景

1．设置幻灯片背景颜色

默认新建的空白幻灯片背景是白色的，可以根据模板创建幻灯片，也可以根据需要修改背景颜色。设置背景颜色的具体操作分为两种，第一种是通过"设计→背景样式"命令设置，如图 5-15 所示，完成设置后单击"全部应用"按钮，同时还可设置隐藏背景图形。

第二种是通过"设计→背景样式"命令设置配色方案，如图 5-16 所示。

2．设置幻灯片背景颜色

除了颜色背景外，单击"背景"格式对话框中的下拉按钮，还可以在"图片或填充纹理"对话框中选择纹理背景，也可以选择"图片填充"将计算机中的任意图片文件作为背景，如图 5-17 所示。

图 5-15　"设置背景格式"对话框

图 5-16　"颜色方案"设置

1）设置渐变背景

在 PowerPoint 2010 中，颜色有单色、双色和预设两种，可以设置透明度和底纹样式。颜色预设是 PowerPoint 中预设的颜色方案，单击"预设颜色"下拉按钮，在弹出的"预设颜

图 5-17　设置背景填充效果

色"下拉菜单中便可选择所需的渐变背景方案,还可选择底纹样式和变形,最终确定预设颜色方案,如图 5-18 所示。

图 5-18　渐变背景设置

2）设置纹理、图片背景

纹理相对于渐变设置来说富有更多的变化,设置还同在"填充效果"选项中设置,选择"纹理"选项卡,在"纹理"下拉列表框中选择纹理图案,在选择纹理的同时,下方出现纹理图案的名称,单击"其他纹理"按钮,可选择其他纹理图片,如图 5-19 所示。除了前面提到的设置幻灯片背景的方式以外,还可以根据需要将一些图片或能突出幻灯片主题的图片设置为背景。具体操作步骤如下:①选择"填充效果"对话框中的"图片"选项;②单击"选择图片"按钮,打开"选择图片"对话框,选择图片所在位置,选择需要插入的图片,单击"插入"按钮回到"填充效果"对话框;③在"图片"选项卡中可以看到所选的图片及名称,单击"确定"按钮完成设置,返回"背景"对话框;④单击"全部应用"或"重设背景"按钮完成设置。

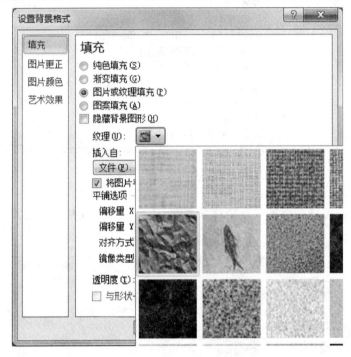

图 5-19　纹理背景设置

3）设置图案背景

在 PowerPoint 2010 中,还可以通过图案设置幻灯片的背景,操作方法为:①选择图案,在图案下方会出现图案的名称;②选择图案的前景与背景颜色,在示例窗口参看效果;③单击"确定"按钮完成设置,如图 5-20 所示。

5.4.3　使用母版

要将同一背景、标志、标题文本及主要文字格式运用到演示文稿的每一张幻灯片中,可以使用幻灯片的母版功能。在 PowerPoint 2010 中,母版包括幻灯片母版、讲义母版、备注母版三种形式。制作幻灯片母版实际上就是在母版视图下设置占位符格式、项目符

图 5-20　图案背景设置

号、背景以及页眉页脚。下面介绍幻灯片母版的建立。

　　新建幻灯片并选择幻灯片版式后,占位符的位置总是固定的,并且默认在其中输入的文本为宋体。实际上,在幻灯片母版中占位符的大小和位置都是可以改变的,包括其文本格式、填充效果等,这样就不需要为各张幻灯片逐一进行格式设置。

　　下面列举一例建立幻灯片母版。要求:①设置幻灯片母版,设置占位符格式,将标题设置为“华文隶书、加粗、48 号、蓝色、居中”;将正文占位符格式一级文字设置为“华文新魏、36 号、红色”;②设置项目符号与编号,将正文一级文字项目符号设置为红色“📖”符号;③设置背景图片为“帆船”;④设置页眉页脚,将幻灯片的页脚内容设置为“帆船”,设置时间为“2015 年 10 月 23 日”。具体操作如下。

　　(1) 启动 PowerPoint 2010,新建或打开一个演示文稿。

　　(2) 执行“幻灯片母版”命令,进入“幻灯片母版视图”状态,此时“幻灯片母版视图”工具条也随之被展开,如图 5-21 所示。

　　(3) 单击“单击此处编辑母版标题样式”占位符,在随后弹出的快捷菜单中选择“字体”选项,打开“字体”对话框。设置标题字体为“华文隶书、加粗、48 号、蓝色、居中”,设置好相应的选项后确定返回。

　　(4) 单击“单击此处编辑母版文本样式”占位符仿照上面第(3)步的操作设置一级正文为“华文新魏、36 号、红色”,如图 5-22 所示。

　　(5) 选择“单击此处编辑母版文本样式”文字,执行“段落→项目符号和编号”命令,打开“项目符号和编号”对话框,单击“自定义”按钮,在弹出的“符号”对话框中选择符号,设

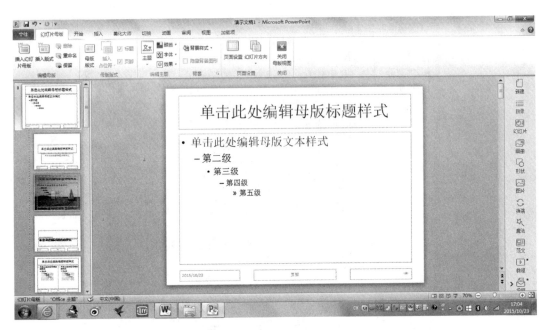

图 5-21　幻灯片母版

置项目符号中红色"📖"符号样式后,确定退出,即可为相应的内容设置不同的项目符号样式,如图 5-23 所示。

图 5-22　设置母版字体格式

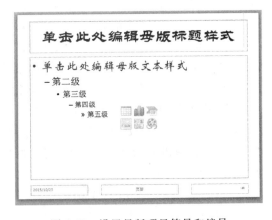

图 5-23　设置母版项目符号和编号

(6) 在"背景样式"下拉列表框中选择"填充效果→图片"命令,选择图片"帆船",确定后返回"背景"对话框,单击"全部应用"按钮完成背景设置,如图 5-24 所示。

(7) 对日期区、页脚区、数字区进行格式化设置。选择"插入→页眉和页脚"命令,在"页眉和页脚"对话框中,选择"日期和时间"中的自动更新或者固定,将时间设置为"2015 年 10 月 23 日",将页脚内容设置为"帆船",单击"全部应用"按钮完成操作,如图 5-25所示。

(8) 完成以上设置后关闭母版视图,返回到普通视图状态,每页幻灯片的标题、一级正文文字、背景、页眉和页脚按照以上设置的格式显示,如图 5-26 所示。

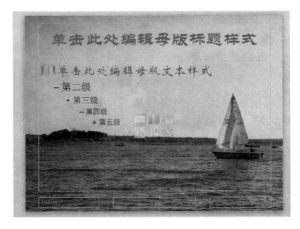

图 5-24 设置母版背景图片

图 5-25 设置母版页眉和页脚

图 5-26 幻灯片母版设计效果

5.4.4　应用设计模板

在新建或者已有的演示文稿中,选择、更换 PowerPoint 2010 中已有的幻灯片模板,应用设计模板的幻灯片对象布局、颜色主次色调搭配都较为合理。操作步骤如下。

（1）选择"设计→主题"命令,软件会自动出现"主题"任务窗格,在任务窗格中列出了所有软件中的应用设计模板,如图 5-27 所示。

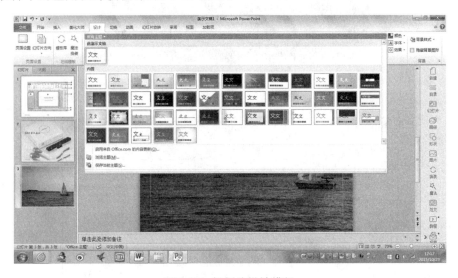

图 5-27　幻灯片设计模板

（2）选择"主题"中的"内置"设计模板,如选择"凤舞九天"模板,此时在幻灯片中的对象会改变"凤舞九天"模板中的格式和颜色主题,如图 5-28 所示。

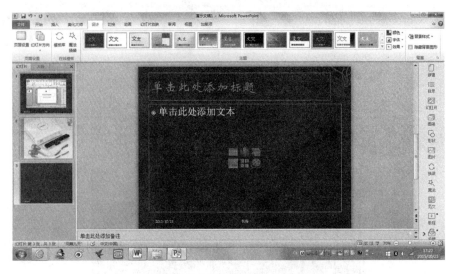

图 5-28　幻灯片应用设计模板

（3）完成以上操作后，在演示文稿中所有添加的幻灯片的主题颜色和字体格式颜色都将会统一修改。如果想使幻灯片的背景和格式不同，则需要按照背景设置和格式设置方法进行修改。

5.4.5　使用幻灯片版式

幻灯片版式由占位符和对象构成，在 PowerPoint 2010 中，幻灯片版式为 Office 主题。更换、添加幻灯片版式可以方便设计者和使用者有效合理安排占位符和对象的布局，使幻灯片更加美观。在新建演示文稿中，第一张幻灯片默认为"标题幻灯片"，后面添加的幻灯片默认为"标题和文字"幻灯片，更改其他幻灯片的操作步骤如下。

（1）在选择新建的幻灯片中，选择"开始→版式"命令，在下方出现"幻灯片版式"窗格，在窗格中出现 Office 版式，如图 5-29 所示。

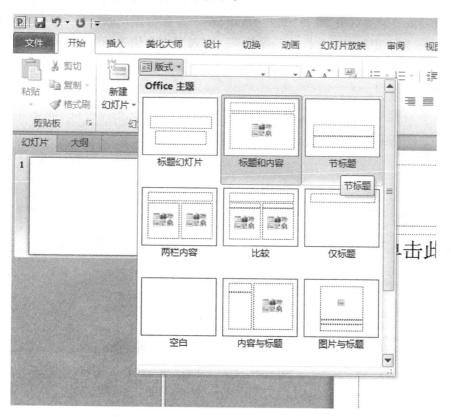

图 5-29　幻灯片版式

（2）按照设计者的需要更换幻灯片版式，如果版式无法满足设计者的需要，可以使用修改对象格式的设置方法进行添加和删除。

5.5　幻灯片放映效果设置

幻灯片放映效果设置在 PowerPoint 2010 中指的是幻灯片的动画效果和放映功能的设置。动画效果是指幻灯片放映时出现的一系列动作,包括幻灯片中对象的动画、幻灯片切换动画及动作按钮设置。PowerPoint 2010 为幻灯片切换、幻灯片的对象提供了多种预设的动画方案。

5.5.1　设置幻灯片动画效果

1. 幻灯片动画

PowerPoint 2010 提供了几种常用幻灯片对象的动画效果,其方法是选择幻灯片中作为设置动画效果的对象,选择"动画"选项,在下方会出现动画效果列表,窗口中列出 PowerPoint 2010 中所有可选择的动画效果。在列表中直接选择"动画"选项,然后右边会出现动画窗格,完成设置,如图 5-30 所示。

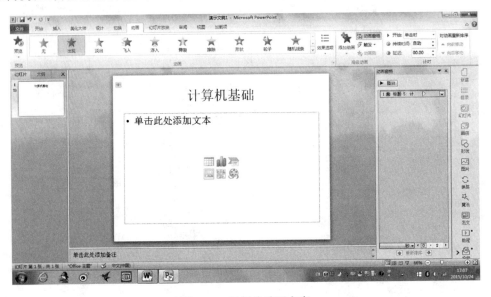

图 5-30　幻灯片动画方案

2. 添加动画

添加动画是在 PowerPoint 2010 中针对幻灯片的动画效果之一,而对幻灯片中的对象设置动画效果,可以通过自定义动画的方式来操作,方法如下。

(1) 选择幻灯片版式,安排各种对象在幻灯片中的合适位置,并设计各对象在幻灯片中出现的顺序,并按照顺序逐一进行动画设计。

(2) 选中要进行设置的对象,选择"添加动画"命令,在下方自动出现"动画"下拉列表，如图 5-31 所示。

图 5-31　幻灯片自定义动画

（3）在"添加动画"效果按钮中选择动画效果"进入"、"强调"、"退出"和"动作路径"，例如，将标题"计算机基础"设置成"进入"效果设置。"进入"效果中又分基本型、细微型、温和型和华丽型四大类，如图 5-32 所示。

图 5-32　动画效果设置

（4）为幻灯片中的图形对象添加了动画效果后，窗口中将自动播放动画效果，同时在对象左侧会出现数字 1,2,…，表示对象动画效果出现的顺序，如图 5-33 所示。

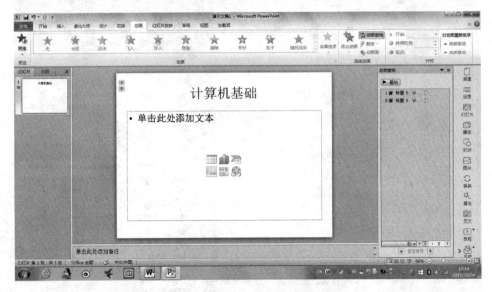

图 5-33　幻灯片动画效果设置

（5）而在窗口右侧出现动画效果的编辑任务窗口，分为两部分，一是更改设置，二是动画对象列表。

（6）在更改设置中，可以更改动画效果，设置"开始"播放的时候，如"之前"选项，表示在上一对象播放结束后将自动进入。在"方向"下拉列表框中选择动画效果出现的方向；在"速度"下拉列表框中选择动画的播放速度。

（7）在动画对象列表框中，设置的动画效果按照序号依次排列，单击对象右侧的下拉按钮会出现对象设置菜单。

（8）也可以单击"重新排序"按钮，调整对象的顺序。

（9）单击"播放"按钮预览设置的动画效果，完成幻灯片动画的自定义。

5.5.2　设置幻灯片切换效果

幻灯片切换方案是 PowerPoint 2010 幻灯片从一张切换到另一张时多种多样的动态视觉显示方式，该设置可使得幻灯片在播放时更加生动。

启动 PowerPoint 2010，打开相应的演示文稿，执行"切换"选项命令，展开"幻灯片切换"任务列表（图 5-34），分为细微型、华丽型、动态内容三大切换类型，先选中一张（或多张）幻灯片，然后在任务列表中选中一种幻灯片切换样式（如"切出"）即可。

如果需要将所选中的切换样式用于所有的幻灯片，则选中样式后，单击"全部应用"按钮即可。

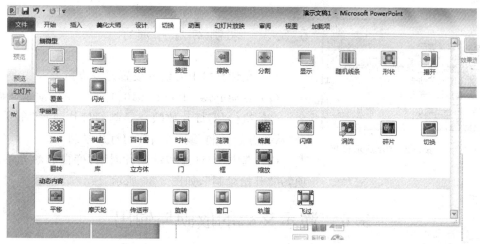

图 5-34　幻灯片切换

5.5.3　插入动作

在 PowerPoint 2010 中,有一种重要的链接对象,那就是"插入动作",它会使对象形成链接形式。选择对象后,插入动作。

单击所需的动作按钮,在幻灯片中插入动作按钮后,将打开如图 5-35 所示的"动作设置"对话框,在其中选中"超链接到"单选按钮,在下方的下拉列表框中选择需要链接到的目标幻灯片选项,一般保持默认的链接位置即可。在"播放声音"下拉列表框中选择"动作按钮"选项进行声音设置。

创建动作后,在幻灯片放映过程中,单击插入的动作,将立即切换到相应的幻灯片中放映。

图 5-35　插入动作设置

5.5.4　排练计时

演示文稿的播放,大多数情况下是由演示者手动操作控制的,要让其自动播放,需要进行排练计时。

(1) 启动 PowerPoint 2010,打开相应的演示文稿,执行"幻灯片放映→排练计时"命令,进入"排练计时"状态。

(2) 此时,单张幻灯片放映所耗用的时间和文稿放映所耗用的总时间显示在"预演"对话框中。

(3) 手动播放一遍文稿,并利用"预演"对话框中的"暂停"和"重复"等按钮控制排练计时过程,以获得最佳的播放时间。

(4) 播放结束后,系统会弹出一个提示是否保存计时结果的对话框,单击其中的"是"按钮即可。

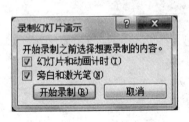

图 5-36　录制幻灯片演示设置

5.5.5　录制幻灯片演示

（1）在计算机上安装并设置好麦克风。

（2）启动 PowerPoint 2010，打开相应的演示文稿。

（3）执行"幻灯片放映→录制幻灯片演示"命令，选择"从头开始录制"或"从当前幻灯片录制"选项。

（4）选中"幻灯片和动画计时"、"旁白和激光笔"选项，并"开始录制"，如图 5-36 所示。

5.6　演示文稿的放映与输出

5.6.1　设置放映方式

根据演示文稿的播放形式，可以设置不同的播放方式。选择"幻灯片放映→设置幻灯片放映"命令，出现"设置放映方式"对话框，如图 5-37 所示。在"设置放映方式"对话框中，放映设置主要有放映类型、放映选项、放映幻灯片、换片方式。

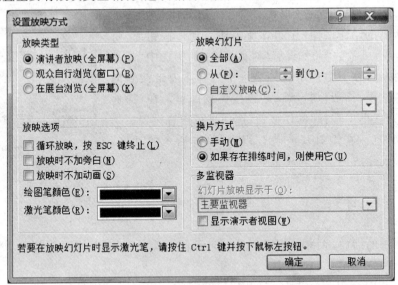

图 5-37　"设置放映方式"对话框

PowerPoint 2010 中提供了三种放映类型：演示者放映（全屏幕）、观众自行浏览（窗口）、在展台浏览（全屏幕）。

（1）演示者放映（全屏幕）：在放映幻灯片时将全屏显示，演讲者具有完整的控制权，可以根据设置采用人工或自动方式放映，也可以暂停演示文稿的放映，对幻灯片中的内容作标记。

（2）观众自行浏览（窗口）：在放映幻灯片时将在标准窗口中显示演示文稿的放映情

况,在其播放过程中,不能通过单击进行放映,但是可以通过拖动滚动或单击滚动条两端的"向上"或"向下"按钮浏览放映的幻灯片。

(3) 在展台浏览(全屏幕):在放映过程中,除了保留鼠标指针用于选择屏幕对象进行放映外,其他的功能全部失效,终止放映只能按 Esc 键,如果放映完毕 5 分钟后没得到用户指令将循环放映演示文稿,因此又被称为自动放映方式。

PowerPoint 2010 中"放映选项"在放映中,可以选择"循环放映,按 Esc 键终止"、"放映时不加旁白"和"放映时不加动画"设置放映。

在放映过程中,也可以选择"全部"放映幻灯片或者选择放映部分幻灯片以及自定义放映。在"换片方式"栏可以设置是手动换片还是采用排练计时换片。

5.6.2　幻灯片放映

制作幻灯片的最终目的是进行放映,对于幻灯片放映,可以通过按 F5 键或执行"幻灯片放映→从头开始"或"从当前幻灯片开始"命令放映幻灯片。

在 PowerPoint 2010 中放映幻灯片,可以选择从第一页幻灯片放映(按 F5 键),也可以选择从当前幻灯片开始幻灯片放映(按 Shift+F5 键)。

5.6.3　打印演示文稿

演示文稿设计完成,在打印之前,最好对幻灯片进行页面设置,设置的方法如下。

(1) 选择"文件→打印"命令,出现打印界面,如图 5-38 所示。

图 5-38　打印页面设置对话框

(2) 在"整页幻灯片"下拉列表框中选择纸张格式,在"打印版式"、"讲义"、"幻灯片加框"、"根据纸张调整大小"、"高质量"等选项栏中设置打印范围的高度、宽度。

(3) 在"调整"选项栏中设置幻灯片打印的顺序和打印幻灯片的起始编号。

第6章 计算机网络与应用

计算机网络是计算机技术与通信技术相结合的产物。计算机网络是信息收集、分配、存储、处理、消费的最重要的载体,是网络经济的核心,深刻地影响着经济、社会、文化、科技的发展,是工作和生活的最重要工具之一。掌握网络的基本原理是进行网络规划与设计的基础。本章从网络概述、数据通信基础知识、网络体系结构、网络设备与网络软件、局域网、广域网、接入网、网络互连、Internet协议、网络管理、网络服务质量等方面介绍计算机网络的原理。

本章学习目标

理解计算机网络的基本概念、组成和功能;

了解计算机网络的常用设备和传输介质;

理解计算机局域网相关概念、工作模式;

理解Internet的基本工作原理和接入方式;

掌握Internet相关应用。

6.1 计算机网络概述

6.1.1 计算机网络的产生与发展

1. 计算机网络的产生

20世纪60年代,美苏冷战期间,美国国防部领导的远景研究规划局(ARPA)提出要研制一种崭新的网络对付来自前苏联的核攻击威胁。因为当时,传统的电路交换电信网虽已经四通八达,但战争期间,一旦正在通信的电路有一个交换机或链路被破坏,整个通信电路就要中断,如要立即改用其他迂回电路,必须重新拨号建立连接,这将要延误一些时间。

这个新型网络必须满足一些基本要求。

(1) 不是为了打电话,而是用于计算机之间的数据传送。

(2) 能连接不同类型的计算机。

(3) 所有的网络节点都同等重要,这就大大提高了网络的生存性。

(4) 计算机在通信时,必须有迂回路由。当链路或节点被破坏时,迂回路由能使正在进行的通信自动找到合适的路由。

(5) 网络结构要尽可能简单,但要非常可靠地传送数据。

　　根据这些要求,一批专家设计出了使用分组交换的新型计算机网络。而且用电路交换来传送计算机数据,其线路的传输速率往往很低。因为计算机数据是突发式地出现在传输线路上的,例如,当用户阅读终端屏幕上的信息或用键盘输入和编辑一份文件时或计算机正在进行处理而结果尚未返回时,宝贵的通信线路资源就被浪费了。

　　分组交换采用存储转发技术,把欲发送的报文分成一个个"分组",在网络中传送。分组的首部是重要的控制信息,因此分组交换的特征是基于标记的。分组交换网由若干个节点交换机和连接这些交换机的链路组成。从概念上讲,一个节点交换机就是一个小型计算机,但主机是为用户进行信息处理的,节点交换机是进行分组交换的。每个节点交换机都有两组端口,一组与计算机相连,链路的速率较低;一组与高速链路和网络中的其他节点交换机相连。注意,既然节点交换机是计算机,那么输入和输出端口之间是没有直接连线的,它的处理过程是:将收到的分组先放入缓存,节点交换机暂存的是短分组,而不是整个长报文,短分组暂存在交换机的存储器(内存)中而不是存储在磁盘中,这就保证了较高的交换速率。再查找转发表,找出到某个目的地址应从那个端口转发,然后由交换机将该分组递给适当的端口转发出去。各节点交换机之间也要经常交换路由信息,这是为了进行路由选择,当某段链路的通信量太大或中断时,节点交换机中运行的路由选择协议能自动找到其他路径转发分组。通信线路资源利用率提高:当分组在某链路时,其他段的通信链路并不被目前通信的双方所占用,即使是这段链路,只有当分组在此链路传送时才被占用,在各分组传送之间的空闲时间,该链路仍可为其他主机发送分组。可见采用存储转发的分组交换的实质是采用了在数据通信的过程中动态分配传输带宽的策略。

2. 计算机网络的发展

　　这里所要讲的计算机网络的发展,是指现代计算机网络的发展,包括广域计算机网络、局域计算机网络和国际互联网络的发展。

　　1) 广域计算机网络的发展

　　所谓广域计算机网络是指利用远程通信线路组建的计算机网络,简称广域网(wide area network,WAN)。广域网络的发展是从 ARPANET 的诞生开始的。随着计算机应用的不断深入发展,一些规模小的机构甚至个人也有联网需求。这就促使许多国家开始组建公用数据网。早期的公用数据网采用的是模拟通信电话网,进而发展成为新型的数字通信公用数据网。典型的公用数据网有美国的 Telenet、日本的 DDX、加拿大的 DATAPAC 等;我国也于 1993 年和 1996 年分别开通公用数据网 CHINAPAC 和 CHINADDN。

　　2) 局域计算机网络的发展

　　所谓局域计算机网络是指分布于一个部门、一个校园或一栋楼内局部区域的计算机网络,简称局域网或局部网(local area network,LAN)。局域网的发展是微处理器和微型计算机迅速发展的产物。局域网集成包括一整套服务器程序、客户程序、防火墙、开发工具、升级工具等,给企业向局域网转移提供一个全面解决方案。局域网将进一步加强和 E-mail、群件的结合,将 Web 技术带入 E-mail 和群件,从信息发布为主的应用转向信息交流与协作。局域网将提供一个日益牢固的安全防卫、保障体系,局域网也是一个开放的信息平台,可以随时集成新的应用。

随着无线局域网(WLAN)产品迅速发展并走向成熟,许多企业为了提高员工的工作效率,开始部署无线网络。包括中学及大学在内的许多学校也开始实施无线网络,随着家庭计算机的普及和住房装修的高档化,家庭无线网络也成为一个潜在的市场。因此,无线网络将会成为许多公共场所的必备基础设施。

将来局域网的发展趋势必将是有线网络和无线网络共存,无线局域网作为一种灵活的数据通信系统,在建筑物和公共区域内是固定局域网的有效延伸和补充。

3) 互联网的发展

Internet 的基础结构大体经历了三个阶段的演进,这三个阶段在时间上有部分重叠。

从单个网络 ARPANET 向互联网发展:1969 年美国国防部创建的第一个分组交换网 ARPANET 只是一个单个的分组交换网,所有想连接在它上的主机都直接与就近的节点交换机相连,它规模增长很快,到 20 世纪 70 年代中期,人们认识到仅使用一个单独的网络无法满足所有的通信问题。于是 ARPA 开始研究很多网络互联技术,这就导致后来的互联网的出现。1983 年 TCP/IP 成为 ARPANET 的标准协议。同年,ARPANET 分解成两个网络,一个是进行试验研究用的科研网 ARPANET,另一个是军用的计算机网络 MILnet。1990 年,ARPANET 因试验任务完成正式宣布关闭。

建立三级结构的因特网:1985 年起,美国国家科学基金会(NSF)就认识到计算机网络对科学研究的重要性,1986 年,NSF 围绕六个大型计算机中心建设计算机网络 NSFnet,它是个三级网络,分主干网、地区网、校园网。它代替 ARPANET 成为 Internet 的主要部分。1991 年,NSF 和美国政府认识到因特网不会限于大学和研究机构,于是支持地方网络接入,许多公司纷纷加入,使网络的信息量急剧增加,美国政府就决定将因特网的主干网转交给私人公司经营,并开始对接入因特网的单位收费。

多级结构因特网的形成:1993 年开始,美国政府资助的 NSFnet 就逐渐被若干商用的因特网主干网替代,这种主干网也称为因特网辅助提供者(ISP),考虑到因特网商用化后可能出现很多 ISP,为了使不同 ISP 经营的网络能够互通,在 1994 年创建了 4 个网络接入点 NAP 分别由 4 个电信公司经营,21 世纪初,美国的 NAP 达到了十几个。NAP 是最高级的接入点,它主要是向不同的 ISP 提供交换设备,使它们相互通信。现在的因特网已经很难对其网络结构给出很精细的描述,但大致可分为五个接入级:网络接入点 NAP,多个公司经营的国家主干网,地区 ISP,本地 ISP,校园网、企业或家庭 PC 上网用户。

3. 计算机网络系统的发展趋势

(1) 一体化:未来的办公自动化(OA)系统在 PC 上操作的时间将越来越少,人们将更多地使用手机等移动终端来操作 OA,包括收发消息、审批文件、上传下载、安排日程等,OA 系统在手机上的兼容性正在不断成熟。

(2) 多媒体化:提供一个易用、开放的协同应用平台,客户自己可以便捷地搭建个性化的功能模块,并轻松实现系统内部和外部流程、数据、人员、权限的整合,而无须编码,或只需极少量编码。

(3) 高效、安全化:包括职级门户,如集团-公司-部门三级办公门户,各办公门户的入口统一但相对独立,需要协作的信息和流程也可以互联互通,还包括内外部门户统一,如OA(内部门户)和网站(外部门户)信息的整合。

(4) 智能化:OA 系统将不再是一个纯粹用于行政办公的通用性软件,而是越来越多地和客户的业务管理相结合,结合的载体在于流程管理和任务管理,但 OA 不会像网络公关系统(EPR)那样管理具体的业务数据,还是侧重于业务协作过程管理。

4. 我国计算机网络的发展

1) 我国公用网的初步建立

(1) 中国公用分组交换数据网(CHINAPAC):1989 年 11 月我国第一个公用分组交换网 CNPAC(后改名为 CHINAPAC)通过试运行和验收。

(2) 中国数字数据网(CHINADDN):它是我国的高速信息国道。CHINADDN 采用三级网络结构,一级为全国骨干网,二级为省内网,三级为本地网。

2) 我国"三金"工程的建成

"三金"工程指"金桥"、"金卡"和"金关"工程。"金桥"工程就是要建设我国社会经济信息平台,即建设国家公用经济信息网。"金桥"工程是"三金"工程的基础。"金卡"工程是指电子货币工程,是银行信用卡支付系统工程。它是金融电子化和商业流通现代化的重要组成部分,将与银行、内贸等部门紧密配合实施。"金关"工程是指国家对外经济贸易信息网工程,当前主要推广电子数据交换(EDI),实现无纸贸易。

3) 我国 Internet 的建立

20 世纪 90 年代兴起的信息高速公路和因特网的发展促进了我国全国范围的互联网发展,我国开始构建全国范围的公用计算机网络,目前,我国有可以与因特网互联的六个全国范围的互联网,它们是中国公用计算机互联网 CHINANET、中国教育和科研计算机网 CERNET、中国科学技术网 CSTNET、中国金桥信息网 CHINAGBN、中国联通计算机互联网 UNINET 和中国网络通信有限公司 CNC。

4) 我国计算机网络发展战略的几点思考

计算机网络建设与基础信息技术发展的关系;网络基础设施与应用系统建设的关系;中央统筹规划与地方分散建设的关系;独立自主与引进技术的关系。

6.1.2 计算机网络定义及功能

1. 计算机网络的定义

计算机网络是一个将分散的、具有独立功能的计算机系统,通过通信设备与线路连接起来,由功能完善的软件实现资源共享的系统。

对于这一说法,其中仍有一些不确定的地方,如完善的标准是什么? 资源共享的内容、方式、程度是什么? 资源共享是最终目标吗? 鉴于这些不确定性,对计算机网络的理解主要有三种观点。

(1) 广义观点。持此观点的人认为,只要是能实现远程信息处理的系统或进一步能达到资源共享的系统都可以称为计算机网络。

（2）资源共享观点。持此观点的人认为，计算机网络必须是由具有独立功能的计算机组成的、能够实现资源共享的系统。

（3）用户透明观点。持此观点的人认为，计算机网络就是一台超级计算机，资源丰富、功能强大，其使用方式对用户透明，用户使用网络就像使用单一计算机一样，无须了解网络的存在、资源的位置等信息。这是最高标准，目前还未实现，是网络未来发展追求的目标。

计算机网络的应用越来越广泛，深刻地影响着社会发展的进程。今天要列数哪里不需要计算机网络已经变得非常困难。在此只简单地说明计算机网络的几个应用方向。

（1）对分散的信息进行集中、实时处理，如航空订票系统、工业控制系统、军事系统等众多的系统，离开了计算机网络，将无法进行。

（2）共享资源。实现对各类资源的共享，包括信息资源、硬件资源、软件资源。网格是计算机网络的高级形态，将使资源共享变得更加方便、透明。

（3）电子化办公与服务。借助计算机网络，得以实现电子政务、电子商务、电子银行、电子海关等一系列借助计算机网络实现的现代化办公、商务应用。当今社会，就连到商场购物、去餐馆吃饭这样的日常事务都离不开计算机网络。利用计算机网络进行网上购物更加方便、廉价。

（4）通信。电子邮件、即时通信系统等众多的通信功能极大地方便了人与人之间的信息交往，既快速又廉价。

（5）远程教育。利用网络可以提供远程教育平台，借助丰富的知识管理系统，学生可以更加方便地自学，提高学习效率。

（6）娱乐。娱乐是人的天性，对于大多数人来说，工作之余都需要娱乐活动来丰富自己的生活。利用网络提供各种各样的娱乐内容，既满足了社会的需要，也具有巨大的经济效益。

2．计算机网络与通信、网络的关系

通信（communication）就是信息的传递，是指由一地向另一地进行信息的传输与交换，其目的是传输消息。实现通信功能的系统称为通信系统。

随着社会的发展，人们对传递消息的要求越来越高。在各种各样的通信方式中，利用"电"来传递消息的通信方法称为电信（telecommunication），这种通信具有迅速、准确、可靠等特点，且几乎不受时间、地点、空间、距离的限制，因而得到了飞速发展和广泛应用。

以语音通信为主要目的建立的通信系统统称电话网络或电信网络，包括固话网络、移动网络等。以发送电视信号为目的建立的通信系统称为电视网络。以数据通信为目的建立的网络称为数据通信网络。

计算机网络是计算机技术、通信技术相结合的产物，可实现数据的传输、收集、分配、处理、存储、消费。数据通信网络是计算机网络的基础或初级形式。

现在所说的网络，广义地泛指上述网络之一或全部，狭义地特指计算机网络。随着技术的进步和应用的相互渗透，电信网络、电视网络、计算机网络将逐步实现三网融合，走向统一。

3. 计算机网络的主要功能

计算机网络的功能主要表现在硬件资源共享、软件资源共享和用户间信息交换三个方面。

（1）硬件资源共享。可以在全网范围内提供对处理资源、存储资源、输入/输出资源等昂贵设备的共享,使用户节省投资,也便于集中管理和均衡分担负荷。

（2）软件资源共享。允许互联网上的用户远程访问各类大型数据库,可以得到网络文件传送服务、远地进程管理服务和远程文件访问服务,从而避免软件研制上的重复劳动以及数据资源的重复存储,也便于集中管理。

（3）用户间信息交换。计算机网络为分布在各地的用户提供了强有力的通信手段。用户可以通过计算机网络传送电子邮件、发布新闻消息和进行电子商务活动。

计算机网络是指将地理位置不同的具有独立功能的多台计算机及其外部设备通过通信线路连接起来,在网络操作系统、网络管理软件及网络通信协议的管理和协调下,实现资源共享和信息传递的计算机系统。简单地说,计算机网络就是通过电缆、电话线或无线通信将两台以上的计算机互连起来的集合。

计算机网络的发展经历了面向终端的单级计算机网络、计算机网络对计算机网络和开放式标准化计算机网络三个阶段。

计算机网络通俗地讲就是由多台计算机(或其他计算机网络设备)通过传输介质和软件物理(或逻辑)连接在一起组成的。总的来说计算机网络的组成基本上包括计算机、网络操作系统、传输介质(可以是有形的,也可以是无形的,如无线网络的传输介质就是看不见的电磁波)以及相应的应用软件四部分。

在定义上非常简单:网络就是一群通过一定形式连接起来的计算机。一个网络可以由两台计算机组成,也可以是在同一大楼里面的上千台计算机和使用者。我们通常指这样的网络为局域网,由 LAN 再延伸出去更大的范围,如整个城市甚至整个国家,这样的网络称为广域网,当然如果要再仔细划分,还可以有 MAN(metropolitan area network)和CAN(citywide area network),这些网络都需要有专门的管理人员进行维护。

而我们最常触的 Internet 是由这些无数的 LAN 和 WAN 共同组成的。Internet 仅提供了它们之间的连接,却没有专门的人进行管理(除了维护连接和制定使用标准外),可以说 Internet 是最自由和最没网管的地方了。在 Internet 上面是没有国界、种族之分的,只要连上去,在地球另一边的计算机和您室友的计算机其实没有什么两样。

因为我们最常使用的还是 LAN(即使我们从家中连上 Internet,其实也是先连上 ISP的 LAN),所以这里我们主要讨论的还是以 LAN 为主。LAN 可以说是众多网络里面的最基本单位了,等您对 LAN 有了一定的认识,再去了解 WAN 和 Internet 就比较容易入手了,只不过需要了解更多更复杂的通信手段而已。

最早出现的名词应该是 Internet,然后人们将 Internet 的概念和技巧引入内部的私人网络,可以是独立的一个 LAN,也可以是专属的 WAN,于是就称为 Intranet 了。它们之间的最大区别是开放性。Internet 是开放的,不属于任何人,只要能连接到,您就属于其中一员,也就能获得上面开放的资源;相对而言,Intranet 则是专属的、非开放的,它往往存在于于私有网络之上,只是其结构、服务方式和设计都参考 Internet 的模式而已。

6.1.3　计算机网络的组成

1. 网络节点

节点（node）：也称为"站"，一般是指网络中的计算机，分为访问节点和转接节点两类。转接节点的作用是支持网络的连接性能，它通过所连接的链路转接信息，通常有集中器、信息处理机等。访问节点也简称端点（endpoint），它除具有连接作用外，还可起到信源（source）和信宿（sink）（又称为发信点和收信点）的作用，一般包括计算机或终端设备。

线路（line）：在两个节点间承载信息流的信道称为线路。线路可以是采用电话线、电缆、光纤等的有线信道，也可以是无线电信道。

链路（link）：链路是指从发信点到收信点（从信源到信宿）的一串节点和线路。链路通信是指端到端的通信。

2. 网络构型

一般来说，在多个节点需要互相连接以构成网络时，希望每一个节点与其他节点都有直接的点到点通信线路，这种情况称为全连通的网络拓扑。如果有 N 个节点，就要求网络有 $N(N-1)/2$ 条全双工的链路，且每一节点上的装置设备要有 $(N-1)$ 个输入/输出端口。因为系统的成本、安装费用等随着节点数量的平方增长，当 N 很大时，这显然是不现实的。所以，所有网络都采用全连通的方法是不可行的。

3. 计算机网络系统的组成

1）按系统划分

从系统角度上看，计算机网络由硬件系统和软件系统组成。

（1）计算机网络硬件系统包括主计算机、终端、集中器、前端处理机、通信处理机、通信控制器、线路控制器等。

（2）计算机网络软件系统是实现网络功能所不可缺少的软件环境，通常包括以下部分。

① 网络操作系统：它是最主要的网络软件，负责管理网络中各种软硬件资源。

② 网络通信软件：它实现网络中节点间的通信。

③ 网络协议和协议软件：它通过协议程序实现网络协议功能。

④ 网络管理软件：它用来对网络资源进行管理和维护。

⑤ 网络应用软件：它为用户提供服务，解决某方面的实际应用问题。

2）按逻辑划分

计算机网络从逻辑结构上可以分成两部分：负责数据处理、向网络用户提供各种网络资源和网络服务的外层用户资源子网和负责数据转发的内层通信子网。二者在功能上各负其责，通过一系列计算机网络协议把二者紧密地结合在一起，共同完成计算机网络工作。

用户资源子网专门负责全网的信息处理任务，以实现最大限度地共享全网资源的目标,用户资源子网包括主机及其他信息资源设备。

通信子网是计算机网络中负责数据通信的部分,传输介质可以是架空明线、双绞线、同轴电缆、光导纤维等有线通信线路,也可以是微波、通信卫星等无线通信线路。一般终端与主计算机、终端与节点计算机及集中器之间采用低速通信线路;各主机算机之间,包括主计算机与通信处理机及集中器之间采用高速通信线路。节点计算机和高速通信线路组成独立的数据通信系统,承担全网络的数据传输、交换、加工和变换等通信处理工作,即将一个主计算机的输出信息传送给另一台主计算机。

6.1.4 计算机网络的分类

计算机网络的分类方法是多样的,其中最主要的有两种方法。

1. 根据网络传输技术进行分类

网络所采用的传输技术决定了网络的主要技术特点,因此根据网络所采用的传输技术对网络进行分类是一种很重要的方法。

在通信技术中,通信信道的类型有两类:广播通信信道与点到点通信信道。

1) 广播式网络

在广播式网络中,所有联网计算机共享一个公共通信信道。

2) 点到点式网络

与广播式网络相反,在点到点式网络中,每条物理线路连接一对计算机。

2. 根据网络的覆盖范围进行分类

按覆盖的地理范围进行分类,计算机网络可以分为局域网、城域网、广域网。

1) 局域网

局域网用于将有限范围内(如一个实验室、一幢大楼、一个校园)的各种计算机、终端与外部设备互连成网。局域网按照采用的技术、应用范围和协议标准的不同可以分为共享局域网与交换局域网。局域网技术发展迅速,应用日益广泛,是计算机网络中最活跃的领域之一。

2) 城域网

城市地区网络常简称城域网。城域网是介于广域网与局域网之间的一种高速网络。城域网的设计目标是要满足几十千米范围内的大量企业、机关、公司的多个局域网互联的需求,以实现大量用户之间的数据、语音、图形与视频等多种信息的传输功能。

3) 广域网

广域网也称为远程网,它所覆盖的地理范围从几十千米到几千千米。广域网覆盖一个国家、地区,或横跨几个洲,形成国际性的远程网络。广域网的通信子网主要使用分组交换技术。广域网的通信子网可以利用公用分组交换网、卫星通信网和无线分组交换网,它将分布在不同地区的计算机系统互连起来,达到资源共享的目的。

6.1.5　计算机网络传输介质

随着计算机应用网络化进程的不断加快,计算机技术人员对网络的一些基本知识的了解要求也越来越高,笔者仅就多年工作经验对网络传输介质作一些介绍。

传输介质是网络连接设备间的中间介质,也是信号传输的媒体,常用的介质有以下几种。

图 6-1　双绞线

1. 双绞线(twisted-pair)

双绞线(图 6-1)是现在最普通的传输介质,它由两条相互绝缘的铜线组成,典型直径为 1 毫米。两根线绞接在一起是为了防止其电磁感应在邻近线对中产生干扰信号。现行双绞线电缆中一般包含 4 个双绞线对,具体为橙 1/橙 2、蓝 4/蓝 5、绿 6/绿 3、棕 3/棕白 7。计算机网络使用 1-2、3-6 两组线对分别来发送和接收数据。双绞线接头为具有国际标准的 RJ-45 插头和插座。双绞线分为屏蔽(shielded)双绞线(STP)和非屏蔽(unshielded)双绞线(UTP),非屏蔽双绞线有线缆外皮作为屏蔽层,适用于网络流量不大的场合。屏蔽式双绞线具有一个金属甲套(sheath),对电磁干扰(electro magnetic interference,EMI)具有较强的抵抗能力,适用于网络流量较大的高速网络协议应用。双绞线根据性能又可分为 5 类、6 类和 7 类,现在常用的为 5 类非屏蔽双绞线,其频率带宽为 100 MHz,能够可靠地运行 4 MB、ICME 和 16 MB 的网络系统。当运行 100 MB 以太网时,可使用屏蔽双绞线,以提高网络在高速传输时的抗干扰特性。6 类、7 类双绞线分别可工作于 200 MHz 和 600 MHz 的频率带宽之上,且采用特殊设计的 RJ-45 插头(座)。值得注意的是,频率带宽(MHz)与线缆所传输的数据的传输速率(Mbit/s)是有区别的——Mbit/s 衡量的是单位时间内线路传输的二进制位的数量,MHz 衡量的则是单位时间内线路中电信号的振荡次数。双绞线最多应用于基于载波感应多路访问/冲突检测(carrier sense multiple access/collission detection,CSMA/CD)技术,即 10 Base-T(10 Mbit/s)和 100 Baes-T(100 Mbit/s)的以太网(Ethernet)中,具体规定如下。

(1) 一段双绞线的最大长度为 100 米,只能连接一台计算机。

(2) 双绞线的每端需要一个 RJ-45 插件(头或座)。

(3) 各段双绞线通过集线器(10Base-T 重发器)互连,利用双绞线最多可以连接 64 个站点到重发器(repeater)。

(4) 10 Base-T 重发器可以利用收发器电缆连到以太网同轴电缆上。

2. 同轴电缆(coaxial)

广泛使用的同轴电缆有两种:一种为 50 Ω(指沿电缆导体各点的电磁电压对电流之比)同轴电缆,用于数字信号的传输,即基带同轴电缆;另一种为 75 Ω 同轴电缆,用于宽带模拟信号的传输,即宽带同轴电缆,图 6-2 所示。同轴电缆以单根铜导线为内芯,外裹一层绝缘材料,外覆密集网状导体,最外面是一层保护性塑料。金属屏蔽层能将磁场反射回中心导体,同时使中心导体免受外界干扰,故同轴电缆比双绞线具有更高的带宽和更好的噪声抑制特性。

现行以太网同轴电缆的接法有两种——直径为 0.4 cm 的 RG-11 粗缆采用凿孔接头接法,直径为 0.2 cm 的 RG-58 细缆采用 T 形头接法。粗缆要符合 10 Base-5 介质标准,使用时需要一个外接收发器和收发器电缆,单根最大标准长度为 500 m,可靠性强,最多可接 100 台计算机,两台计算机的最小间距为 2.5 m。细缆按 10 Base-2 介质标准直接连到网卡的 T 形头连接器(BNC 连接器)上,单段最大长度为 185 m,最多可接 30 个工作站,最小站间距为 0.5 m。

图 6-2　同轴电缆

3. 光导纤维(fiber optic)

光导纤维是软而细的、利用内部全反射原理来传导光束的传输介质,有单模和多模之分。单模(模即 mode,入射角)光纤多用于通信业。多模光纤多用于网络布线系统,如图 6-3 所示。

光纤为圆柱状,由 3 个同心部分组成——纤芯、包层和护套,每一路光纤包括两根,一根接收,一根发送。用光纤作为网络介质的 LAN 技术主要是光纤分布式数据接口(fiber-optic data distributed interface,FDDI)。与同轴电缆相比较,光纤可提供极宽的频带且功率损耗小、传输距离长(2 千米以上)、传输率高(可达数千 Mbit/s)、抗干扰性强(不会受到电子监听),是构建安全性网络的理想选择。

4. 微波传输和卫星传输

微波传输和卫星传输两种传输方式均以空气为传输介质,以电磁波为传输载体,联网方式较为灵活,如图 6-4 所示。

图 6-3　光导纤维

图 6-4　卫星传输

6.1.6　计算机网络常用设备

1.　网卡

网卡即网络适配器(network interface card,NIC),是局域网中最基本的部件之一,它

图 6-5　网络适配器

是连接计算机与网络的硬件设备,如图 6-5所示。无论是双绞线连接、同轴电缆连接还是光纤连接,都必须借助网卡才能实现数据的通信。网卡的主要工作原理是整理计算机上发往网线上的数据,并将数据分解为适当大小的数据包之后向网络上发送出去,就是实现数据的串并转换。此外,由于局域网上传送的数据速率与计算机总线的数据速率是不一样的,网卡的另一个作用就是缓存数据,以调整它们之间的速率匹配问题。网卡并不是一个自治的系统,它自己没有电源,需要主机供给,因此也称为半自治系统。对于网卡而言,每块网卡都有一个唯一的网络节点地址,它是网卡生产厂家在生产时烧入 ROM(只读存储芯片)中的,我们把它称为 MAC 地址(物理地址),且保证绝对不会重复。我们日常使用的网卡都是以太网网卡。目前网卡按其传输速度来分可分为 10 M 网卡、10/100 M 自适应网卡以及千兆(1 000 M)网卡。如果只是作为一般用途,如日常办公等,比较适合使用 10 M 网卡和 10/100 M 自适应网卡两种。如果应用于服务器等产品领域,就要选择千兆级的网卡。

2.　中继器

中继器是一种解决信号传输过程中放大信号的设备,它是网络物理层的一种介质连接设备,如图 6-6 所示。由于信号在网络传输介质中有衰减和噪声,使有用的数据信号变得越来越弱,为了保证有用数据的完整性,并在一定范围内传送,要用中继器把接收到的弱信号放大,以保持与原数据相同。使用中继器就可以使信号传送到更远的距离。

图 6-6　中继器

3.　集线器

图 6-7　集线器

集线器(hub)属于数据通信系统中的基础设备,它和双绞线等传输介质一样,是一种不需任何软件支持或只需很少管理软件管理的硬件设备,如图 6-7 所示。它被广泛应用到各种场合。集线器工作在局域网环境,像网卡一样,应用于 OSI 参考模型第一层,因此又被称为物理层设备。集线器内部采用了电器互连,当维护 LAN 的环境是逻辑总线或环型结构时,完全可以用集线器建立一个物理上的星型或树型网络结构。在这方面,集线器所起的作用相当于多端口的中继器。其实,集线器实际上就是中继器的一种,其区别仅在于集线器能够提供更多的端口服务,所以集线器又称为多口中继器。

是在局域网的环境下。由于距离较近,传输速率较快,从 10 Mbit/s 到 1 000 Mbit/s 不等。局域网按其采用的技术可分为不同的种类。如以太网、FDDI、令牌环网等。按联网的主机间的关系又可分为两类,对等网和 C/S(客户机/服务器)网。按使用的操作系统不同又可分为许多种,如 Windows 网和 Novell 网。按使用的传输介质又可分为细缆(同轴)网、双绞线网和光纤网等。局域网之所以获得较广泛的应用,源于其具有以下特点。

(1) 网内主机主要为 PC,是专门适于微机的网络系统。

(2) 覆盖范围较小,一般在几千米之内,适于单位内部联网。

(3) 传输速率高,误码率低,可采用较低廉的传输介质。

(4) 系统扩展和使用方便,可共享昂贵的外部设备和软件、数据。

(5) 可靠性较高,适于数据处理和办公自动化。

电气和电子工程师协会(Institute of Electrical and Electronic Engineers,IEEE)为采用不同技术的局域网制定了一系列标准,称为 IEEE 802 标准。ISO 也接受其作为局域网的国际标准,称为 ISO 802。IEEE 802 标准主要由以下标准组成。

(1) IEEE 802.3:CSMA/CD 总线访问控制方法及物理层技术规范,即以太网的技术规范。

(2) IEEE 802.3u:IEEE 802.3 的补充,100 Mbit/s 以太网的技术规范。

(3) IEEE 802.5:令牌环网访问控制方法及物理层技术规范。

(4) IEEE 802.6:城域网访问控制方法及物理层技术规范。

(5) IEEE 802.11:无线局域网标准。

6.2.2　以太网与无线网络

1. 以太网简介

现在,全世界大多数的局域网采用的是以太网技术。以太网(图 6-12)是由 Xerox 公司开发的一种局域网技术。它是一种总线结构的网络,采用的协议为 CSMA/CD。这种总线结构的网络中,所有的设备都连接到同一共享总线上,任意一个设备都有同等的权利使用总线。在总线上某一时刻只能有一个设备发送数据,其他设备只能接收数据。当某一个设备欲发送数据给另一个设备时,它必须首先监听总线是否空闲,若不空闲,则必须等待。若总线是空闲的,它要等待一个预定的时刻,再次监听总线是否空闲,若不空闲,继续等待,若总线是空闲的,再发送数据,发送的过程当中随时监听是否有其他设备在使用总线发送数据。若有,则表示发生了冲突,必须再等一段时间重新发送。若无冲突发生,则发送成功。其他设备只能监听总线上的数据,如果是给自己的,则接收,否则丢弃接收到的数据。为了区分网络上不同的设备,如数据是从哪个设备发出的,发送给哪个设备,网上的设备必须有不同的编号,

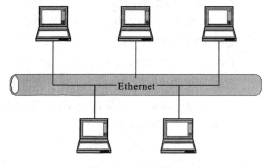

图 6-12　以太网

也就是地址。由于寻址是 MAC 子层负责的,这个地址就称为 MAC 地址,或称为物理地址。该地址是由 48 位二进制数组成的,由 IEEE 统一分配给不同的设备制造商,有不同的唯一标志。低 24 位由设备制造商对自己的产品进行编号。这样网络上的设备就不会有相同的 MAC 地址了。

1) 10 M 以太网简介

早期的以太网采用粗缆(直径 10 mm 的同轴电缆),粗缆以太网(10 Base-5)传输速率是 10 Mbit/s,每个网段最大长度为 500 m,每个网段最大节点数为 100 个(包括中继器:网络上用于放大传输介质中物理信号的设备,以使信号传得更远),整个网络干线总长度不超过 2 500 m。最多可以有 5 个干线网段(使用 4 个中继器),但仅 3 个网段可包含站点。由于粗缆价格昂贵,且不易安装,逐渐被细缆所替代。

细缆以太网(10 Base-2)传输速率是 10 Mbit/s,每个网段最大长度为 185 m,每个网段最大节点数为 30 个(包括中继器),整个网络干线总长度不超过 985 m。最多可以有 5 个干线网段(使用 4 个中继器),但仅 3 个网段可包含站点。细缆以太网与粗缆以太网相比,具有价格便宜、安装容易的优点,但主要的缺点是增删节点时必须中断整个网络的运行,个别节点的故障会影响到整个网络的运行,而且排查不易。目前已基本上为双绞线以太网(10 Base-T)所替代。

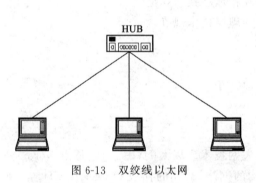

图 6-13　双绞线以太网

双绞线以太网传输速率为 10 Mbit/s,采用集线器(相当于中继器)作为其共享的总线,所有的站点采用 3 类或 5 类 UTP 和 RJ-45 连接器连接到集线器上。双绞线以太网在物理上是星型结构,但在逻辑上仍是总线型结构,如图 6-13 所示。每个网段最大长度为 100 m,每个网段最大节点数为 1 024 个,两个站点之间可级联 4 个集线器。其优点是可采用结构化的布线方法,布线灵活;可靠性高,单点故障不会影响整个网络,且查找容易;易安装,增删节点不会影响整个网络。

19 M 光纤以太网(10 Base-F)传输速率 10 Mbit/s,采用光纤作为传输介质。传输距离远(2 000 m),抗干扰能力强,安全性、保密性好,适于建筑物之间的网络连接。常用的光纤有 6 芯、8 芯等,一芯用于传输一路的单向光信号,所以必须成对使用。

2) 100 M 以太网简介

100 M 以太网又称快速以太网,传输速率为 100 Mbit/s,常用的有 100 Base-TX 和 100 Base-FX 两种。下面分别进行简介。

100 Base-TX:采用 5 类无屏蔽双绞线作为传输介质,可以看作 10 Base-T 的直接升级。但速度提高到 100 Mbit/s,由于速度提高,覆盖范围变小,网络最大直径为 205 m。可以采用和 10 Base-T 相同的电缆(5 类无屏蔽双绞线)和连接器,当然网络中必须使用 100 Mbit/s 的集线器,网段最大长度为 100 m。

100 Base-FX:采用光纤作为传输介质,其特性与 10 Base-F 类似,只不过其速率大为提高,为 100 Mbit/s。

3）1 000 M 以太网

1 000 M 以太网又称高速以太网，传输速率为 1 000 Mbit/s。千兆以太网采用与百兆（快速）以太网相同的协议和网络结构，仍可采用集线器或交换机作为网络设备，可作为共享式网络连接关键服务器或作为局域网主干网。百兆（快速）以太网可以很容易地升级为千兆以太网。不同类型的千兆以太网络具有不同的网络直径。

1 000 Base-LX：传输速率为 1 000 Mbit/s。采用多模光纤（光纤直径为 62.5 μm）时传输距离为 550 m。采用单模光纤（光纤直径为 9 μm）时传输距离为 3 000 m。

1 000 Base-T：传输速率为 1 000 Mbit/s。采用 4 对 5 类 UTP，传输距离为 100 m。

4）交换式以太网

这里首先介绍几个术语。

中继器：又称为转发器（repeater），是用来将传输信号整形放大的设备。它工作在 OSI/RM 的第一层（物理层），可以用来扩大信号的传输距离。但是它不能隔离网络上的信息流（冲突），是一种共享的网络设备。

网桥：用于连接两个结构相同的网络。它工作在 OSI/RM 的第二层（数据链路层），它可以将一个网络的信息包转发到另外的网络上去。不过网桥有过滤功能，它能根据包中的物理地址信息决定是否将信息转发到另外一个网络上。因此，在以太网上，网桥用于隔离两个网段，避免冲突传播到另外的网段上。

双绞线以太网中的集线器是一种中继器。假如一个集线器上的 10 个端口分别连接 10 个网络设备，虽然每个端口的速度是 10 Mbit/s，由于集线器是共享的网络设备，就某一个端口来说，其实际速率只能是 10 Mbit/s 的十分之一，即 1 Mbit/s。

在交换式以太网中，代替集线器的是交换机。交换机是一种多端口网桥，在需要通信的端口之间建立起一条"直接"的通路。其他端口之间的通信不会影响到无关的端口，不会产生冲突。由于双绞线以太网采用两对双绞线传输数据，一对用于发送，另一对用于接收。所以，在交换式以太网中，还可以采用全双工通信方式，也就是某个端口发送数据的同时还可以接收数据，这样可大大提高端口的实际速率。这种以太网中虽然仍可采用 CSMA/CD 协议，但是冲突已经不存在了，从而大大提高了网络的实际利用率。现在，交换式以太网不仅用于十兆以太网中，也用在快速以太网和高速以太网中。在快速以太网中的交换机为了支持网络中 10 M 的设备，还可以采用自动协商技术，自动识别 10 M 的网络设备，并以 10 Mbit/s 的速率与之通信。

2. 无线局域网

无线局域网的基础还是传统的有线局域网，是有线局域网的扩展和替换。它只是在有线局域网的基础上通过无线集线器、无线访问节点、无线网桥、无线网卡等设备使无线通信得以实现。与有线网络一样，无线局域网同样也需要传送介质，只是无线局域网采用的传输媒体不是双绞线或者光纤，而是红外线或者无线电波，且以后者使用居多。

1）无线局域网基础——红外线系统

红外线局域网采用小于 1 微米波长的红外线作为传输媒体，有较强的方向性，由于它采用低于可见光的部分频谱作为传输介质，使用不受无线电管理部门的限制。红外信号要求视距（直观可见距离）传输，并且窃听困难，对邻近区域的类似系统也不会产生干扰。

在实际应用中,由于红外线具有很高的背景噪声,受日光、环境照明等影响较大,一般要求的发射功率较高,红外无线局域网是目前"100 Mbit/s 以上、性能价格比高的网络"可行的选择。

　　2) 无线局域网基础——无线电波

采用无线电波作为无线局域网的传输介质是目前应用最多的,这主要是因为无线电波的覆盖范围较广,应用较广泛。使用扩频方式通信时,特别是直接序列扩频调制方法因发射功率低于自然的背景噪声,具有很强的抗干扰、抗噪声、抗衰落能力。这一方面使通信非常安全,基本避免了通信信号的偷听和窃取,具有很高的可用性。另一方面无线局域网使用的频段主要是 S 频段(2.4~2.483 5 GHz),这个频段也称为 ISM(industry science medical)即工业科学医疗频段,该频段在美国不受美国联邦通信委员会的限制,属于工业自由辐射频段,不会对人体健康造成伤害。所以无线电波成为无线局域网最常用的无线传输媒体。

除了传输介质有别于传统局域网外,无线局域网技术区别于有线接入的特点之一就是标准不统一,不同的标准有不同的应用。目前比较流行的有 802.11 标准(包括 802.11a、802.11b 及 802.11g 等标准)、蓝牙(bluetooth)标准以及 HomeRF(家庭网络)标准等。

6.2.3　局域网的工作模式

就好像虽然都是桥,但根据结构的不同而分为斜拉桥、拱桥和板桥一样,网络的结构也会根据结构的不同而划分为总线型、星型和环型。

1. 总线型

在总线型(也称 bus)拓扑结构的网络中,所有计算机都串接在一条电缆上,就好像是在同一条大马路上奔跑的一辆辆汽车。在以太网中,由细缆作为传输介质而组建网络(10 Base-2),就是一种非常典型的总线型拓扑,如图 6-14 所示。

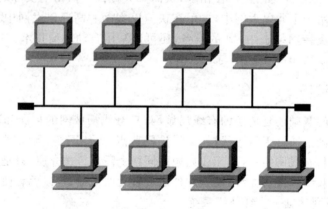

图 6-14　总线型网络

1）数据传输控制

不必担心网络中的计算机会彼此分不清谁是谁。就像每一辆汽车都有一个只属于自己的车牌号码一样，每台计算机的网卡上都有一个特定的 MAC 地址，用以在网络中标示唯一的节点。MAC 地址使得每个节点能够识别出其他计算机发送给它的信息，也能够将信息发给其他某一个具体的节点。

总线型拓扑的网络往往是由一条电缆（通常是同轴电缆）组成一个段（segment），每个段的两端都带有一个终端反射器（或称为终端电阻），用于吸收电信号，使电信号在到达两端尽头后不再返回，从而消除对其他后续电信号的干扰。

当网络上的某个站点在传送一条消息时，将发送一个电信号，该电信号从源地点出发，同时沿两个方向向两个终端前进，直到抵达电缆的尽头，并在那里被终端反射器吸收。当信号沿着电缆传送时，电缆上的每台计算机都可以检视该数据，并根据 MAC 地址判断数据送达的地址与自己的地址是否相同，如果相同，则说明是发给本机的，接收该数据并作出应答，否则将置之不理。

可以想象，电缆上每加入一个新的节点，就会吸收一部分信号。因此，总线型拓扑对于一条段上的节点数有限制。当节点增加到一定数量后，电脉冲将变得不再明显，信号强度会减弱到很低，误码率就会大大增加。所以，一条网段一般仅支持 30 个节点。当网络中的计算机超过这个数量时，就必须增加中继器来支持附加的工作站。中继器的作用仅限于增强电信号，从而使网段内可容纳的计算机数量增大。

2）总线型拓扑的优缺点

总线型拓扑的优点如下。

（1）架设成本低。在总线型拓扑的网络中，由于所有计算机都连接到一个公共通信电缆，所以每台计算机只需要很短的电缆和连接件就能接入网络。整个网络无须购买专用的集线设备，从而大大降低了设备购置成本。

（2）易安装。总线型拓扑不需要复杂的网络布线，将计算机插上网卡，再将其连接到公共电缆上即可实现与网络连接，整个操作过程非常简单。

（3）易扩充。当需要向网络中增加新的计算机时，可以在总线上的任何一点接入。当需要增加缆线长度超过规定的距离（185 m）时，可再添加一个中继器，以扩大网络的覆盖范围。

总线型拓扑的缺点如下。

（1）故障后果严重。总线型网络上的每个部件的故障，都可能导致整个网络瘫痪。当电缆在某处断开时，由于电缆中每个部件都失去了终结点，从断点反射回来的信号会对整个电缆造成干扰。另外，当一个节点出现问题时，它发出的噪声会使整条总线陷于瘫痪。因此，总线型拓扑不适用于对网络稳定性要求较高的用户。

（2）故障诊断困难。由于缺乏集中控制机制，所以故障一旦发生很难具体定位，需要在网络上的各站点一一进行检查，给网络维护带来很大麻烦。由于每台计算机的连接处都会至少产生 3 个断点，所以当用户数量足够多时，网络故障的定位将变得非常困难。

（3）传输效率低。由于所有通信都需借助一条线路完成，通信速率和效率受到严重影响，所以不适用于工作繁忙或计算机数量较多的网络。

2. 星型

在星型(也称 star)拓扑中,网络中所有的计算机均连接至同一中枢装置(如交换机或集线器),每台计算机都分别通过一根电缆与该中枢装置相连接,集线器位于网络的中心位置,网络中的计算机都从这一中心点辐射出来,看上去就像是星星放射出的光芒,这或许就是当初为什么称该种拓扑结构为星型拓扑结构的原因,如图 6-15 所示。

现在,几乎所有的网络都采用星型拓扑结构,或者是由星型拓扑延伸出来的树状拓扑,如图 6-16 所示。

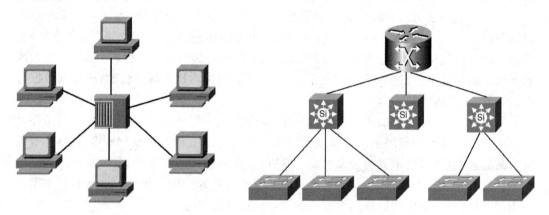

图 6-15 星型拓扑结构   图 6-16 树型拓扑结构

1) 数据传输控制

由于星型网络中所有的计算机都直接连接到集线设备(交换机或集线器)上,当一台计算机与另外一台计算机进行通信时,都必须经过中心节点。因此,可以在中央节点执行集中传输控制策略。所谓集中传输控制,是指由一个站点来控制整个网络,决定允许哪一或哪些站点进行信息传输。集中传输控制使得网络的协调与管理更容易,网络带宽的升级更加简单,但也成为一个潜在的影响网络速度的瓶颈。

2) 星型拓扑的优缺点

星型拓扑的优点如下。

(1) 易于故障的诊断。集线设备居于网络的中央,这也正是放置网络诊断设备的绝好位置。就实际应用来看,利用附加于集线器中的网络诊断设备,可以使得故障的诊断和定位变得简单而有效。通常情况下,集线设备往往均内置有 LED 指示灯,可以非常直观地显示每一个端口的连接状态,并对重大连接故障作出提示,从而使故障的诊断变得更加简单。

(2) 网络的稳定性好。在星型拓扑网络中,当一台计算机发生连接故障时,通常不会影响其他计算机与集线设备之间的连接,网络仍然能够正常运行,非常适用于对安全性和稳定性要求较高的用户。这一点是总线型网络所无法比拟的,也是星型网络受欢迎的重要原因之一。

(3) 易于故障的隔离。当发现某个集线器和计算机设备出现问题时,只需将其网线从集线器相应的端口拔除即可,这一过程对网络中的其他计算机不会产生任何影响。

(4) 易于网络的扩展。无论是添加一个节点还是删除一个节点,在星型拓扑中都是非常简单的,只要往/从集线器上插上/拔下一个电缆插头即可。当一台集线设备的端口不能满足用户需要时,可以采用级联或堆叠的方式,成倍地增加可供连接的端口。此外,当网络变得太大时,也可以通过添加集线设备的方法,成倍延伸网络的覆盖范围。

(5)易于提高网络传输速率。由于计算机与集线设备之间分别通过各自独立的缆线连接,所以多台计算机之间可以并行地同时进行通信,互不干扰,从而成倍地提高了网络传输效率。另外,网络的带宽主要受集线设备的影响,因此,只需简单地更换高速率的集线设备,即可平滑地将网络从 10 Mbit/s 升级至 100 Mbit/s,甚至 1 000 Mbit/s。

星型拓扑的缺点如下。

(1)费用高。由于网络中的每一台计算机都需要有自己的电缆连接到网络集线器,因此,星型拓扑所使用的电缆往往很多。此外,中央的集线器也意味着另一笔费用,而总线型网络却不需要这笔费用。所以一般来说,星型拓扑是费用最高的物理拓扑。

(2)布线难。每台计算机都有一条专用的电缆,因此,当计算机数量足够多时,如何布线就成为一个令人头痛的问题。

(3)依赖中央节点。整个网络能否正常运行,在很大程度上取决于集线器是否正常工作,一旦集线器出现故障,整个网络将立即陷于瘫痪。

然而,尽管星型拓扑费用不菲,但其所具有的优点使得绝大多数网络设计者仍然对之情有独钟、青睐有加,高昂费用与之所提供的高可靠性在某种程度上得到了平衡。应当说,星型拓扑是目前使用最多的拓扑结构,当然也是本书讨论的重点。

3. 环型

在环型(也称 ring)拓扑中,网络中所有的计算机都连接到一个封闭的电缆环路上,如图 6-17 所示。环型网络中的信号是由节点的相互传递来实现的,一个信号将依次通过所有的计算机,并最后回到起始计算机。

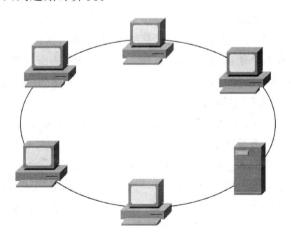

图 6-17　环型拓扑结构

1)数据传输控制

当网络中的计算机接收传输到的其他计算机发送的信息时,都将对该信息的目标地址与本机地址进行比较,如果与本机地址相同,则接收该信息;如果是发送给另一个节点的,就将信号重发给下一个节点。由于每个信号都是所有的节点接收并重新发送,所以传给下一个节点的信号都得到了增益。因此,即使环型网络中的节点数量很大,也不会有信号的衰减。

　　2)环型拓扑的用途

　　(1)广域网

　　局域网一般不采用环型物理拓扑结构。环型拓扑适用于星型结构无法适用的、跨越较大地理范围的网络,因为一条环可以连接一个城市的几个地点,甚至可以连接跨省的几个城市,所以环型拓扑更适用于广域网。

　　2)容错主干

　　环型拓扑也可以用作容错骨架技术。它的容错是通过后备的信号路径来实现的,即当发生电缆断开故障时,网络将通过后备单元为信息重新选择路径。不过,由于这一路径常常与主路径相反,因此,就使得环的距离加倍,当然也就使得网络变慢。慢是慢了一些,却能使网络维持运转。更何况,使用网络管理软件还可以随时监视网络,及时提醒操作员后备路径已经启用,故障已经发生了。

　　光纤分布式数据接口和 IEEE MAN 标准使用双环。如果在某个位置上电缆被切断,就发出一个回送(loop-back)信号,到达断点的信号向相反方向上重新发送,从而保障网络畅通。

6.3　Internet　基　础

6.3.1　Internet 概述

　　Internet 起源于美国国防部高级计划研究局的 ARPANET,在 20 世纪 60 年代末,出于军事需要计划建立一个计算机网络,当网络中部分网络被摧毁时,其余部分会很快建立新的联系,当时在美国 4 个地区进行互连实验,采用 TCP/IP 作为基础协议。1969～1983年是 Internet 形成的第一阶段,这是研究试验阶段,主要是作为网络技术的研究和试验在一部分美国大学和研究部门中运行和使用。

　　1983～1994 年是 Internet 的实用阶段。在美国和一部分发达国家的大学和研究部门得到广泛使用,作为用于教学、科研和通信的学术网络。与此同时,世界上很多国家相继建立本国的主干网,并接入 Internet,成为 Internet 的组成部分。

　　Internet 最初的宗旨是用来支持教育和科研活动。但是随着 Internet 规模的扩大、应用服务的发展,以及市场全球化需求的增长,Internet 开始了商业化服务。在 Internet引入商业机制后,准许以商业为目的的网络连入 Internet,使 Internet 得到迅速发展,很快便达到了今天的规模。

　　Internet 对社会的发展产生了巨大的影响,在网上可以从事电子商务、远程教学、远程医疗,可以访问电子图书馆、电子博物馆、电子出版物,可以进行家庭娱乐等,它几乎渗透到人们生活、学习、工作、交往的各个方面,同时促进了电子文化的形成和发展。

Internet 并没有一个确切的定义,一般认为,Internet 是多个网络互连而成的网络的集合。从网络技术的观点来看,Internet 是一个以 TCP/IP 通信协议连接各个国家、各个部门、各个机构计算机网络的数据通信网。从信息资源的观点来看,Internet 是一个集各个领域、各个学科的各种信息资源为一体,并供上网用户共享的数据资源网。

6.3.2　Internet 基本工作原理

在 Internet 世界中有两种主要的地址识别形式:一种是机器可识别的地址,称为 IP 地址,用数字表示,如 210.38.128.33;另一种是便于记忆的地址,用字符表示,称为域名(domain name),如 jxnu.edu.cn。

1. IP 地址

Internet 中有许多复杂的网络和许多不同类型的计算机,将它们连接在一起又能互相通信,依靠的是 TCP/IP。按照这个协议,接入 Internet 上的每一台计算机都必须有一个唯一的地址标志,这个地址称为 IP 地址。IP 地址通过数字来表示一台计算机在 Internet 中的位置。IP 地址具有固定、规范的格式,一个 IP 地址包含 32 位二进制数,被分为 4 段,每段 8 位,段与段之间用圆点“.”分开。IP 地址在设计时将这 32 位二进制数分成网络号和主机号两部分,网络的规模是有大有小,有的主机多,有的主机少,必须区别对待。从这一点出发,TCP/IP 根据网络规模大小将 IP 地址分为 3 类,如表 6-1 所示。

表 6-1　IP 地址分类

网络类别	最大网络数	第一个可用的网络号	最后一个可用的网络号	每个网络中的最大主机数
A	126	1	126	16 777 214
B	16 382	128.1	191.254	65 534
C	2 097 150	192.0.1	223.255.254	254

A 类地址的数量最少,只有 128 个,用于超大型网络,每个地址能容纳超过 1 600 万台主机。

B 类地址用于中等规模的网络,有 16 000 多个,每个地址可容纳超过 6 万台主机。

C 类地址用于小型网络,C 类地址最多,总计达 200 多万个,但每个地址仅能容纳 256 台主机。

IP 地址具有唯一性,即连接到 Internet 上的不同计算机不能具有相同的 IP 地址。

2. 域名

IP 地址用数字表示,不便于记忆,另外从 IP 地址上看不出拥有该地址的组织的名称或性质,也不能根据公司、组织名称或组织类型来确定其 IP 地址。由于 IP 地址具有这些缺点,人们希望用字符来表示一台主机的通信地址,因而设计出了域名,域名地址更能直接体现出层次型的管理方法,其通用的格式如下:

第四级域名. 第三级域名. 第二级域名. 第一级域名

　　第一级域名往往是国家或地区的代码;第二级域名往往表示主机所属的网络性质,如属于教育界还是政府部门等。例如,用 cn 代表中国的计算机网络,cn 就是一个域。域下面按领域又分子域,子域下面又有子域。在表示域名时,自右到左结构越来越小,用圆点".",分开。例如,jxnu. edu. cn 是一个域名,edu 表示网络域 cn 下的一个子域,jxnu 是 edu 的一个子域。同样,一个计算机也可以命名,称为主机名。在表示一台计算机时把主机名放在其所属域名之前,用圆点分隔开,形成主机地址,便可以在全球范围内区分不同的计算机了。例如,center. jxnu. edu. cn 表示 jxnu. edu. cn 域内名为 center 的计算机。

　　访问 Internet 上的主机可以使用域名或用数字表示的 IP 地址,例如,通过 www. 263. com. cn 或 211. 100. 31. 96 都可以访问 263 的主页。Internet 上有很多负责将主机地址转为 IP 地址的服务系统 ——域名服务器(DNS),这个服务系统会自动将域名翻译为 IP 地址。当访问一个站点的时候,输入欲访问主机的域名后,由本地机向 DNS 发出查询指令,DNS 在整个域名管理系统中查询对应的 IP 地址,如找到则返回相应的 IP 地址,否则返回错误信息。当我们浏览网页时,浏览器左下角的状态条上会有这样的信息"正在查找 xxxxxx",其实这就是域名通过 DNS 转化为 IP 地址的过程。

3. 中文域名

　　前面用英文字母表示域名对于不懂英文的用户来讲使用还是很不方便,2000 年 11 月 7 日,CNNIC 中文域名系统开始正式注册,正式启用时间大概在一个月之后。现在中文域名的使用分两种情况:第一种是使用"中文域名. cn"等以英文结尾的域名,用户不用下载任何客户端软件,ISP(互联网服务提供商)也不用作任何修改,就可以实现对 cn 结尾的中文通用域名的正确访问;第二种是"中文域名. 中国"、"中文域名. 公司"等纯中文域名的使用,要实现对这种纯中文域名的正确访问,ISP 需要作相应的修改,以便能够正确解析中文域名。同时 CNNIC 也提供了专用服务器,用户只要将浏览器的 DNS 设置指向这台服务器,同样可以完成对纯中文域名的正确解析。另外,考虑到现在有些 ISP 还没有作修改,而有些用户又不方便将 DNS 设置指向 CNNIC 提供的服务器,纯中文域名会被加上. cn 后缀,即对每一个纯中文域名同时有两种形式:纯中文域名和纯中文域名. cn,如"信息中心. 网络"和"信息中心. 网络. cn"。这样即使 ISP 还没有作相应的修改,用户也能正确使用中文域名。

　　在 CNNIC 新的域名系统中,将同时为用户提供"中国"、"公司"和"网络"结尾的纯中文域名注册服务。其中,注册"中国"的用户将自动获得 cn 的中文域名,例如,注册"清华大学. 中国"将自动获得"清华大学. cn"。

6.3.3　Internet 接入方式

　　目前国内常见的有以下的几种接入方式可供选择。

1) 拨号连接终端方式

　　拨号连接终端方式是最容易实施的方法,费用低廉。只要一条可以连接 ISP 的电话线和一个账号就可以。但缺点是传输速度低,线路可靠性差。适合对可靠性要求不高的办公室以及小型企业。如果用户多,可以多条电话线共同工作,以提高访问速度。

2）ISDN

ISDN 是综合业务数字网（integrated services digital network）的简称，中国电信将其俗称为"一线通"。综合业务数字网是将电话、传真、数据、图像等多种业务综合在一个统一的数字网络中进行传输和处理。目前在国内迅速普及，价格大幅度下降。ISDN 采用两个信道 128 Kbit/s 的速率，快速的连接以及比较可靠的线路，可以满足中小型企业浏览以及收发电子邮件的需求。而且可以通过 ISDN 和 Internet 组建企业 VPN。这种方法的性能价格比很高，在国内大多数城市都有 ISDN 接入服务。

3）ADSL

ADSL（asymmetric digital subscriber line）是 DSL 的一种非对称版本，即非对称数字用户环路，它利用数字编码技术从现有铜质电话线上获取最大数据传输容量，其下行速率的最高理论值为 8 Mbit/s，上行速率的理论值最高可达到 1.5 Mbit/s，同时不干扰在同一条线上进行的常规话音服务。可以在普通的电话铜缆上提供 1.5～8 Mbit/s 的下行和 10～64 Kbit/s 的上行传输，可进行视频会议和影视节目传输，非常适合中、小企业。但其有一个致命的弱点：用户距离电信的交换机房的线路距离不能超过 4～6 km，限制了它的应用范围。

4）DDN 专线

DDN 是利用数字信道传输数据信号的数据传输网。它的主要作用是向用户提供永久性和半永久性连接的数字数据传输信道，既可用于计算机之间的通信，也可用于传送数字化传真、数字话音、数字图像信号或其他数字化信号。这种方式适合对带宽要求比较高的应用，如企业网站。它的特点也是传输速率比较高，范围是 64 Kbit/s～2 Mbit/s。但是，由于整个链路被企业独占，所以费用很高，中小企业较少选择。

这种线路优点很多：有固定的 IP 地址、可靠的线路运行、永久的连接等。但是性能价格比太低，除非用户资金充足，否则不推荐使用这种方法。

5）卫星接入

卫星直播网络是美国休斯公司 1996 年推出的新一代高速宽带多媒体接入技术。它充分利用互联网不对称传输的特点，上行信号通过任何一个拨号或专线 TCP/IP 网络上传，下行信号通过卫星宽带广播下传，使互联网用户只需加装一套 0.75—0.9 m 小型卫星天线即可享用 200—400 Kbit/s 高速宽带交互浏览以 3 Mbit/s 高速的单向广播式数据文件。目前，国内一些 Internet 服务提供商开展了卫星接入 Internet 的业务，适合偏远地方又需要较高带宽的用户。卫星用户一般需要安装一个甚小口径终端（VSAT），包括天线和其他接收设备，下行数据的传输速率一般为 1 Mbit/s 左右，上行通过公用电话网（PSTN）或者 ISDN 接入 ISP。终端设备和通信费用都比较低。

6）光纤接入

光纤用户网是指局端与用户之间完全以光纤作为传输媒体的接入网。光纤用户网具有带宽大、传输速度快、传输距离远、抗干扰能力强等特点，适于多种综合数据业务的传输，是未来宽带网络的发展方向。它采用的主要技术是光波传输技术，目前常用的光纤传输的复用技术有时分复用（TDM）、波分复用（WDM）、频分复用（FDM）、码分复用（CDM）等。在一些城市开始兴建高速城域网，主干网速率可达几十 Gbit/s，并且推广宽带接入。

光纤可以铺设到用户的路边或者大楼，可以 100 Mbit/s 以上的速率接入，适合大型企业。

7）无线接入

无线接入技术就是利用无线技术作为传输媒介向用户提供宽带接入服务。由于铺设光纤的费用很高，对于需要宽带接入的用户，一些城市提供无线接入。用户通过高频天线和 ISP 连接，距离在 10 km 左右，带宽为 2～11 Mbit/s，费用低廉，但是受地形和距离的限制，适合城市里距离 ISP 不远的用户，性能价格比很高。

8）cable modem 接入

cable modem 是一种适用于 HFC 的调制技术，具有专线上网的连接特点，允许用户通过有线电视网进行高速数据接入的设备。目前，我国有线电视网遍布全国，很多城市提供 cable modem 接入 Internet 方式，速率可以达到 10 Mbit/s 以上，但是 cable modem 的工作方式是共享带宽的，所以有可能在某个时间段出现速率下降的情况。

6.4　Internet 应用

6.4.1　IE 的使用

1. 启动 IE 浏览器

在 Windows 桌面上双击 Internet Explorer 快捷方式图标，或者在任务栏的快速启动栏上单击"启动 Internet Explorer 浏览器"按钮，就可以启动 Internet Explorer，并自动打开默认主页的窗口。

在"我的电脑/资源管理器"或其他文件夹窗口的地址栏中输入网址，然后按 Enter 键也可启动 Internet Explorer。例如，输入 http://www.sina.com.cn 后，按 Enter 键，即可进入新浪网的主页，如图 6-18 所示。

2. 浏览资源

启动 IE 浏览器后，可以在地址栏直接输入要访问的地址来浏览资源。浏览 Internet 资源的方法很多，下面介绍几种方法及技巧。

1）使用地址栏的地址输入自动完成功能

如果曾经在地址栏中输入某个网站地址，那么再次输入它的前一个或几个字符时，浏览器就会自动在地址栏的下面显示一个下拉列表，其中显示曾输入过的前面部分相同的所有网站地址。

2）使用地址栏的历史记录功能

地址栏是一个文本输入框，也是一个下拉列表框，单击地址栏右侧的按钮，如图 6-19 所示，可以看到下拉列表中保存着 Internet Explorer 浏览器记录的曾输入过的网站地址。单击列表中的地址即可进入相应网页。

图 6-18　在资源管理器地址栏中输入地址　　　　图 6-19　使用地址栏的历史记录功能

3）使用导航按钮浏览

Internet Explorer 浏览器的工具栏上最左侧的 5 个按钮就是导航按钮，如图 6-20 所示。在浏览过程中，可以频繁地用到这 5 个导航按钮。

下面简单讲述这 5 个导航按钮的功能。

"后退"按钮：刚打开浏览器时，这个按钮呈灰色不可用状态。当访问了不同网页或使用了网页上的超级链接后，按钮呈黑色可用状态，记录了曾经访问过的网页。单击此按钮可以返回上一个网页；单击按钮右侧的下拉按钮，在弹出的下拉列表中可以选择在访问该网页之前曾访问过的网页，如图 6-21 所示。

图 6-20　导航按钮

"前进"按钮：同样，刚打开浏览器时，这个按钮呈灰色不可用状态。当使用了后退功能后，按钮呈黑色可用状态。单击此按钮，可返回单击"后退"按钮前的网页。单击"前进"按钮右侧的下拉按钮，在弹出的下拉列表中可以选择在访问该网页之后曾访问过的网页，如图 6-22 所示。

图 6-21　"后退"按钮的下拉列表记录　　　　图 6-22　"前进"按钮的下拉列表记录

"停止"按钮 ⊠：在浏览的过程中，有时会因通信线路太忙或出现了故障而导致一个网页过了很长时间还没有完全显示，这时可以单击此按钮来停止对当前网页的载入。当然没有出现问题的时候，也可以单击此按钮停止载入网页。

"刷新"按钮 ↻：如果仍想浏览停止载入的网页，单击此按钮，有时可以重新进入这个网页。这个按钮的另一个用途是：有的网页内容更新很快，单击此按钮可以及时阅读新信息。

"主页"按钮 🏠：在 Internet Explorer 浏览器中，主页是指每次打开浏览器时所看到的起始页面，默认的主页是 http://www.microsoft.com/china。在浏览过程中，单击此按钮可返回该页面。

4）利用网页中的超链接浏览

超链接就是存在于网页中的一段文字或图像，通过单击这一段文字或图像，可以跳转到其他网页或网页中的另一个位置。超链接广泛地应用在网页中，提供了方便、快捷的访问手段。

光标停留在有超链接功能的文字或图像上时，会变为小手形状，单击就可进入链接目标。

打开网页还有其他一些方法，如使用链接栏等，这里不再详细介绍，读者可以在上网的过程中逐渐摸索，达到迅速快捷地打开网页的目的。

3. 收藏网页

浏览网页时，遇到喜欢的网页可以把它放到"收藏夹"里，以后再打开该网页时，只需单击"收藏夹"中的链接即可。添加网页到"收藏夹"的具体操作步骤如下。

（1）打开要收藏的网页，然后执行"收藏/添加到收藏夹"命令，弹出"添加到收藏夹"对话框，如图 6-23 所示。

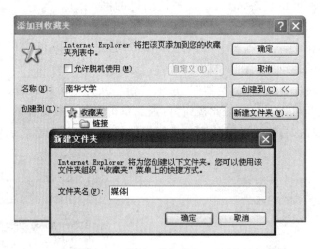

图 6-23　"添加到收藏夹"对话框

（2）选择一个收藏网页的文件夹或是建一个新文件夹，方法是：单击"新建文件夹"按钮，在弹出的如图 6-23 所示的"新建文件夹"对话框中输入新文件夹名称，然后单击"确定"按钮，即可创建该文件夹，如图 6-24 所示。

在 Internet Explorer 浏览器中，如果收藏了很多网页，就需要对"收藏夹"进行整理。例如，在收藏夹的根目录下建立几类文件夹，分别存放不同的网页，便于管理，也便于查阅；将不想要的文件夹或网页删除掉；移动某个收藏的网页从一个文件夹到另一个文件夹中等。整理收藏夹的方法是：单击"收藏/整理收藏夹"命令，会弹出"整理收藏夹"对话框,如图 6-25 所示。在这个对话框里,可以对收藏夹进行多项管理,如创建文件夹、网页的删除和更名、网页的移动和脱机使用等。具体的使用方法很简单,这里就不再一一介绍。

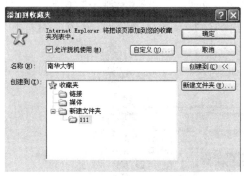

图 6-24　已经创建的文件夹　　　　　　　图 6-25　"整理收藏夹"对话框

4. 使用历史记录

在 Internet Explorer 浏览器中,历史记录记载了用户在最近一段时间内浏览过的网页标题。通过查询这些历史记录,可以快速找到曾经访问过的信息,具体操作步骤如下。

(1) 选择"查看→浏览器栏→历史记录"菜单命令,在浏览区的左侧出现"历史记录"窗格,如图 6-26 所示。

(2) 单击"查看"选项卡,选择历史记录的排序方式,如图 6-27 所示,这里选择"按日期"命令。

图 6-26　打开"历史记录"窗格　　　　　　图 6-27　选择历史记录的排序方式

(3) 最高层是按时间顺序排列的时间目录,时间目录下面是在该段时间内用户浏览过的站点目录,站点目录下面是网页的历史记录。按照这个顺序可以打开刚才浏览过的新浪网网页。

(4) 再次执行"查看→浏览器栏→历史记录"菜单命令,可以关闭"历史记录"栏。

5．在新窗口中打开网页

有的网站在打开一个新窗口后,原来的窗口也随着消失,当用户想再次返回原窗口时,虽然可以执行"查看→转到→后退"菜单或工具栏的后退按钮 ![后退] 来实现,但这样并不是很方便。此时可以右击某个超链接,从弹出的快捷菜单中选择"在新窗口中打开"命令,这样就能够在不关闭当前窗口的同时打开多个网页,如图 6-28 所示。

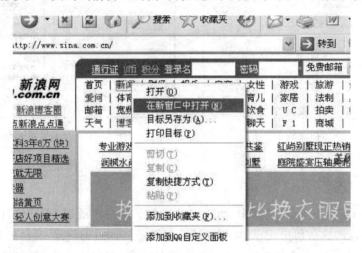

图 6-28　选择"在新窗口中打开"命令

6.4.2　IE 设 置

在启动 Internet Explorer 的同时,系统打开默认主页。主页就是打开浏览器时所看到的第一个页面。在默认设置下,打开的主页是"微软(中国)首页"。为了使浏览时更加快捷、方便,可以将访问频繁的站点设置为主页。

执行"工具→Internet 选项"命令,打开如图 6-29 所示的"Internet 选项"对话框,切换到"常规"选项卡。"常规"选项卡中有 3 个选项组:"主页"、"Internet 临时文件"和"历史记录"。

在"主页"选项组中设置作为主页的网页,如图 6-29 所示,设置方法有以下几种。

(1) 单击"使用当前页"按钮,就可以将当前访问的主页设置为主页。图 6-29 中已将新浪网设置为主页。

(2) 如果知道一个 Web 站点主页的详细地址,可以在"地址"文本框中直接输入要设置为默认主页的 URL 地址,如 http://www.sina.com.cn。

(3) 若要将主页还原为默认的"微软(中国)首页",则可以单击"使用默认页"按钮。

(4) 如果希望每次启动 Internet Explorer 时都不打开任何主页,则可以单击"使用空白页"按钮。

设置完毕后,单击"确定"按钮完成主页的设置。以后每次启动 Internet Explorer 或

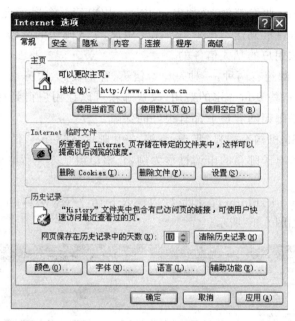

图 6-29　"常规"选项卡

执行"查看→转到→主页"菜单命令或单击工具栏上的"主页"按钮 🏠,都会打开设置的主页。

　　利用历史记录功能虽然可以方便地打开以前访问过的网页,但是也会暴露以前我们所访问过的网址,这不利于保密工作。如果我们不希望他人知道这些网页,就可以清除这些历史记录,具体操作步骤如下。

　　(1) 执行"工具→Internet 选项"命令,打开"Internet 选项"对话框,默认打开"常规"选项卡。

　　(2) 在"常规"选项卡中,单击"清除历史记录"按钮,打开"确认清除"对话框。

　　(3) 单击"确定"按钮。

6.4.3　电子邮件收发

　　电子邮件(E-mail)是通过 Internet 邮寄的电子信件,是人们在网上交换信息的一种手段,人们称它为"伊妹儿"。它比普通邮件更方便、迅速,同时更便宜。随着计算机的普及,目前电子邮件已经成为人们通信和交换数据的重要途径。本节介绍申请电子邮箱和使用不同的方式收发电子邮件的方法。

1. 申请电子邮箱

　　电子邮箱是一个类似于用户家门牌号码的邮箱地址,即相当于在邮局租用了一个信箱。因为传统的信件是由邮递员送到收信人家门口,而电子邮件可以自己直接去查看信箱。

要想通过 Internet 收发邮件,必须先向 ISP 机构申请一个属于自己的个人信箱。只有这样才能将电子邮件准确送达每个 Internet 用户,个人邮箱的密码只有用户本人知道,所以别人是无法读取用户的私人信件的。

ISP 提供的电子邮箱有两种:一种是免费信箱,容量较低,服务也比较少;另一种是收费信箱,必须向 ISP 机构支付一定的费用,收费邮箱可以让用户得到更好的服务,无论在安全性、方便性,还是邮箱的容量上都有很好的保障。

目前,常见的 ISP 机构有搜狐、雅虎、新浪、2911 邮件、263.net、亿邮等。

下面以亿邮免费电子邮箱的申请过程为例,介绍申请个人免费电子邮箱的方法,具体操作步骤如下。

(1) 启动 Internet Explorer,在地址栏内输入 http://www.eyou.com,然后按 Enter 键,打开亿邮主页,如图 6-30 所示。

图 6-30   亿邮主页

(2) 单击"注册免费"链接,打开亿邮免费邮箱登录网页,按提示输入用户名和密码等内容,如图 6-31 所示。

(3) 填写个人信息后,单击"下一步"按钮,提示注册成功,即可以拥有一个电子邮箱了。

2. 网站收发

申请了电子邮箱后,就可以使用邮箱收发电子邮件了。下面以 nhljc@eyou.com 电子邮箱为例,介绍在网页中收发电子邮件的方法,具体操作步骤如下。

(1) 在亿邮主页顶部的"用户名"和"密码"框中分别输入用户名和密码,然后单击"登录"按钮,即可进入电子邮箱的页面,如图 6-32 所示。

图 6-31 输入注册邮箱所需信息

（2）单击窗口左侧的"收件箱"链接，打开收件箱，可以看到每一封来信的状态标题、接收的日期和寄件人等，如图 6-33 所示。

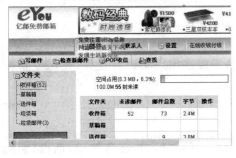

图 6-32 电子邮箱页面

图 6-33 收件箱邮件查看

（3）单击邮件的标题，可以查看其具体内容。如果邮件有附件，单击附件的名称，即可打开"文件下载"对话框，再单击"保存"按钮，然后按照提示操作就可以把附件下载到计算机中。

（4）单击"写邮件"按钮，即可打开撰写邮件的页面，在相应的位置填写收件人、邮件的主题和信件内容。

（5）单击"添加附件"按钮，打开"发送附件"页面。单击"浏览"按钮，在打开的"选择文件"对话框中选择要作为附件发送的文件，然后单击"粘贴"按钮，则在"附件内容"框中会显示粘贴的附件的名称。

（6）单击"完成"按钮，返回"发邮件"页面。单击"发送"按钮，即可发送邮件。

3. 工具收发

目前有很多收发邮件工具软件,使用它们可以不用登录网页收发多个信箱的邮件,如 Outlook Express、Foxmail 等,其操作方式相似,下面以 Outlook Express 为例进行介绍。

Outlook Express 是随 Internet Explorer 一起发行的,是使用最多的一个电子邮件收发管理系统。当 Internet Explorer 安装完成后,Outlook Express 的图标就显示在快速启动栏中,单击后即可打开 Outlook Express 窗口,如图 6-34 所示。

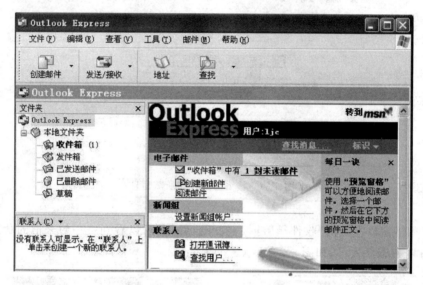

图 6-34　Outlook Express 窗口

要使 Outlook Express 能够正确接收邮件,除了保证网络正确连接外,还需要根据 ISP 提供的有关信息设置邮件账号。

1. Outlook Express 的设置

执行 Outlook Express 的"工具→账户"菜单命令,打开"Internet 账户"对话框,切换到"邮件"选项卡,单击"添加"按钮,选中"邮件"项,然后进入"Internet 连接向导"对话框。根据向导提示完成以下 5 个步骤即可。

(1)输入账号:如 honghong,单击"下一步"按钮。

(2)输入电子邮件地址。选中"我想使用一个已有的电子邮件地址"单选按钮,然后在电子邮件地址栏中输入 E-mail 地址,如 gamesll99@sina.com,单击"下一步"按钮。

(3)电子邮件服务器名:输入接收邮件服务器名,如 POP3.sina.com.cn;输入发送邮件服务器名,如 SMTP.sina.com.cn,单击"下一步"按钮。

(4)E-mail 登录。将 ISP 提供的账号和密码分别输入账号和密码文本框,单击"下一步"按钮。

(5)单击"完成"按钮。账号添加成功后在"Internet 账号"对话框的"邮件"选项卡中便列出刚才添加的 E-mail 账号,之后就可以接收或发送邮件了。

2. 使用 Outlook Express 收发邮件

1）接收邮件

当每次启动 Outlook Express 的时候，如果网络处于连接状态，它会自动与电子邮件服务器建立连接并下载所有新邮件，或者单击工具栏的"接收"/"发送"按钮接收邮件。在窗口的右边显示收件箱所有信件目录，未看过的信件是加粗显示的。如果不想在启动 Outlook Express 时接收和发送邮件，可执行"工具→选项"命令，打开"选项"对话框，取消选中"启动时发送和接收邮件"复选框。

2）阅读邮件

在收件箱信件中单击要阅读的信件，在窗口右下部分会显示信件的内容；或者双击要阅读的信件，打开一个新窗口显示邮件内容。

3）发送邮件

单击工具栏上的"创建邮件"按钮，或者执行"文件→新建→邮件"命令，可以打开新建邮件窗口，如图 6-35 所示。

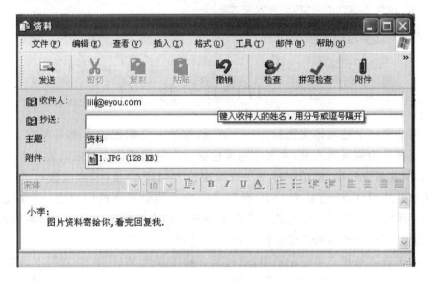

图 6-35　新建邮件

执行"邮件→新邮件使用"命令，在弹出的菜单中选择信纸类型（如选择"假日信件"选项）。

在"收件人"和"抄送"栏中分别填入相应的电子邮件地址，多个地址之间用逗号或分号隔开，并在"主题"栏中填写主题。

在窗口下边正文区域输入邮件的具体内容，待完成后检查无误，单击"发送"按钮将邮件发送出去。

第 7 章　网页设计基础

网页是构成网站的基本元素,是承载各种网站应用的平台。通俗地说,网页是一个文件,它存放在世界某个角落的某一台计算机中,而这台计算机必须是与互联网相连的。网页经由网址来识别与存取,它通常用图像档来提供图画,透过网页浏览器来阅读,现在流行移动设备浏览网页。它是网站中的任何一张页面,通常是 HTML 格式(文件扩展名为 html、htm、asp、aspx、php、jsp 等)。

本章学习目标

了解 HTML;

熟悉 Dreamweaver 环境;

掌握 Dreamweaver 窗口布局;

掌握 Dreamweaver 页面设计方法;

掌握 Dreamweaver 网站的设计与生成;

掌握向 Dreamweaver 网页中添加内容的方法。

7.1　HTML　简　介

万维网上的一个超媒体文档称为一个页面,作为一个组织或者个人在万维网上放置开始点的页面称为主页或首页,主页中通常包括指向其他相关页面或其他节点的指针(超级链接)。所谓超级链接,就是一种统一资源定位器(URL)指针,通过激活,可使浏览器方便地获取新的网页,这也是 HTML 获得广泛应用的最重要的原因之一。在逻辑上将视为一个整体的一系列页面的有机集合称为网站。超文本标记语言是为网页创建和其他可在网页浏览器中看到的信息设计的一种标记语言。

网页的本质就是超文本标记语言,通过结合使用其他 Web 技术(如脚本语言、公共网关接口、组件等),可以创造出功能强大的网页。因而,超文本标记语言是万维网编程的基础,也就是说,万维网是建立在超文本基础之上的。超文本标记语言之所以称为超文本标记语言,是因为文本中包含了所谓超级链接点。

7.1.1　超文本标记语言

HTML 是当前网页设计领域最基础的应用语言,使用 HTML 所编写的超文本文件(或称 HTML 文档)成为万维网上最普遍的网页形式之一。HTML 来源于著名的标准通用标记语言 SGML(standard generalized markup language),作为 SGML 的子集,HTML 摒弃了 SGML 过于复杂、不利于信息传递和解析的不足,选用最基本的元素——标记(tags)进行超文本描述,达到了简化、易懂的目的。

例如,在 IE 浏览器中显示的是一个简单的主页,如图 7-1 所示。

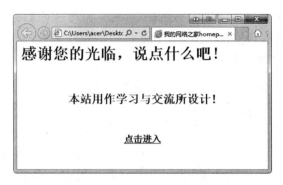

图 7-1　一个简单的网页

该网页的文本内容如下:

〈HTML〉

〈HEAD〉

〈TITLE〉我的网络之家 homepage,欢迎光临!!

〈/TITLE〉

〈/HEAD〉

〈BODY〉

〈h1〉感谢您的光临,说点什么吧!〈/h1〉

〈br〉

〈center〉

〈h2〉本站用作学习与交流所设计!〈/h2〉

〈br〉

〈u〉〈h3〉点击进入〈/h3〉

〈/BODY〉

〈/HTML〉

从上述例子中可以看到,由 HTML 编写的 homepage 中包含了很多符号。其文本格式大致由两部分构成,一部分是标记,又称控制码,另一部分是内容本身。

7.1.2　HTML 的基本结构

HTML 文档主要是由将要显示在网页上的文档内容和一系列标记所组成。当用户浏览 HTML 文档时,浏览器就会把这些标记解释成它应有的含义,并按照一定的格式将这些被标记的文档内容显示在浏览器窗口中。

在 HTML 文档中,有些标记必须以"〈标记〉"开始,而以"〈/标记〉"结束,这些标记称为成对标记;有些标记并不需要确定作用域,称为非成对标记。例如,在第一个例子中的〈head〉〈/head〉,这两个标记符分别表示头部信息的开始和结尾。头部中包含的标记是页面的标题、序言、说明等内容,它本身不作为内容来显示,但影响网页显示的效果。

头部中最常用的标记符是标题标记符和 meta 标记符,其中标题标记符用于定义网页的标题,它的内容显示在网页窗口的标题栏中,网页标题可被浏览器用作书签和收藏清单,或者设置文档标题和其他在网页中不显示的信息等。

HTML head 元素如表 7-1 所示。

表 7-1　HTML head 元素

标签	描述	标签	描述
＜head＞	定义了文档的信息	＜meta＞	定义了 HTML 文档中的元数据
＜title＞	定义了文档的标题	＜script＞	定义了客户端的脚本文件
＜base＞	定义了页面链接标签的默认链接地址	＜style＞	定义了 HTML 文档的样式文件
＜link＞	定义了一个文档和外部资源之间的关系		

7.1.3　几个常用的 HTML 标记

1.〈HTML〉标记

〈HTML〉标记是成对标记。一个完整的 HTML 文档是以〈HTML〉标记开始,以〈HTML〉标记结束的,用来告知浏览器该成对标记之间的内容是使用 HTML 格式编写的,浏览器会使用 HTML 规范来解释和显示其中的内容。

2.〈HEAD〉标记

〈HEAD〉标记是成对标记。〈HEAD〉和〈/HEAD〉标记之间的内容是 HTML 文档的头部,用来规定该文档的标题(出现在 Web 浏览器窗口的标题栏中)和文档的一些属性。在〈HEAD〉〈/HEAD〉标记之间可引用〈META〉、〈TITLE〉等标记。

3.〈META〉标记

〈META〉标记是非成对标记,它位于〈HEAD〉〈/HEAD〉标记之间,用以记录当前页面的一些重要信息,如网页所依据的字符集、开发者、开发语言版本、网页关键字等。

4.〈TITLE〉标记

〈TITLE〉标记是成对标记,用以规定 HTML 文档的标题。位于该成对标记之间的内容将显示在 Web 浏览器窗口的标题栏中。

5.〈BODY〉标记

〈BODY〉标记是成对标记,该成对标记之间的内容将显示在 Web 浏览器窗口的用户区域内,它是 HTML 文档的主体部分。

还有一些其他 HTML 标记,对于初学者来说比较难记。用户可以通过学习之后逐渐牢固记忆,或者使用网页编辑器来直接制作图文并茂的主页。

7.2　Dreamweaver 8 的使用

7.2.1　Macromedia Dreamweaver 8 简介

Dreamweaver 是在网页设计与制作领域中用户最多、应用最广、功能最强大的软件，Dreamweaver 8 的发布更坚定了 Dreamweaver 在该领域的地位。它集网页设计、网站开发和站点管理功能于一身，具有可视化、支持多平台和跨浏览器的特性，是目前网站设计、开发、制作的首选工具。它具有如下优点。

（1）灵活的编写方式。

Dreamweaver 具有灵活编写网页的特点，不但将世界一流水平的"设计"和"代码"编辑器合二为一，而且在设计窗口中还精化了源代码，能帮助用户按工作需要定制自己的用户界面。

（2）可视化编辑界面。

Dreamweaver 是一种所见即所得的 HTML 编辑器，可实现页面元素的插入和生成。可视化编辑环境大量减少了代码的编写，同时保证了其专业性和兼容性，并且可以对内部的 HTML 编辑器和任何第三方 HTML 编辑器进行实时的访问。无论用户习惯手工输入 HTML 源代码还是使用可视化的编辑界面，Dreamweaver 都能提供便捷的方式，使用户设计网页和管理网站变得更容易。

（3）功能更多的 CSS 支持，包括 CSS 可视化设计、CSS 检查工具。

（4）动态跨浏览器验证。

当保存时系统自动检查当前文档的跨浏览器有效性，可以指定何种浏览器为测试用浏览器，同时系统自动检验，以确定页面有没有目标浏览器不支持的标签或 CSS 结构。动态跨浏览器有效性检查功能可以自动核对标签和 CSS 规则是否适应目前的主浏览器。

（5）强大的 Web 站点管理功能。

（6）内建的图形编辑引擎。

（7）Dreamweaver 的集成特性。

Dreamweaver 8 继承了 Fireworks、Flash 和 Shockwave 的集成特性，可以在这些 Web 创作工具之间自由地切换，轻松地创建美观实用的网页。

（8）丰富的媒体支持能力。

可以方便地加入 Java、Flash、Shockwave、ActiveX 以及其他媒体。Dreamweaver 具有强大的多媒体处理功能，在设计 DHTML 和 CSS 方面表现得极为出色，它可以利用 JavaScript 和 DHTML 代码轻松地实现网页元素的动作和交互操作。Dreamweaver 还提供行为和时间线两种控件来产生交互式响应和进行动画处理。

（9）超强的扩展能力。

Dreamweaver 还支持第三方插件，任何人都可以根据自己的需要扩展 Dreamweaver 的功能，并且可以发布这些插件。

7.2.2　Dreamweaver 8 操作环境

Dreamweaver 8 是一款专门的网页设计软件,它采用所见即所得的编辑方式,可以快速地创建页面而无须编写任何代码。用户在安装 Dreamweaver 8 之后,可以启动 Dreamweaver 8 的起始页。

当打开 Dreamweaver 8,并打开相应的站点后,可以看到工作区界面,该窗口主要有插入栏、文档工具栏、面板组、文件面板、属性面板、标签选择器和文档窗口。

1) 插入栏

插入栏包含创建和插入对象的按钮,当需要某个操作的时候,可以将鼠标指针移动到某个按钮上,这时鼠标旁边会出现该按钮的功能提示,用户根据提示选择想要的操作。

插入栏的按钮包括在几个不同的类别中。如果想要的按钮没有在当前的类别中,则可以单击类别名称右边的下拉按钮,选择其他想要的类别。“插入”栏包括“常用”、“布局”、“表单”和“文本”等类别。

(1)“常用”类别:可以插入或创建最常用的对象,如图像、表格等。

(2)“布局”类别:可以插入表格、div 标签和绘制层,并且可以在 3 种表格模式之间切换,这 3 种模式分别是标准模式、扩展表格模式和布局模式。

(3)“表单”类别:通过此类别,用户可以插入表单中的各种元素,如隐藏域、文本区域、复选框和单选按钮等。

(4)“文本”类别:通过此类别,用户可以输入文本设置标签,如字体标签编辑器、粗体、斜体等。

(5)“HTML”类别:通过此类别,用户可以插入 HTML 的一些基本元素,如水平线、文件头的一些信息、表格、框架等。

(6)“应用程序”类别:通过此类别,用户可以插入网页的动态元素,如记录集、动态数据、记录集分页等。

(7)“Flash 元素”类别:可以帮助用户插入 Flash 元素。

2) 文档工具栏

“文档”工具栏中包含了视图选择按钮和一些与查看文档、在本地和远程站点间传输文档有关的常用命令和选择,如图 7-2 所示。

图 7-2　视图选择按钮

“代码”:单击该按钮可以切换到“代码”视图,该视图显示的是 HTML 代码或者脚本程序,适合熟悉代码的用户使用。

"拆分"：单击该按钮可以切换到"代码"视图和"设计"视图，上部显示"代码"视图，下部显示"设计"视图。在该视图模式下，用户在"设计"视图中所做的操作会立即显示在代码窗口中，而用户在代码窗口中所做的操作，必须在"属性"面板中单击"刷新"按钮后，才可以显示在"设计"视图中。

"设计"：该视图模式可以直观地显示出网页的布局和结构等，适合不熟悉代码的用户使用。

"标题"：用于编辑网页的标题，该标题将显示在网页的标题栏上。

3）文档窗口

"文档"窗口是制作与编辑网页的主要工作区。

4）面板组

面板组集成了每一类的操作，通过单击相应的项目就可以展开该面板，也可以将某个面板拖放到窗口的任意位置。

5）文件面板

文件面板列出了当前 Dreamweaver 站点内的所有文件，该站点视图可以是本地站点、远程站点或测试服务器，同意如果要打开站点内的某个文件，只需要双击该文件名就可以了。另外还可以在该文件名上右击，在打开的快捷菜单中选择相应的操作。

6）标签选择器

当单机标签选择器中的某个标签时，对应在"文档"窗口中，Dreamweaver 会自动选择工作窗口中相对应的区域。如果是在"代码"视图下，当选定了某个标签后，依次选择"编辑"菜单的"代码折叠→折叠所选"命令（或按 Ctrl＋Shift＋C 键），可将该标签区域的代码折叠起来，以便于检查代码的层次结构。要展开折叠的代码，只需要双击该代码片段即可。

7）属性面板

每一种标签对应的属性是不同的，所以当单机工作区中的某个标签或对象时，其属性会显示在属性面板中，以便用户修改。

属性面板默认位于工作区底部，如果需要，用户可以将其拖动到窗口的上部或者浮动在工作区窗口上。

7.3　创建及编辑 HTML 文档

7.3.1　创建 HTML 文档

打开 Dreamweaver 8，执行"文件"→"新建→常规"命令，在"类别"里选中"基本页"，在"基本页"里选中"HTML"，然后单击"创建"按钮，如图 7-3 所示。

从各种预先设计的页面布局中选择一种，如选择"基本页"HTML，单击"创建"按钮。Dreamweaver 8 即展开工作区界面（一个空白页），如图 7-4 所示。

图 7-3　创建 HTML 文档

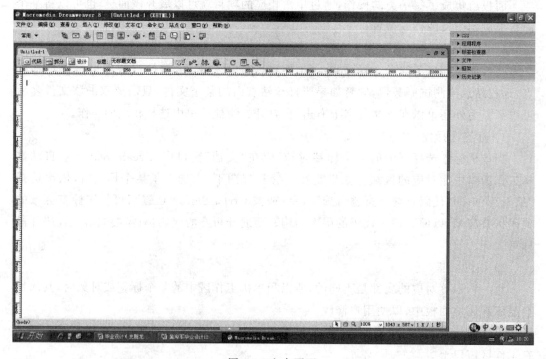

图 7-4　空白页面

7.3.2　编辑 HTML 文档

可以在空白页添加表格和输入文本进行编辑。如果要向页面添加图片或其他元素，应先保存这个空白页。选择"文件→另存为"命令，在"另存为"对话框中浏览到站点本地根文件夹下。填入文件名，保存退出。

7.3.3　标签格式

在 HTML 文件中,重要的文字部分都由标签括起来,这样文字就成了特别的文字,而标签本身则以"〈"和"〉"标记,标签内的内容称为元素,代表了标签的意义。例如:

〈title〉网页制作专题主页〈/title〉

标签的名称(title)用一对尖括号括起来,放在被标记文字的前面,被标记文字的后面,在标签的名称前面加一条斜线,然后用一对尖括号括起来。这两个标签称为"始标签"和"终标签",它们括住的文字称为"内容",整个标签称为一个"元件"。

7.4　窗口布局

Dreamweaver8 提供了将全部元素置于一个窗口中的集成工作区。在集成工作区中,全部窗口和面板集成在一个应用程序窗口中。用户可以选择"打开最近项目"、"创建新项目"和"从范例创建"等方式。首次启动 Dreamweaver 8 时,会出现一个工作区设置对话框,如图 7-5 所示。

图 7-5　布局窗口

用户可以从中选择一种工作区布局。例如,选择"创建新项目"方式,如果以后想更改工作区,可以使用编辑菜单"首选参数"对话框切换到一种不同的工作区。编辑菜单"首选参数"对话框如图 7-6 所示。

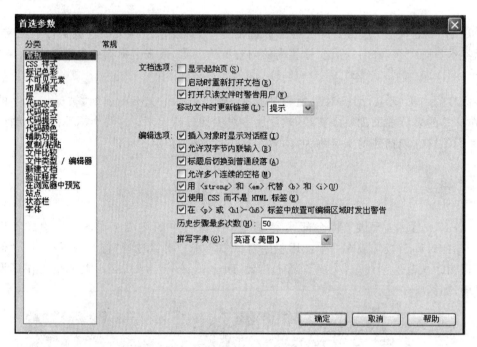

图 7-6　参数设置

7.4.1　插入栏

插入栏包含用于将各种类型的对象(如图像、表格和层)插入到文档中的按钮。每个对象都是一段 HTML 代码,允许用户在插入它时设置不同的属性。例如,可以通过单击"插入"栏中的"表格"按钮插入一个表格,也可以不使用"插入"栏而使用"插入"菜单插入对象。如图 7-7 所示。

图 7-7　插入菜单

"文档"窗口显示当前创建和编辑的文档。

"属性"窗格用于查看和更改所选对象或文本的各种属性,如图 7-8 所示。

图 7-8　属性

7.4.2　面板组

　　面板组是分组在某个标题下面的相关面板的集合。若要展开一个面板组,请单击组名称左侧的展开箭头;若要取消停靠一个面板组,请拖动该组标题条左边缘的手柄,如图 7-9 所示。

　　"文件"面板使用户可以管理文件和文件夹,无论它们是 Dreamweaver 站点的一部分还是在远程服务器上。通过"文件"面板还可以访问本地磁盘上的全部文件,类似于 Windows 资源管理器,如图 7-10 所示。

图 7-9　面板组

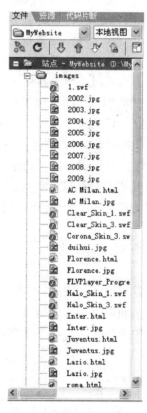

图 7-10　站点文件面板

　　Dreamweaver 8 提供了多种此处未说明的其他面板、检查器和窗口。若要打开其他面板,请使用"窗口"菜单。

7.4.3　插入栏

　　插入栏包含用于创建和插入对象(如表格、层和图像)的按钮。当鼠标指针移动到一个按钮上时,会出现一个工具提示,其中含有该按钮的名称,如图 7-11 所示。

　　某些类别具有带弹出菜单的按钮。从弹出菜单中选择一个选项后,该选项将成为该按钮的默认操作。例如,如果从"图像"按钮的弹出菜单中选择"图像占位符"选项,则下次

图 7-11 插入栏

单击"图像"按钮时,Dreamweaver 会插入一个图像占位符。每当从弹出菜单中选择一个新选项时,该按钮的默认操作都会改变。

插入栏按以下类别进行组织。

"常用"类别使用户可以创建和插入最常用的对象。

"布局"类别使用户可以插入表格、div 标签、层和框架。用户还可以从三个表格视图中进行选择:"标准"(默认)、"扩展表格"和"布局"。当选择"布局"模式后,可以使用Dreamweaver 布局工具:"绘制布局单元格"和"绘制布局表格"。

"表单"类别包含用于创建表单和插入表单元素的按钮。

"文本"类别可用于插入各种文本格式设置标签和列表格式设置标签。

"HTML"类别可以插入用于水平线、头内容、表格、框架和脚本的 HTML 标签。

"服务器代码"类别仅适用于使用特定服务器语言的页面,这些类别中的每一个都提供了服务器代码对象,可以将这些对象插入"代码"视图中。

"应用程序"类别用于插入动态元素,如记录集、重复区域以及记录插入和更新表单。

"Flash 元素"类别可以用于插入 Flash 元素。

"收藏"类别可以用于将"插入"栏中最常用的按钮分组和组织到某一常用位置。

7.4.4 文档工具栏

文档工具栏中包含按钮,这些按钮可以用于在文档的不同视图间快速切换:代码视图、设计视图、同时显示代码和设计视图的拆分视图。

工具栏中还包含一些与查看文档、在本地和远程站点间传输文档有关的常用命令和选项,如图 7-12 所示。

图 7-12 文档工具栏

下面对选项进行说明。

显示代码视图:仅在文档窗口中显示代码视图。

显示代码视图和设计视图:在文档窗口的一部分中显示代码视图,而在另一部分显示设计视图。当选择了这种组合视图时,"视图选项"菜单中的"在顶部查看设计视图"选项变得可用。请使用该选项指定在文档窗口的顶部显示哪种视图。

显示设计视图：仅在文档窗口中显示设计视图。

文档标题：允许为文档输入一个标题，它将显示在浏览器的标题栏中。如果文档已经有了一个标题，则该标题将显示在该区域中。

没有浏览器/检查错误：使用户可以检查跨浏览器兼容性。

文件管理：显示"文件管理"弹出菜单。

在浏览器预览/调试：在浏览器中预览或调试文档，从弹出菜单中选择一个浏览器。

刷新设计视图：当在代码视图中进行更改后刷新文档的设计视图。

视图选项：允许为代码视图和设计视图设置选项。

7.4.5　状态栏

状态栏提供与正在创建的文档有关的其他信息，如图 7-13 所示。

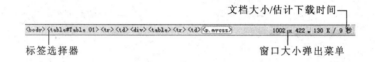

图 7-13　状态栏

标签选择器显示环绕当前选定内容的标签的层次结构。单击该层次结构中的任何标签以选择该标签及其全部内容。例如，单击<body> 可以选中文档的整个正文。

窗口大小弹出菜单（仅在设计视图中可见）用来将文档窗口的大小调整到预定义或自定义的尺寸。窗口大小弹出菜单的右侧是页面的文档大小和估计下载时间。

7.5　设置站点

Dreamweaver 是一个站点创建和管理工具，因此使用它不仅可以创建单独的文档，还可以创建完整的 Web 站点。创建 Web 站点的第一步是规划。为了达到最佳效果，在创建任何 Web 站点页面之前，应对站点的结构进行设计和规划。决定要创建多少页，每页上显示什么内容，页面布局的外观以及页是如何互相连接起来的。

下面执行以下操作：

启动 Dreamweaver，执行"站点→管理站点"命令，出现"管理站点"对话框。

在"管理站点"对话框中，单击"新建"按钮，然后从弹出式菜单中选择"站点"选项，出现"站点定义"对话框，如图 7-14 所示。

如果对话框显示的是"高级"选项卡，则单击"基本"按钮，出现"站点定义向导"的第一个界面，要求用户为站点输入一个名称。

在文本框中输入一个名称以在 Dreamweaver 中标识该站点，该名称可以是任何所需的名称。

单击"下一步"按钮，出现向导的下一个界面，询问是否要使用服务器技术。

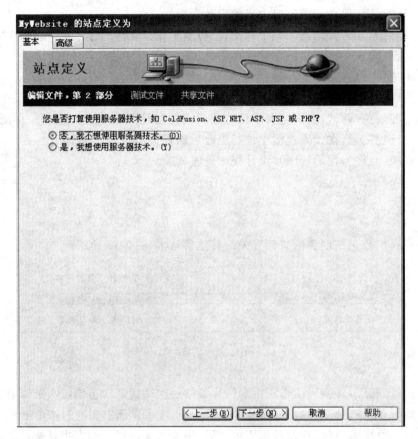

图 7-14　定义站点

　　单击"否"按钮,指示目前该站点是一个静态站点,没有动态页。单击"下一步"按钮,出现向导的下一个界面,询问如何使用文件。

　　选中"编辑我的计算机上的本地副本,完成后再上传到服务器(推荐)"单选按钮。在站点开发过程中有多种处理文件的方式,这里选择此选项。

　　单击文本框旁边的文件夹图标,随即会出现"选择站点的本地根文件夹"对话框,如图 7-15 所示。

　　单击"下一步"按钮,出现向导的下一个界面,询问如何连接到远程服务器。从弹出式菜单中选择"无"选项,可以稍后设置有关远程站点的信息。目前,本地站点信息对于开始创建网页已经足够了。单击"下一步"按钮,该向导的下一个界面将出现,其中显示设置概要,如图 7-16 所示。

　　单击"完成"按钮完成设置。随即出现"管理站点"对话框,显示新站点。单击"完成"按钮关闭"管理站点"对话框。

　　现在,已经在用户的站点定义了一个本地根文件夹,下一步就可以编辑自己的网页了。

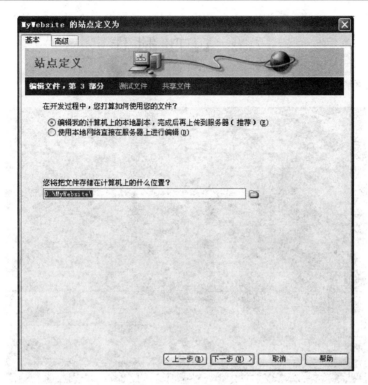

图 7-15　站点文件夹

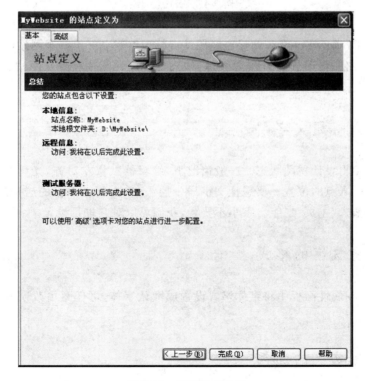

图 7-16　完成站点设置

7.6　页　面　制　作

下面以如图 7-17 所示的简单网页为例,介绍网页制作过程。

图 7-17　页面设计

首先启动 Dreamweaver 8,确保已经用站点管理器建立好了一个网站(根目录)。

为了制作方便,请事先打开资源管理器,把要使用的图片收集到网站目录 images 文件夹内。

7.6.1　插入标题文字

进入页面编辑设计视图状态。一般情况下,编辑器默认左对齐,光标在左上角闪烁,光标位置就是插入点的位置。要想让文字居中插入,单击属性面板的居中按钮即可。启动中文输入法输入"主页"二字。字小不要紧,我们可以对它进行设置。

7.6.2　设置文字的格式

选中文字,在属性面板中将字体格式设置成默认字体,可任意更改字号,并将字体设置为粗体。

7.6.3　设置文字的颜色

首先选中文字,在属性面板中单击颜色选择图标,在弹出的颜色选择器中用滴管选取颜色即可,如图 7-18 所示。

7.6.4　设置网页的标题和背景颜色

执行"修改→页面属性"菜单命令,系统弹出"页面属性"对话框,如图 7-19 所示。

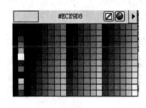

图 7-18　设置字体颜色　　　　　　图 7-19　"页面属性"对话框

在标题输入框输入标题"09/10 赛季意甲联赛"。

设置背景颜色:网页背景可以是图片,也可以添加背景颜色。此例是添加背景颜色,打开背景颜色选择器进行选取。如果背景要设为图片,单击背景图像"浏览"按钮,系统弹出图片选择对话框,选择背景图片文件,单击"确定"按钮。

设计视图状态,在标题"09/10 赛季意甲联赛"右边空白处单击,并按回车键换行,插入一幅图片,并使这张图片居中,也可以通过属性面板中的左对齐按钮让其居左安放。

7.6.5　超级链接

作为网站肯定有很多页面,如果页面之间彼此是独立的,那么网页就好比是孤岛,这样的网站是无法运行的。为了建立起网页之间的联系,必须使用超级链接。所谓超级链接,是因为它什么都能链接,如网页、下载文件、网站地址、邮件地址等。下面讨论怎样在网页中创建超级链接。

在网页中,单击了某些图片、有下划线或有明示链接的文字就会跳转到相应的网页中。

(1) 在网页中选中要作为超级链接的文字或者图片。

(2) 在属性面板中单击黄色文件夹图标,在弹出的对话框(图 7-20)里选择相应的网页文件就完成了超级链接的创建。

(3) 按 F12 键预览网页。在浏览器里将光标移到超级链接的地方就会变成手形。

另外也可以手工在链接输入框中输入地址。给图片加上超级链接的方法和文字完全

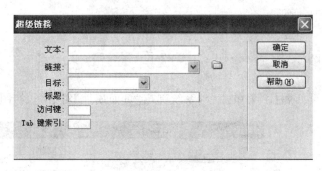

图 7-20　"超级链接"对话框

相同。

　　如果超级链接指向的不是一个网页文件,而是其他文件,如 zip、exe 文件等,单击超级链接的时候就会下载文件。

　　超级链接也可以直接指向地址而不是一个文件,那么单击超级链接直接跳转到相应的地址。例如,在链接框里写上 http://www.wipe.edu.cn,那么单击超级链接就可以跳转到武汉体育学院网站。

7.7　表 格 设 计

　　表格是现代网页制作的一个重要组成部分。表格之所以重要,是因为表格可以实现网页的精确排版和定位。本节分为两步来进行,首先看表,然后来看一些表格操作的基本方法。在开始制作表格之前,首先对表格的各部分的名称进行介绍,如图 7-21 所示。

　　一张表格横向称为行,纵向称为列。行列交叉部分称为单元格。单元格中的内容和边框之间的距离称为边距。单元格和单元格之间的距离称为间距。整张表格的边缘称为边框。

　　(1) 在插入栏中单击 按钮或执行"插入→表格"菜单命令,系统弹出表格对话框,如图 7-22 所示。设置列数和行数均为 2,其余的参数都保留其默认值,单击"确定"按钮。

　　(2) 在编辑视图界面中生成了一个表格,表格右下及右下角的黑色点是调整表格的高和宽的调整柄。当光标移到点上就可以分别调整表格的高和宽,移到表格的边框线上也可以调整,如图 7-23 所示。

　　(3) 在表格的第一格按住鼠标左键不放,向下拖拽选中左列上下单元格,如图 7-24 所示。

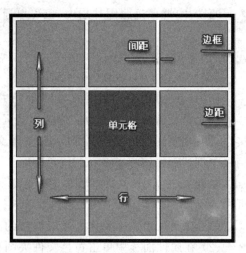

图 7-21　表格

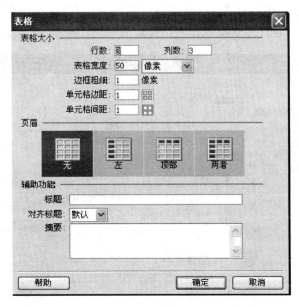

图 7-22　插入表格

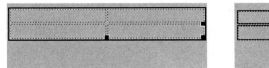

图 7-23　调整表格

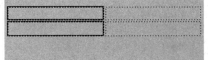

图 7-24　设置表格

7.8　网站的设计和网站的生成

网站设计包含的内容非常多,大体分两个方面:一方面是纯网站本身的设计,如文字排版、图片制作、平面设计、三维立体设计、静态无声图文、动态有声影像等;另一方面是网站的延伸设计,包括网站的主题定位和浏览器的定位、智能交互、制作策划、形象包装、宣传营销等。

7.8.1　站点生成

定义站点时,先要指定存储这个站点的所有文件的位置。建立好本地站点并设置好上传方式后,就可以将站点上传到 Web 服务器上,实现自动跟踪、维护链接和共享文件了。因此,在制作网页之前,用 Dreamweaver 8 建立本地站点是一个最好的选择,具体操作步骤如下。

(1) 在计算机中创建用作本地站点的文件夹。把制作网页需要的素材和以后生成的文件都放在里面,这样有利于将来更新网页。

（2）启动 Dreamweaver 8，执行"站点→新建站点"菜单命令，打开站点定义对话框，如图 7 25 所示。然后在该对话框中输入站点名称"情云 love"，然后单击"下一步"按钮。

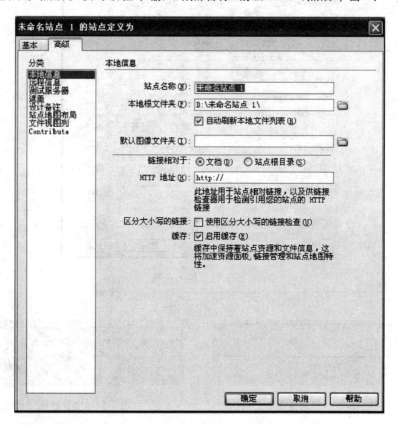

图 7-25　定义站点

（3）选择该站点是否使用一种服务器技术。可以根据情况选择，然后单击"下一步"按钮。

（4）选择文件的使用方式。此处选中"编辑我的计算机上的副本，完成后再上传到服务器（推荐）"单选按钮，并指定文件存储的位置，单击"下一步"按钮。

（5）选择以何种方式连接到远程服务器上，有 FTP、本地网络、RDS、SourceSafe 数据库、WebDAV、无这几种连接方式。这里设置为"无"，以后上传站点时再具体设置。单击"下一步"按钮，出现"总结"对话框，单击"完成"按钮，完成站点的创建。

（6）如果觉得这些设置不合适，或是要添加某些内容，可以从"站点"面板中找到"编辑站点"命令，重新定义或修改站点。

7.8.2　生成一个站点主页

上面站点的结构已经完成，接着就是生成站点首页，也就是该站点的主页。

网页的制作应从新建网页开始。首先启动 Dreamweaver 8 之后就会开启一个新的文档,我们就在这个文档上开始制作首页。其次定义文档页标题。定义页面的标题可以帮助访问者辨认正在浏览的网页,定义好了后就保存它。最后设置页面属性,建立好站点后,制作页面时,页面属性的设置是相当重要的。页面属性包括页面标题、背景图像、背景颜色、普通文本颜色、链接颜色以及边界颜色等,如图 7-26 所示。

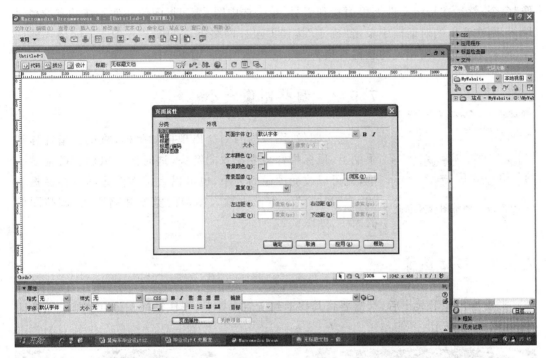

图 7-26 设置页面属性

页面标题确定和命名了网页,背景图像和背景颜色显示了页面的外观,普通文本颜色和链接文本颜色可帮助站点访问者区别普通文本和链接等。所以在选择的时候要慎重,具体如下。

(1)选择"文件→新建"菜单命令,打开"新建"对话框。

(2)在"常规"选项卡的"类别"列表框中选择"动态页"选项,在"动态页"列表中选择"ASP JavaScript"选项,然后单击"创建"按钮,创建一个普通页面。

(3)选择"修改→页面属性"命令,打开相应的对话框,或者直接右击刚建好的普通页面,从弹出的快捷菜单中选择"页面属性"选项,打开"页面属性"对话框,并在该对话框中设置页面属性。设置完所有的页面属性后,单击"确定"按钮。若要保存页面,可以选择"文件→保存"菜单命令或者直接按 Ctrl+S 快捷键保存。

7.9 Dreamweaver 网页中添加内容

现在已经设计好了网页的全局结构,下面就来给页面添加内容,如添加图像、文本等。

7.9.1 插入图片

下面介绍在 Dreamweaver 8 中插入图片的方法：在左上角的菜单条选择"插入→图像"命令，然后在指定文件夹里面找到素材，单击选中图片，如果图像文件不在站点的根目录下，则在弹出的对话框中单击"确定"按钮即可。网络上用的图片一般是 jpg 格式的图片，如果不是可以用相关的软件转换为 jpg 格式，然后插入网页中。

7.9.2 调整图像大小

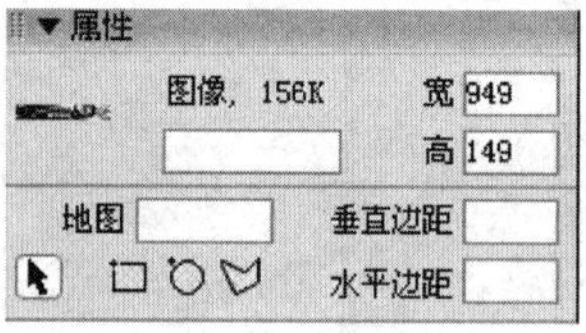

选定图像，图像的四周会出现拖动手柄，将鼠标指针移到手柄上，鼠标指针会变成双向箭头，这时按住鼠标左键拖动手柄，就可以改变图像的大小，也可以直接在图像的属性面板中的"宽"和"高"文本框中输入图像的宽度和高度值，调整图像的大小，如图 7-27 所示。

图 7-27 调整图像宽和高

7.9.3 移动图像

调整好图像的大小后，就需要将其移动到所需位置上，按住鼠标左键直接拖动图像即可，如图 7-28 所示。

图 7-28 移动图像

7.9.4 预览文档

在 Dreamweaver 8 的文档窗口中看不到翻转的效果，只有在浏览器中才会显示出效果。可以在 Dreamweaver 中预览查看它和浏览器相关的功能，而且在预览前不必保存文档。按 F12 键来预览网页看图片的变化，网页预览完成后关闭浏览器窗口，选择"文件"→"保存"命令保存刚才对主页文档进行的修改。

7.9.5 插入文本

在图片插入完成后，下面开始插入文本。在"层"里添加文本内容，方法是选择"插入→布局对象→层"菜单命令,添加需要的文本,如图 7-29 所示。

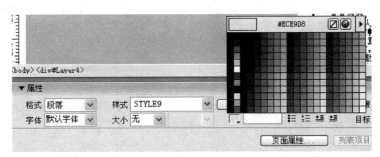

图 7-29　添加文本内容

7.9.6　设置文字

前面已经把文本输入到了"层"里,下面通过属性面板设置属性值来设置文字。首先,选中文字,然后可以编译文字的大小、字体和颜色。在"层"里选中要格式化的文本,在属性面板的"格式"下拉菜单中选择字体,也可以采用默认字体。然后可以选择文字的粗体和普通。如果还要格式化其他内容,可以重复上面的步骤。文本格式化完成后,就可以按F12 键来预览该网页,最后关闭浏览器窗口,回到文档中,编辑其他文本文档,如表 7-30所示。

图 7-30　设置文字格式

7.10　Dreamweaver 8 中插入 Flash

Dreamweaver 允许用户在网页中使用外部媒体元素,以利于网页的编辑和产生生动活泼的页面。

Dreamweaver MX 插入 Flash 视频的具体步骤如下。

（1）在插入中选择"媒体→Flash 视频"菜单命令,将视频文件保存到 Dreamweaver的站点文件夹中,保存类型为"Flash 视频(.flv)"。

（2）切换到 Dreamweaver 应用程序，在网页中确定要插入 Flash 视频的位置。

（3）选择"插入→媒体→Flash 视频"菜单命令，或在"插入"面板的"常用"选项卡中单击 Flash 按钮，打开"选择文件"对话框，并在该对话框中选择要插入网页中的动画文件，然后单击"确定"按钮，然后按 F12 键浏览，最后保存文件。

第 *8* 章 Access 数据库管理

本章学习目标

理解数据库相关概念；

了解 Access 六大对象；

掌握 Access 数据库和表操作；

掌握 Access 窗体操作；

掌握 Access 查询操作。

8.1 数据库相关概念

8.1.1 数据

数据是一种未经加工的原始资料，数字、文字、符号、图像等都是数据，数据是客观对象的表示。

8.1.2 数据库

数据库(database,DB)是存储在计算机存储设备中的、结构化的相关数据的集合。注意两点：其一是数据库不仅包括描述事物的数据本身，而且包括相关事物之间的关系；其二是数据库中的数据具有集成与共享的特点，即数据库集中了各种应用的数据，进行统一的构造与存储，而使它们可被不同应用程序所使用。

8.1.3 数据库管理系统

数据库管理系统(database management system,DBMS)是指位于用户与操作系统之间的、方便用户管理与组织数据库的一种数据库管理软件，用于建立、使用和维护数据库。它对数据库进行统一的管理和控制，以保证数据库的安全性和完整性。用户通过DBMS 访问数据库中的数据，数据库管理员通过 DBMS 进行数据库的维护工作。大部分DBMS 提供数据定义语言(data definition language,DDL)和数据操作语言(data manipulation language,DML)，供用户定义数据库的模式结构与权限约束，实现对数据的添加、修改、删除等操作。

8.1.4　数据库管理技术

数据库管理技术是计算机软件的一个重要分支,它产生于 20 世纪 60 年代,最早是由 IBM 公司推出的 IMS 数据库系统。数据库管理技术从开始到现在大致经历了三个阶段,分别是人工管理阶段、文件管理阶段和数据库管理阶段,各阶段特点见表 8-1。

表 8-1　数据库管理技术各阶段特点

	人工管理	文件系统管理	数据库系统管理
数据的管理者	人	文件系统	数据库管理系统
数据面向的对象	某一应用程序	某一应用程序	整个应用系统
数据的共享程度	无共享,冗余度极大	共享性差,冗余度大	共享性高,冗余度小
数据的独立性	不独立,完全依赖于程序	独立性差	具有高度的物理独立性和逻辑独立性
数据的结构化	无结构	记录内有结构,整体无结构	整体结构化,用数据模型描述
数据控制能力	应用程序自己控制	应用程序自己控制	由数据库管理系统提供数据安全性、完整性、并发控制和恢复能力

8.2　认识 Access 2010

Access 是 Office 系列软件中专门用来管理数据库的应用软件。Access 应用程序是一种功能强大且使用方便的关系型数据库管理系统,一般也称关系型数据库管理软件。它可运行于各种 Microsoft Windows 系统环境中,由于它继承了 Windows 的特性,不仅易于使用,而且界面友好,如今在世界各地广泛使用。

Access 使用标准的结构化查询语言(structured query language,SQL)作为它的数据库语言,从而提供了强大的数据处理能力和通用性,使其成为一个功能强大而且易于使用的桌面关系型数据库管理系统和应用程序生成器。

8.2.1　启动与退出

Access 2010 的启动与退出和 Office 其他组件的启动与退出方式类似,这里不再具体阐述。

8.2.2　Access 2010 的界面

Access 2010 与 Access 2003 相比,在用户界面方面有很大的改变。Access 2010 新的用户界面可以提高用户的工作效率,如图 8-1 所示。

新界面使用称为"功能区"的标准区域,如图 8-2 所示,功能区以选项卡的形式将各种相关的功能组合在一起。使用功能区可以快速地查找相关命令组,可以使命令的位置与用户界面更加接近,使功能按钮不再深深嵌入菜单中,从而大大方便了用户的使用。

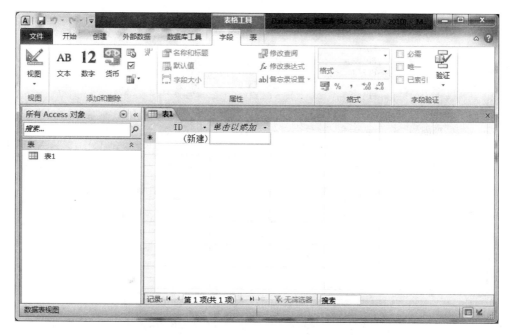

图 8-1　Access 2010 主界面

图 8-2　Access 2010 功能区

8.2.3　六大对象

Access 2010 包含六种数据库对象,各对象说明如下。

1. 表

表是用来存储其他对象在 Access 2010 中执行和处理的相关数据的文件。一个数据库可能有多个表,每个表中必须设定相应的数据字段及属性,如图 8-3 所示。

2. 查询

查询是数据库操作最重要的功能之一,用户可通过 Access 2010 查询功能查询所关心的结果信息。Access 2010 提供了三种查询方式,即交叉表数据查询、动作查询和参数查询,如图 8-4 所示。

订单信息表					×
订单号	产品编号	订单数	买家编号	操作员编号	单击以添加
DT101	PD101	23	KH101	GY101	
DT102	PD102	22	KH102	GY103	
DT103	PD107	45	KH107	GY101	
DT104	PD105	14	KH109	GY102	
DT105	PD103	54	KH104	GY102	
DT106	PD106	44	KH105	GY101	
DT107	PD102	55	KH104	GY101	
DT108	PD105	21	KH110	GY101	
DT109	PD102	12	KH109	GY102	
DT110	PD103	45	KH103	GY102	
DT111	PD104	21	KH106	GY102	
DT112	PD105	34	KH109	GY103	
*					

记录: ◄ ◄ 第 13 项(共 13 项 ► ►► ► ► 无筛选器 搜索

图 8-3 Access 2010 表

产品信息表 查询			— □ ▨
产品ID	产品名称	产品数量	产品说明
PD101	前叉	200	马尼托LTD
PD102	车架	160	米赛尔 SPARK
PD103	圈	400	马威克319
PD104	辐条	300	Wheelsmith
PD105	车把	342	台湾风速 TEA
PD106	坐垫	123	台湾维乐VELO
PD107	外胎	675	玛吉斯1.75防
*		0	

记录: ◄ 第 1 项(共 7 项) ► ► ►► 无筛选器 搜索

图 8-4 Access 2010 查询

3. 窗体

窗体向用户提供了一个交互式的图形界面,使用户更容易操作、管理数据库,如图 8-5 所示。

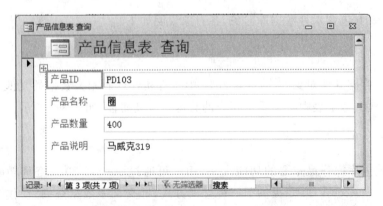

图 8-5 Access 2010 窗体

4. 报表

报表用来将选定的数据信息进行格式化显示和打印。报表数据可以来源于某一张数据表,也可以来源于某一个查询结果,用户还可以在报表中加入各种运算或图表,如图 8-6 所示。

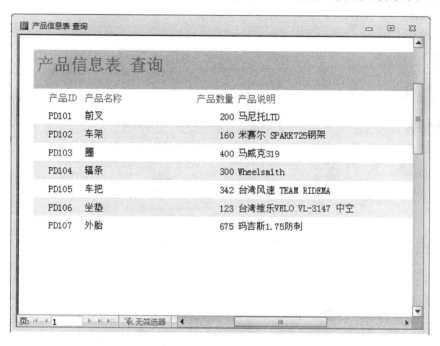

图 8-6　Access 2010 报表

5. 宏

宏是若干操作的集合。用户可将需要重复执行的一系列命令保存在一起,变成一组宏命令,当需要的时候,再执行这个宏命令,就可按顺序执行宏中各命令。

6. 模块

模块是 Access 2010 所提供的 VBA(Visual Basic for application)语言编写的程序段。应用 VBA 程序语言,可以加强数据库的处理能力,设计出更符合操作需求的数据管理系统。

8.3　数据库与表操作

8.3.1　数据库的创建与使用

创建数据库是数据库各项操作的先决条件,Access 2010 数据库创建的是扩展名为 accdb 的文件。

1．利用向导创建数据库

Access 数据库向导可引导用户建立一个数据库系统。

选择"文件"菜单命令，打开如图 8-7 所示窗口，选择"样本模板"选项，打开"可用模板"窗格，如图 8-8 所示。

图 8-7　"新建文件"界面

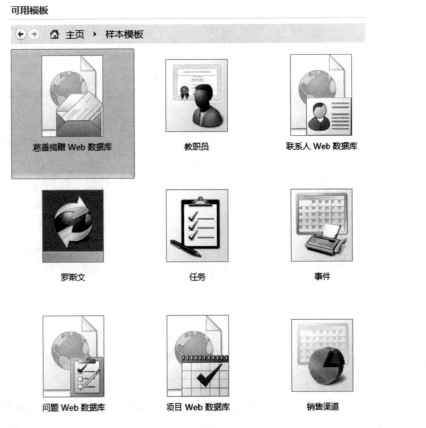

图 8-8　"可用模板"窗格

　　然后从窗格中选择一种数据库类型,如"教职员",单击"创建"按钮,即可在默认创建数据库路径中创建新的数据库,如图 8-9 所示。

2. 创建空数据库

　　虽然数据库向导可以引导用户快速创建数据库,但用户如想对数据库进行改动是比较难的,所以需要掌握创建空数据库的方法。

　　选择"文件"命令,打开如图 8-7 所示界面,选择"空数据库"选项,在右边的任务窗格中设置数据库文件路径后,单击"创建"按钮即可创建一个新的空数据,如图 8-10 所示。

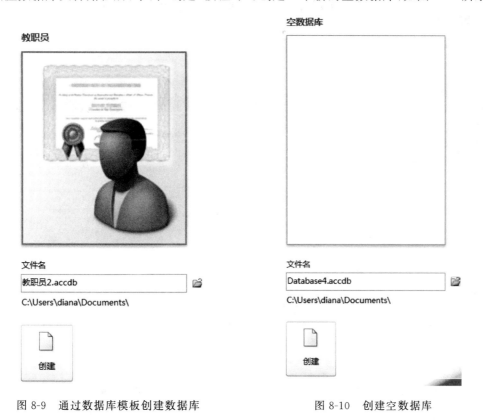

图 8-9　通过数据库模板创建数据库　　　　　图 8-10　创建空数据库

8.3.2 表的创建

　　表是用来存放数据库相关数据的文件,创建数据库之后,可以在数据库中创建一个或多个表。

1. 表的创建

　　Access 2010 创建表分为创建新的数据库和在现有的数据库中创建表两种情况。在创建了一个新数据库时,Access 将自动创建一个新表,在现有的数据库中可以通过以下 4 种方式创建表。

（1）直接插入一个空表。

（2）使用设计视图创建表。

（3）从其他数据源（如 Excel 工作簿等）导入或链接到表。

（4）根据 SharePoint 列表创建创建表。

1）在新数据库中创建表

（1）新建一个数据库或打开现有的数据库，在功能区上的"创建"选项卡中的"表格"组中选择"表"选项，打开如图 8-11 所示窗口。

图 8-11　新建表窗口

（2）选定 ID 字段列，在"表格→字段"选项卡中选择"名称和标题"选项，如图 8-12 所示，则弹出如图 8-13 所示的对话框，在该对话框中可设置字段的"名称"等属性。

图 8-12　表"属性"组

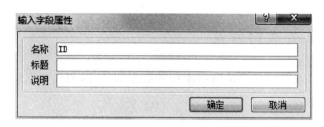

图 8-13　"输入字段属性"对话框

（3）单击图 8-11 中"单击以添加"下拉按钮，选择后续一个字段的类型，如图 8-14 所示，然后按照步骤（2）方法对字段名称进行修改。

按照以上步骤，依次对数据表中各字段进行设定，即可完成对数据表的设计。

2）使用设计视图创建表

使用设计视图创建表是一种灵活但有些复杂的方法，因此创建过程需花费较长时间。尽管如此，对于较为复杂的表，通常都是在设计视图中完成的。

（1）新建一个数据库或打开现有的数据库，在功能区上的"创建"选项卡中的"表格"组中选择"表设计"命令，打开如图 8-15 所示窗口。

（2）在弹出的"表 1"窗格中，逐一输入各字段的字段名称、数据类型等信息，如图 8-16 所示。

（3）单击工具栏中的"保存"按钮，在弹出的"另存为"对话框中输入表名称，单击"确定"按钮，然后关闭表设计器。

图 8-14　设置字段类型下拉列表

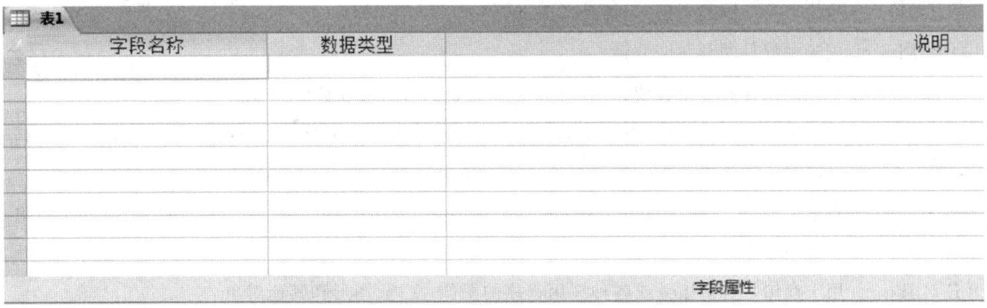

图 8-15　表对象界面

3）通过导入来创建表

数据的导入/导出是数据共享最重要的方式。在 Access 中，可以通过导入存储在其他位置的信息来创建表。例如，可以导入 Excel 工作表、ODBC 数据库、其他 Access 数据库、文本文件、XML 文件以及其他类型文件。导入操作通过打开"外部数据"选项卡，在该选项卡中选择导入外部数据类型进行导入，如图 8-17 所示。

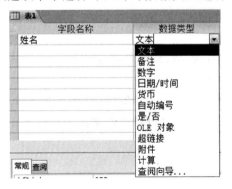

图 8-16　在表设计器中输入字段信息

图 8-17　"外部数据"选项卡

4）根据 SharePoint 列表创建创建表

使用 SharePoint 可以在数据库中创建列表导入或链接到 SharePoint 列表的表，还可以使用预定义模板创建新的 SharePoint 列表,这里不再详细阐述。

2. 认识数据类型

在设计表时,需对表字段类型进行设置,Access 中表字段类型包括文本、备注、数字、日期/时间、货币、自动编号、是/否、OLE 对象、计算字段、超链接、附件、查阅向导等类型,具体见表 8-2。

表 8-2 数据类型说明

数据类型	说　　明
文本	用来存放不需要计算的数据,可以为文字、文字与数字的组合,或是不需要计算的数字,如邮政编码
备注	用来保存长度不固定的文字数据
数字	需用于运算的数值数据,包括字节、整型、长整型、单精度、双精度、编号与小数等 7 种格式
日期/时间	用来存放日期和时间数据
货币	专门用来存放货币数值,1~4 个小数点位置的货币值和数值的数据
自动编号	当增加一条新记录时,会指定一个单一顺序(每次加 1)的数字或随机数字(自动编号产生的字段内容无法被更改)
是/否	布尔类型,用于字段只包含两个可能值中的一个,在 Access 中,使用 -1 表示"是"值,使用 0 表示"否"值
OLE 对象	用于存储来自 Office 或各种应用程序的图像、文档、图形和其他对象
计算字段	计算的结果。计算时必须引用同一张表中的其他字段,可以使用表达式生成器创建计算
超链接	用于超链接,可以用 UNC 路径或 URL 网址
附件	任何受支持的文件类型,Access 2010 创建的 ACCDB 格式的文件是一种新的类型,它可以将图像、电子表格文件、文档、图表等各种文件附加到数据库记录中
查阅向导	显示从表或查询中检索到的一组值,或显示创建字段时指定的一组值。查阅向导将会启动,可以创建查阅字段。查阅字段的数据类型是"文本"或"数字",具体取决于在该向导中所作出的选择

3. 修改表结构

数据表创建之后,可以对表中各个字段的字段名、类型、长度等进行更改,还可插入新字段和删除字段等。

选定需要更改表结构的表并右击在弹出的快捷菜单中选择"设计视图"命令,如图 8-18所示,打开表设计器,如图 8-19 所示,在表设计器中可以对现有字段进行修改。

4. 编辑表中数据

1)添加记录

当向一个空表或者向已有数据的表增加新的数据时,都要使用插入新记录的功能。

打开数据表,右击任意一条记录,在弹出的快捷菜单中选择"新记录"命令,如图 8-20 所示,即可将插入符定位在可插入新记录的行中。

图 8-18 选择"设计视图"命令

图 8-19 表设计器

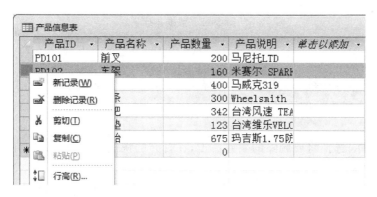

图 8-20 添加新记录菜单

2）修改记录数据

在数据表视图中，用户可以方便地修改已有的数据记录。修改完后单击菜单栏中的"保存"按钮即可保存。

3）删除记录

在数据表视图中，选中某条记录，执行"编辑→删除"命令进行删除操作。

4）记录的排序

Access 2010 根据主键值自动排序记录，主键将在后面章节作详细说明。在数据检索和显示期间，用户可以按不同的顺序来排序记录。在数据表视图中，可以对一个或多个字段进行排序。升序的规则是按字母顺序排列文本，从最早到最晚排列日期/时间值，从最低到最高排列数字与货币值。

在数据表视图中,选择需要排序的字段名并右击,在弹出的快捷菜单中选择排序方式,如图 8-21 所示。

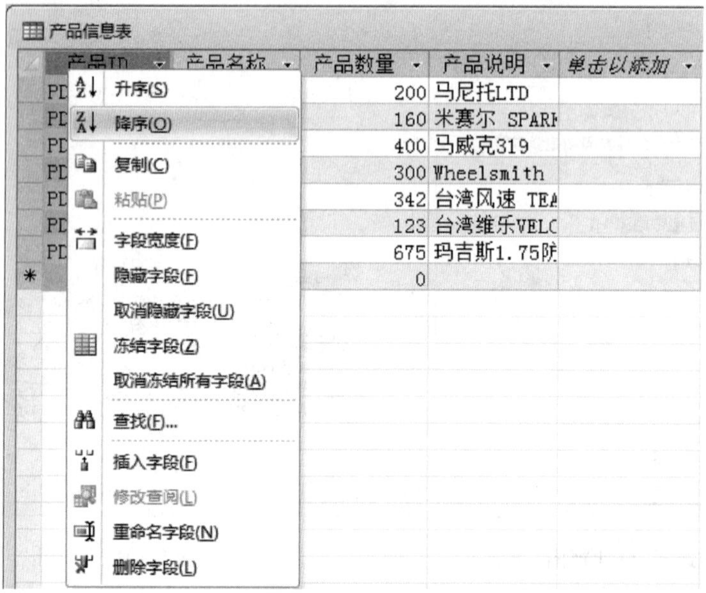

图 8-21　数据排序

5) 重命名表

打开数据库,选择将要重命名的表并右击,在打开的快捷菜单中选择"重命名"命令,在原来的表名上输入新的表名即可。

6) 删除表

打开数据库,选择将要删除的表并右击,在打开的快捷菜单中选择"删除"命令即可。

7) 设置主键

所谓主键(primary key)是指所有字段中用来区别不同数据记录的字段,主键字段所存的数据是唯一能识别表中的每一条记录,因此主键字段中的记录数据必须具有唯一性。

创建新表时如果没有指定主键字段,Access 会自动产生一个主键字段,并在行选择格中出现 🔑 符号,表示该字段为主键字段。

若要指定其他字段为主键,则在设计窗口中右击需指定字段,在弹出的快捷菜单中选择"主键"命令即可,如图 8-22 所示。

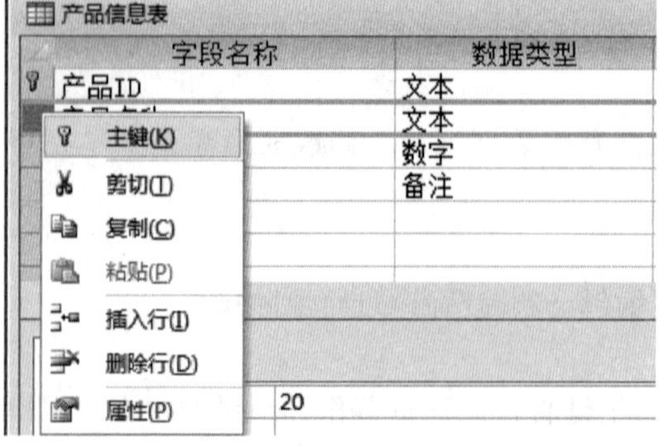

图 8-22　指定其他字段为主键字段

8.3.3　创建窗体

1. 使用窗体向导创建窗体

在建立窗体的时候,先使用向导或自动窗体的方式建立窗体,再使用设计视图建立表格进行修改将给工作带来很大的方便。在使用向导建立窗体的时候,首先要将鼠标指针移动到数据库窗口上的创建方法框中的"使用向导创建窗体"项,并双击。

(1) 要求选择这个窗体上用到的各种字段,向导并不需要在设计专题之前一定要创建一个查询。它允许选出需要的字段,再由系统自动创建这个窗体所需的查询。首先在"表/查询"下拉列表框中选取字段所在的表或查询,接着将所需的字段添加到"选定字段"列表框中,在选取字段时,可以通过一定的选取次序来调整字段在最后生成的窗体中的排列次序,先选取的字段位于窗体的前面,如图 8-23 所示,然后单击"下一步"按钮。

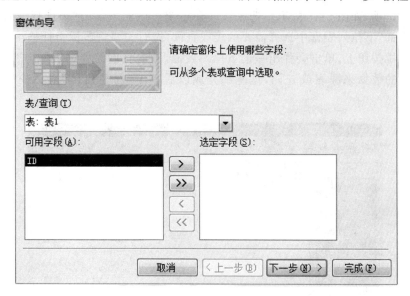

图 8-23　窗体向导

(2) 选择窗体的样式,当选取某种布局时,对话框中左侧的图形会相应发生变化。这里选取第一种窗体布局方式,如图 8-24 所示。之后,单击"下一步"按钮。

(3) 选择一种窗体的风格,可以根据自己的审美观点来选择一种图案,选好以后单击"下一步"按钮。在最后一个对话框中,可以为创建的新窗体指定一个标题,并选择该窗体首次被打开的方式,如图 8-25 所示。

当不需要对前面对话框中的设置加以修改时,可以单击"完成"按钮,系统会根据用户在向导中的设置生成窗体,在完成这些以后,单击"完成"按钮就可以了。

2. 使用窗体设计器创建窗体

首先介绍创建一个窗体的最简单的方法:用 Access 自动创建一个纵栏式表格的窗体。

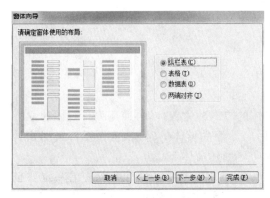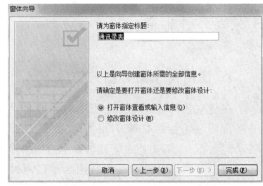

图 8-24　选择窗体布局　　　　　　　图 8-25　设置窗体标题

　　打开客户信息数据库,在数据库窗口的选项卡中选择"窗体"对象,如图 8-26 所示,然后在数据库菜单上单击"新建"按钮,并在弹出的"新建窗体"对话框中选择"自动创建窗体:纵栏式"选项,如图 8-27 所示。选完以后在这个对话框下部的"请选择该对象数据的来源表或查询"下拉列表框中选择需要的表或查询,这时先要将鼠标指针移动到下拉列表框右边的下拉按钮上,单击会弹出一个下拉列表框,选取我们需要的表"客户资料表",完成选择对象的数据来源表或查询,这些都完成以后单击"新建窗体"对话框中的"确定"按钮。

图 8-26　窗体创建方法选择

　　接着 Access 就会自动创建一个纵栏式的表格了,如图 8-28 所示。注意:在创建以后可别忘了保存这个窗体为"客户信息窗体"。在这个窗体中看到的数据和前面看到的数据表有所不同:纵栏式表格每次只能显示一个记录的内容,而前面的数据表每次可以显示很多记录,这是它们最大的区别。

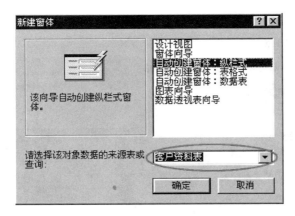

图 8-27　纵栏式窗体选择

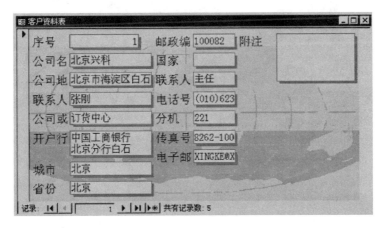

图 8-28　纵栏式窗体

　　下面利用自动窗体建立一个表格式的窗体,在后面的学习中我们将用到这个窗体。这种窗体的建立和纵栏式窗体的建立方式基本上没有什么区别,也是先单击"数据库"菜单中的"新建"按钮,然后在"新建窗体"对话框中选择"自动创建窗体:表格式"选项,如图8-29 所示,而数据的来源是"产品信息表"。将这些选定以后,单击"确定"按钮,然后给新的窗体取名"产品信息窗体"就可以了,如图 8-30 所示。

3. 建立数据窗体

　　如果想修改窗体的设计,首先要将这个窗体保存。保存的方法和保存查询和表的方法是一样的。先将鼠标指针移动到 Access 菜单栏上,单击"文件"菜单,在随后弹出的子菜单中选择"保存"命令。如果是第一次保存这个窗体,就会弹出一个对话框,要求输入一个新窗体名称,完成输入后,单击"确定"按钮就可以了。

　　将鼠标指针移动到工具栏上最左边的"视图"按钮 上,然后单击,将现在的视图切换到设计模式,就可以按照自己的意愿随意地修改窗体了,如图 8-31 所示。

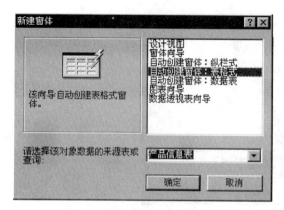

图 8-29　表格式窗体选择　　　　　　　　图 8-30　窗体保存对话框

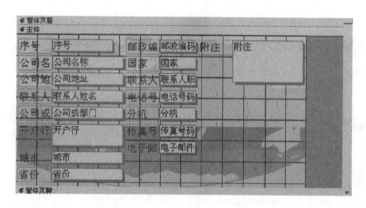

图 8-31　利用"窗体设计器"修改窗体

（a）　　（b）

图 8-32　标尺、网格与工具箱

在 Access 中，窗体上各个控件都可以随意摆放，而且窗口的大小、文字的颜色也很容易改变。这个视图中有很多网格线，还有标尺，看上去好像很乱。这些网格和标尺都是为了在窗体中放置各种控件而用来定位的。当然也可以不用这些东西，一切都根据用户的习惯来确定。要将这些网格和标尺去掉很容易，只要将鼠标指针移动到窗体设计视图中的窗体主体标签上并右击，这时可以看见在弹出的菜单上（图 8-32(a)）有"标尺"、"网格"两个选项，并且在这两个选项前面各有一个图标，现在这两个图标都凹陷了下去，这表示两个选项都被选中，将鼠标指针移动到"标尺"项上，单击就可以将标尺隐藏起来。这时再右击就会发现在标尺前面的图标已经不再凹陷了。如果再单击这个图标，就会

发现标尺又出现了。刚才弹出的菜单在网格的下面有一个工具箱选项，单击这个选项，你会发现在屏幕上出现了一个工具框，如图 8-32(b) 所示。在这个框中有很多按钮，每个按钮都是构成窗体一个功能的控件。控件很有用，像我们看到的按钮、文本框、标签等都是

控件,建造窗体的工作就是将这些控件摆在空白窗体上,然后将这些控件与数据库联系起来。

下面以刚才生成的"客户信息窗体"为例,介绍怎么在窗体中摆放这些控件。

1) 调整标签的位置和大小

下面给这个窗体加一个标签。但在添加标签之前,首先需要把窗体中所有控件都向下移,为标签空出适当的空间。首先单击一个控件,然后按住键盘上的 Shift 键,并且继续单击其他控件,选中所有这些控件以后,将鼠标稍微挪动一下,等光标变成一个张开的手的形状时,单击"工具箱"对话框上的"标签"按钮,然后把窗体中所有控件都向下移。完成这些以后,释放鼠标左键就可以了,如图 8-33 所示。

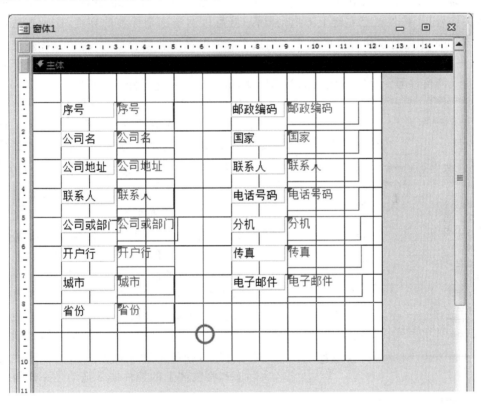

图 8-33　调整标签的位置与大小

单击工具箱中的"标签"按钮 **Aa**,然后在窗体里刚才空出来的位置上单击,这时就会出现一个标签。在标签中输入"客户信息"四个字,这样一个标签就插入到窗体中了,如图 8-34 所示。

图 8-34　标签框

现在这个标签太小了,颜色也不好看,下面设置其格式。单击这个标签的边缘,就出现了一个黑色的边框,在边框上还有八个黑色的小方块,表示这个控件标签已经被选中,并且 Access 窗口上出现了一个新的工具栏,如图 8-35 所示。这个工具栏是用来定义标签控件中文字的属性的,作用相当于在 Word 中用来编辑文字对齐方式和字体大小、颜色等属性的工具框。现在将鼠标指针移动到工具栏上字体的下拉框上,单击右边的下拉按

图 8-35　格式工具栏

钮,从其下拉菜单中选择"隶书"选项,并且在右边的用来定义字体大小的下拉框中选择 18 号字,然后单击字体/前景色按钮右边的下拉按钮 **A** ,在弹出的颜色对话框中选择需 要的颜色,选好以后单击这个颜色图标就可以了。

　　现在标题已经和刚才不一样了,但是现在的字太大,原来的标签框已经装不下这几个 字了。下面就来调整一下这个标签的大小。像刚才一样单击这个标签的边缘,出现了一 圈黑框,将鼠标指针移动到这圈黑框下部中间的黑色方块上时,光标变成一个上下指向的 双箭头符号 $\updownarrow$ 。按住鼠标左键上下拖动鼠标,就可以调整这个标签的高度,这种方法可以 调整 Access 中所有窗体控件的高度。当这个标签的高度比较合适时,释放鼠标左键就可 以了,当然如果将鼠标指针移动到围着标签的黑框右边中间的方块上时,会出现一个左右 指向的双箭头符号。这时按住鼠标左键拖动,就可以改变这个标签的宽度。

图 8-36　"标签属性"对话框

　　　如果想确定一个精确的标签大小,只需要在 这个标签的属性中修改它的宽度和高度值。首先 要像刚才那样将这个标签选中,然后单击工具栏 上的"属性表"按钮,使这个按钮凹陷下去,现 在屏幕上多了一个"标签属性"对话框,如图 8-36 所示。在这个对话框中找到"宽度"和"高度"项, 在它们右侧的文本框中输入相应的数值就可以 了。这里的所有数值都是以厘米为单位的。

　　　要移动标签的位置,还是要先选中这个标签, 当它四周出现黑框的时候,将鼠标移动到黑框的 边缘,这时的光标会变成手的形状,现在按住鼠标 左键就可以任意拖动标签了。把标签拖动到一个 适当的位置,释放鼠标左键就可以了。这个过程 实际上和将窗体上的控件向下拖动是一样的。

　2)在窗体中画线

　　如果想在窗体上添加一条直线,是很容易的。在工具箱的最下面一行有一个直线图标 ＼,将鼠标指针移动到上面,显示出"直线"的提示,现在就用这个控件在窗体上画一条直线。

　　和刚才在窗体上插入标签一样,先要将鼠标指针移动到工 具栏的直线按钮上并单击,这时直线按钮凹陷了下去,现在将鼠 标指针移动到窗体上并单击,给出所画直线的起点,然后拖动鼠 标到一定的位置并单击,给出直线的终点,这样一条直线就画好 了。要使线变粗一些,先选中"线"这个对象,将鼠标指针移动到 工具栏上"线条/边框宽度"按钮右边的下拉按钮上并单击,在弹 出的线条/边框宽度选项框中选择适当的宽度,然后单击这个宽 度,这条直线的粗细就发生了变化,如图 8-37 所示。

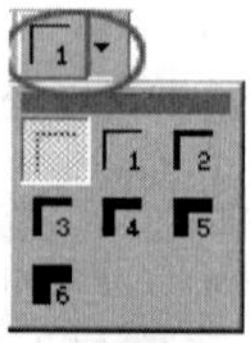

图 8-37　线条/边框宽度

如果想改变这条直线的长度操作方法和改变标签宽度的方法是一样的,读者可以自己试试。

3) 调整页眉、页脚的宽度

修改之后的效果如图 8-38 所示。"客户信息"这个标题太靠边缘了,这时只要将窗体上的页眉加大点就可以了。

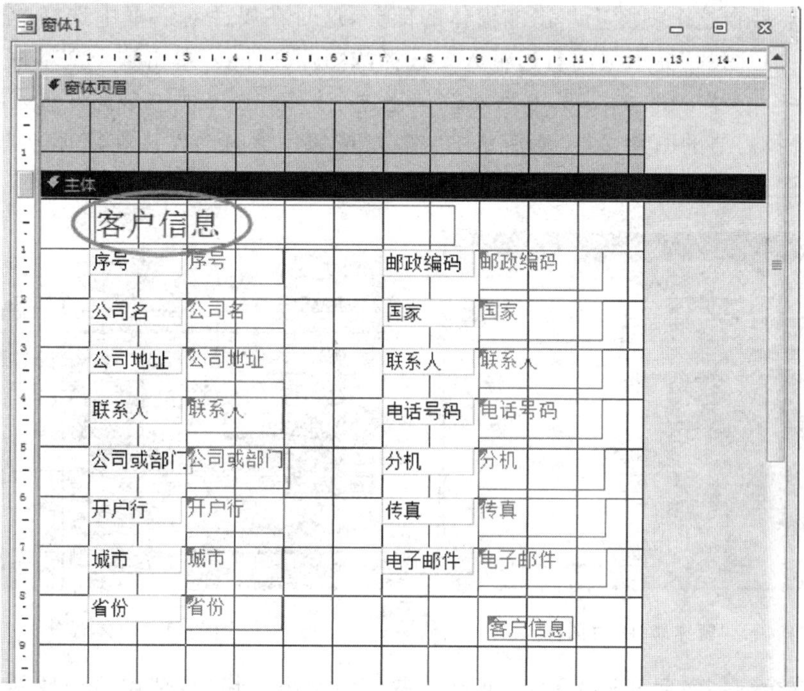

图 8-38　调整页眉和页脚

在窗体的设计视图中,窗体被分为页眉、主体、页脚三个部分。页眉处于窗体的最上方,中间的称为主体,页脚是窗体中最下方的部分。在页眉、主体、页脚这三个部分都可以添加各种控件,但一般都只在主体中添加各种控件,而在页眉和页脚中放置如页数、时间等提示性的标签控件。

页眉、页脚中也能放置控件,与在主体中放置控件大多数是一样的。但如果窗体有几页,而且有的功能必须在每一页都有,在这种情况下,将这些公用的控件放置在页眉、页脚中就会非常方便了。

要将页眉加大,首先要将鼠标指针移动到页眉和主体中间的位置,这时光标会变成指向上下的双箭头符号,这时按住鼠标左键,然后向下拖动鼠标,当到达一个满意的位置时释放鼠标左键,这样页眉就加大了。

图 8-39　窗体右键快捷菜单

在窗体中不光可以改变页眉、页脚的高度,需要时还可以隐藏页眉和页脚。

　　首先在窗体上非控件的位置右击,这时会弹出一个快捷菜单,在这个快捷菜单上有一项"窗体页眉/页脚",如果这个选项前面的图标凹陷下去,表示在窗体中显示页眉、页脚,相反则在窗体中隐藏页眉页脚,如图 8-39 所示。

　　4)为窗体添加背景,测试并保存窗体

　　现在这个窗体好像还缺点什么,要是能给它加个背景就更好了。首先将窗体切换到设计视图,然后在这个视图上单击非窗体的部分,这时在属性对话框中选择"全部"项,并在这个项中的"图片"提示项的右边输入要选择的图片文件名,单击这个文本框,会在它的右侧出现一个"…"按钮,如图 8-40 所示。单击这个按钮,会出现一个文件载入窗体,在这个窗体上选择需要的图片文件,然后单击"确定"按钮。这时会发现在窗体上出现了一个新背景,如图 8-41 所示。

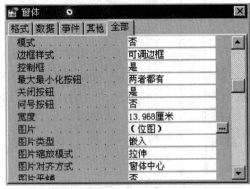

图 8-40　"窗体属性"对话框

图 8-41　窗体背景

　　现在这个窗体看起来还不错,但现在这些按钮都不起作用,把窗口切换到窗体视图,将鼠标指针移动到工具栏上的"视图"按钮,单击这个按钮,修改后的窗体就会出现,现在这个窗体就可以响应用户的操作了。

　　5)窗体中的控件怎样与字段列表中的字段建立联系

　　要想窗体中的控件和字段列表中的字段建立联系,首先要打开控件属性对话框,如果这个属性对话框还没有出现,就单击工具栏上的"属性"按钮,这时就可以看到一个有选项卡的对话框出现在屏幕上。这时选中窗体中的控件,然后选择这个选项卡上的数据项,在这一项的列表框的第一行控件来源提示后面的文本框中单击,然后在出现的下拉按钮上单击,并在弹出的下拉菜单中选择一个字段就可以了,如图 8-42 所示。这样控件就和字段列表的字段建立了联系。

　　6)怎样获得字段列表

　　要想为 Access 窗体建立字段列表,需要将鼠标指针移动到窗体设计视图上非窗体部分上,这时的属性变成了窗体的属性,单击"数据"项,将窗体属性切换到与数据有关的内容上。单击记录源提示右边的文本框,在这个文本框右边会出现一个下拉按钮,单击这个按钮,在弹出的下拉菜单中选择所要的表或查询,如图 8-43 所示。单击这个选项,可以获得相应的字段列表,这时将鼠标指针移动到工具栏上,单击字段列表按钮,在屏幕上就会出现一个列表框,其中记录了选择的表或查询中的所有字段。

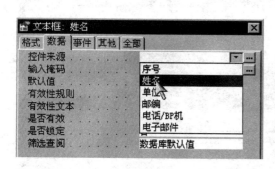 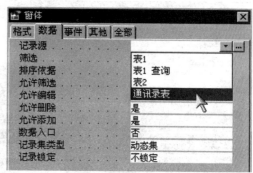

图 8-42　建立控件与字段的联系　　　　　　图 8-43　建立字段列表

通常在设计 Access 2010 应用程序时,往往先使用窗体向导建立窗体的基本轮廓,再切换到"设计"视图中使用人工方式进行调整。在 Access 2010 中可以使用窗体工具自动创建窗体。

在 Access 2010 中自动创建窗体的具体步骤如下。

(1) 打开一个 Access 2010 数据表,选择"创建"选项卡,在"导航窗格"中单击包含用户希望的窗体上显示的数据的表或查询。

(2) 在"创建"选项卡的"窗体"组中,单击"窗体"按钮,Access 2010 自动创建窗体,并以布局视图显示该窗体。

(3) 在"导航窗格"中,单击包含在分割窗体上显示的数据的表或查询,在"创建"选项卡上的"窗体"组中,单击"其他窗体"中的"分割窗体"按钮。

(4) 在"导航窗格"中,单击包含在分割窗体上显示的数据的表或查询,在"创建"选项卡的"窗体"组中单击"多个项目"按钮后,Access 2010 创建窗体,并以布局视图显示该窗体。

4. 概述

在 Web 应用程序中,通常会看到横跨在页面顶部的主菜单项,以及位于主菜单下方或者页面左侧或右侧的子项。Access 2010 旨在使用户能够轻松地创建面向 Web 的数据库应用程序,而新的导航窗体功能可让用户轻松地为 Web 创建标准用户界面。此外,这些界面在客户端应用程序中也很有用。此直观操作方法演示如何使用新的导航窗体功能创建 Access 2010 窗体,并讨论图 8-44 所示的示例窗体。

5. 编码

在 Access 2010 中,打开 Northwind 示例数据库(若要检索 Northwind 示例数据库,请依次选择"文件"、"新建"和"示例"。从 Office.com 示例列表中选择 Northwind 2007)。打开新的示例数据库,绕过登录窗体,然后在导航窗格中按类型对对象进行分组。在"创建"选项卡中,选择"导航"选项,将显示六种不同的布局,在创建导航窗体时可从这些布局中进行选择(图 8-45)。可选择将导航选项卡在窗体顶部排列成一行,或者排列在窗体的左侧或右侧。对于多层选项卡,可将其放置在窗体顶部的两行中,或者先将这些选项卡在顶部横向排列,然后在窗体的左侧或右侧向下排列。在此示例中,选择"水平标签和垂直标签,左侧"选项。单击标题"导航窗体",然后将其更改为"管理实体"。

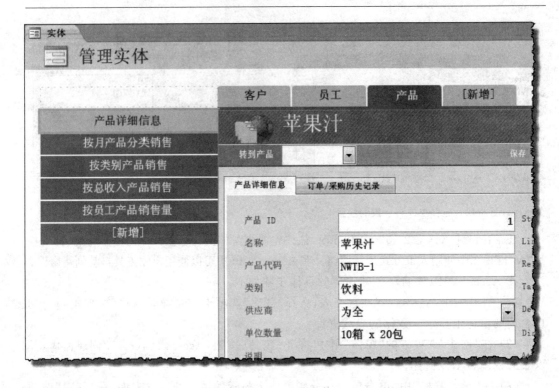

图 8-44　示例窗体

图 8-46 显示了已修改标题的窗体。

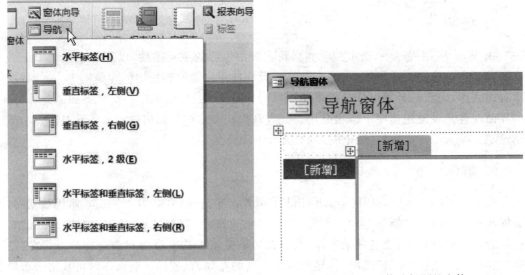

图 8-45　导航窗体布局选择　　　　　　　　图 8-46　已修改标题的窗体

1) 创建顶层选项卡

示例窗体应显示要用于客户、员工和产品的顶层选项。若要开始操作,请单击导航窗体顶部的"新增"按钮,然后将文本更改为"客户";Access 将添加一个新选项卡。重复此过程来创建"员工"和"产品"选项卡。完成此操作后,选项卡应与图 8-47 类似。

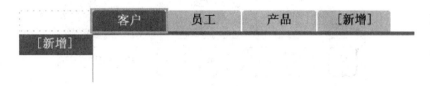

图 8-47　顶层选项卡布局

2)创建第二层选项卡

利用顶层选项卡可以在窗体的左侧轻松添加在用户单击第二层选项卡时显示的窗体和报表。首先单击"客户"顶层选项卡,从导航窗格中将"客户列表"窗体拖动到窗体左侧的"新增"选项卡上。这将在导航按钮和现有窗体之间创建一个新连接,设置"导航目标名称"按钮属性,使其引用指定窗体。重复此过程来将"客户电话簿"和"客户通讯簿"报表添加到左侧的选项卡上。

单击窗体顶部的"员工"选项卡,并从"导航窗格"中将"员工列表"窗体拖动到窗体左侧的"新增"选项卡上。对"员工通讯簿"和"员工电话簿"报表重复此步骤。单击顶部的"产品"选项卡,然后将"产品详细信息"窗体拖动到左侧的选项卡上。对与产品相关的四个报表重复此步骤。使用"实体"名称保存新窗体。此时,该窗体应与图 8-47 类似。在"窗体"视图中显示此窗体,并与各种选项卡进行交互(从"联系人"移动到"员工",再移动到"产品"),然后验证第二层选项卡是否工作正常。

6. 读取

1)设置导航窗体的样式

到目前为止,仅使用了导航窗体的默认样式。实际上,用户可以控制每个按钮的外观,并且可以同时对所有按钮应用样式。若要尝试此操作,请切换回"布局"视图,然后单击顶部的"客户"选项卡,单击左侧的顶层选项卡,然后在按住 Ctrl 键的同时单击左侧其余两个选项卡。在功能区中选择"格式"选项卡,然后单击"快速样式"下拉按钮,弹出相应的下拉列表,如图 8-48 所示。选择某个样式来配置所有选定按钮的样式。

若要配置按钮的形状,请单击"更改形状"下拉按钮,从其下拉菜单中选择,如图 8-49 所示。通过使用同一组选定按钮来选择圆形选项,还可通过使用功能区上的"形状填充"、"形状轮廓"和"形状效果"工具来添加其他效果。当更改为具有发光效果的圆形后,这些按钮应与图 8-50 中的按钮类似,图 8-50 显示了更改形状后的按钮。

2)比较导航窗体和"选项卡"控件

为什么有时会需使用新的导航窗体功能而非标准"选项卡"控件(该控件提供了类似的功能)。当然,其中一个原因是"选项卡"控件不提供用于支持选项层次结构的机制,而导航窗体提供了这一机制。若要使用户能够先选择一个主类别,再选择子类别,只能选择导航窗体。

此外,这两种类型的控件在加载时行为不同。导航窗体会根据需要(当单击相应的选

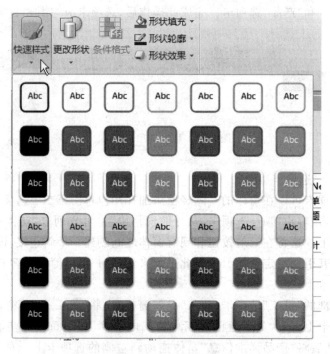

图 8-48　使用快速样式设置选项卡格式

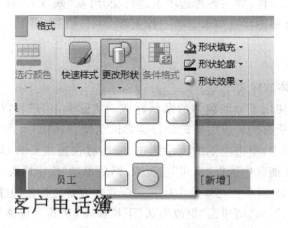

图 8-49　更改选项卡形状

项卡时)加载每个子窗体或报表,而"选项卡"控件会在加载时加载其所有子对象。这不仅会影响性能(打开主窗体时,必须等待"选项卡"控件加载其所有子对象),而且会使处理查询数据变得困难。由于导航窗体会在单击相应的选项卡时加载每个窗体,因此可确保用户能看到最新数据,而不必创建特定的代码,以在用户单击每个选项卡时重新查询窗体。这也意味着导航窗体在单击每个选项卡时不会提供特定事件,而是在每个窗体或报表的 Load 或 Open 事件处理程序中放入加载时代码。

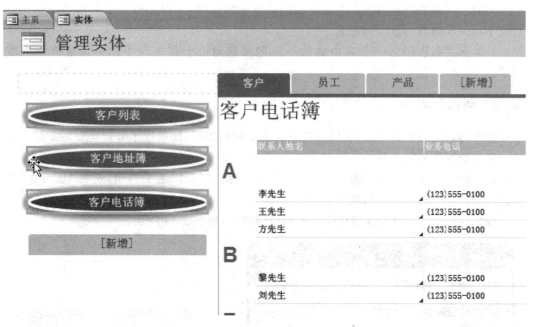

图 8-50　更改选定按钮的形状后的情况

8.3.4　建立表的关系

Access 是一种关系型数据库系统,因此,建立表间的关系是 Access 重要内容之一。

1. 表间关系的基本概念

所谓表间关系是指利用相同的字段属性,建立表与表之间的连接关系。例如,在同一个数据库中若两个表均有产品编号字段,就可以使用产品编号字段建立两个表之间的关系,如图 8-51 所示。

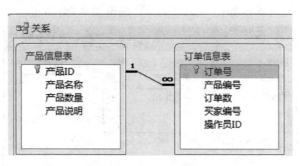

图 8-51　数据表之间关系示意图

在表中的字段之间可以建立 3 种类型的关系:一对一、一对多、多对多;而多对多关系可以转化为一对一和一对多关系。

一对一关系表明在两个表中含有相同信息的相同字段,即一个表中的每条记录都只对应于相关表中的一条匹配记录。

一对多关系表明当一个表中的每一条记录都对应于相关表中的一条或多条匹配记录。

2. 创建关系

在表与表之间创建关系,不仅可以创建表之间的关联,还确定了数据库中的参照完整性。创建数据库表间关系的步骤如下。

(1) 单击"数据库工具"选项卡中的"关系"按钮,打开关系工具组,选择"显示表"选项,将表添加到设计窗口中,如图 8-52 所示。

(2) 拖放一个表的主键到相应表的相应字段上,如图 8-53 所示。

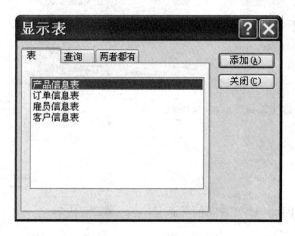

图 8-52　"显示表"对话框

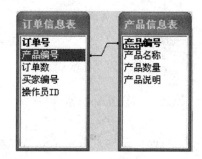

图 8-53　建立表与表之间的关系

3. 查看和编辑关系

创建的关系可以查看和编辑。打开"关系"窗口即可查看关系;双击表间的连线即可编辑任何连接关系,此时弹出如图 8-54 所示的"编辑关系"对话框。

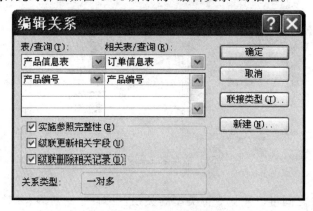

图 8-54　"编辑关系"对话框

8.3.5　创建查询

查询是帮助用户快速检索所需数据,它也是数据库中的对象,它允许用户依据一定的条件将满足要求的数据提取出来,形成一张新的查询数据表,查询表实际上并不存在,每次使用查询时,都是从数据源表中提取数据创建记录集,因此查询表中的数据与数据源表中的数据保持一致。

1. 查询的种类

Access 2010 提供多种查询方式,查询方式包括选择查询、参数查询、交叉表查询、操作查询和 SQL 查询。

图 8-55　"创建"选项卡

2. 使用查询向导创建查询

简单查询可通过查询向导来快速完成,具体步骤如下。

(1)单击"创建"选项卡中的"查询向导"按钮,如图 8-55 所示,弹出如图 8-56 所示的对话框。

图 8-56　简单查询向导第一步对话框

(2)在图 8-57 所示的对话框中选择数据源和字段,然后单击"下一步"按钮。

(3)在如图 8-58 所示的对话框中设置查询对象的名称,并选择是在单击"完成"按钮后直接显示查询结果,还是对查询进行设计。

(4)单击"完成"按钮即可打开如图 8-59 所示的查询结果窗口,并在"查询"对象列表窗格中增加一个查询对象,如图 8-60 所示。

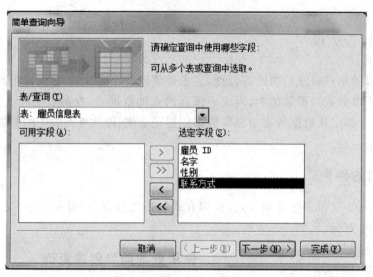

图 8-57　选定数据源和字段

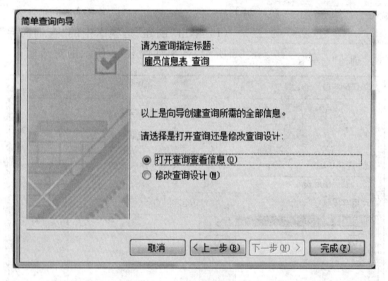

图 8-58　设置查询对象名称

产品ID	产品名称	产品数量	产品说明
PD101	前叉	200	马尼托LTD
PD102	车架	160	米赛尔 SPARK
PD103	圈	400	马威克319
PD104	辐条	300	Wheelsmith
PD105	车把	342	台湾风速 TEA
PD106	坐垫	123	台湾维乐VELC
PD107	外胎	675	玛吉斯1.75防
*		0	

图 8-59　查询结果窗口

　　注意:在向导任何一个步骤都可单击"完成"按钮创
建查询。

3. 使用设计器创建查询

　　使用向导只能建立简单的、特定的查询。Access 2010
还提供了一个功能强大的查询设计器进行查询操作,通过
它可自定义设计查询,并且可对已有的查询进行编辑和修
改。具体操作步骤如下。

　　(1) 单击"创建"选项卡中的"查询设计"按钮,如
图 8-61 所示。

　　(2) 在打开的"查询设计"窗口中,如图 8-62 所示,这时
会弹出"显示表"对话框,选择查询数据源表,单击"添加"按
钮可以添加多个表,添加多个表之后,表与表之间要建立关
联。添加完毕后单击"关闭"按钮,效果如图 8-63 所示。

图 8-60　"查询"对象列表窗格

图 8-61　单击"查询对象"按钮　　　　　图 8-62　"显示表"对话框

　　(3) 在查询设计器窗口中完成以下操作,在"排序"栏可以选择一种排序方式;在"条
件"栏输入所要设置的准则,完成后,单击窗口右上角的"关闭"按钮,出现提示保存设计更
改的窗口后,选择"是"选项。完成后会出现查询窗口,并且会依据设置的查询条件,列出
所有符合条件的数据。

8.3.6　创建报表

　　报表用来将选定的数据信息进行格式化显示和打印。报表的数据源可以是某一数据
表,也可以是某一查询结果。另外,报表还可以进行计算,如求和、求平均数等,并且在报
表中还可以加入图表。

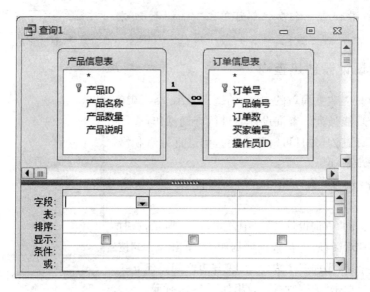

图 8-63　查询设计器

创建报表有多种方法，根据用户的要求可以选择不同的方式创建报表。

1. 使用"报表"按钮创建报表

通过单击"创建"选项卡中的"报表"按钮可提供最快的报表创建方式，它既不向用户提示信息，也不需要用户做任何其他操作就立即生成报表。在创建的报表中将显示基础表或查询中的所有字段。这种创建报表的方法可迅速查看基础数据，也可在此基础上通过布局视图或设计视图进行修改，以使报表更好地满足要求，如图 8-64 所示。

产品信息表 查询1			
产品ID	产品名称	产品数量	产品说明
PD101	前叉	200	马尼托LTD
PD102	车架	160	米赛尔 SPARK725钢架
PD103	圈	400	马威克319
PD104	辐条	300	Wheelsmith
PD105	车把	342	台湾风速 TEAM RIDEMA
PD106	坐垫	123	台湾维乐VELO VL-3147 中空
PD107	外胎	675	玛吉斯1.75防刺

7

共 1 页，第 1 页

图 8-64　通过"报表"按钮创建报表

2. 使用报表向导创建报表

使用"报表"工具创建报表,创建了一种标准化的报表样式。虽然快捷,但是不能选择出现在报表中的数据源字段。使用报表向导则提供了创建报表时选择字段的自由,除此之外,还可以制定数据的分组、排序方式以及报表的布局样式。

(1) 单击"创建"选项卡中的"报表向导"按钮,打开"请确定报表上使用哪些字段"对话框,选择数据源和可用字段,如图 8-65 所示,然后单击"下一步"按钮。

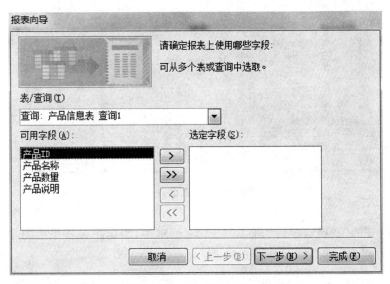

图 8-65　"请确定报表上使用哪些字段"对话框

(2) 在打开的"是否添加分组级别"对话框中,自动给出分组级别,并给出分组后的报表布局预览。如果需要再按其他字段进行分组,可以直接双击左侧窗格中的用于分组的字段,如图 8-66 所示,设置完成后可单击"下一步"按钮。

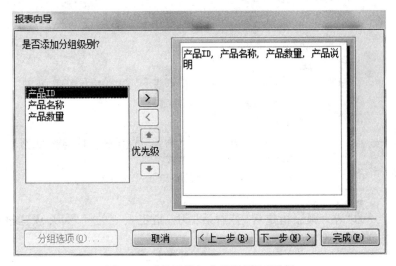

图 8-66　"是否添加分组级别"对话框

（3）在打开的"请确定记录所用的排序次序"对话框中，确定报表记录的排序次序。设置完成后，单击"下一步"按钮，如图 8-67 所示。

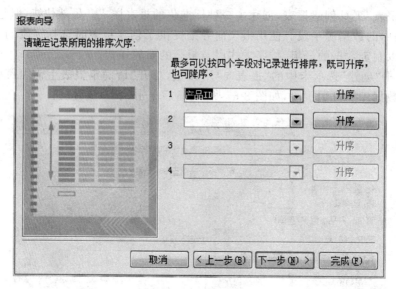

图 8-67　"请确定记录所用的排序次序"对话框

（4）在打开的"请确定报表的布局方式"对话框中，确定报表所采用的布局方式。设置完成后，单击"下一步"按钮，如图 8-68 所示。

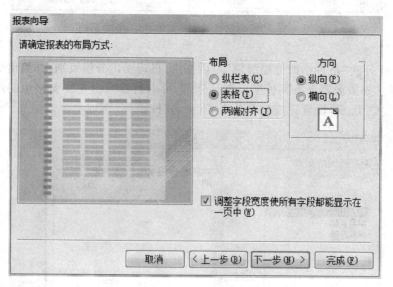

图 8-68　"请确定报表的布局方式"对话框

（5）在打开的"请为报表指定标题"对话框中，指定报表的标题，并预览报表，即可显示如图 8-69 所示的报表。

产品信息表 查询2

产品ID	产品名称	产品数量	产品说明
PD101	前叉	200	马尼托LTD
PD102	车架	160	米赛尔 SPARK725钢架
PD103	圈	400	马威克319
PD104	辐条	300	Wheelsmith
PD105	车把	342	台湾风速 TEAM RIDEMA
PD106	坐垫	123	台湾维乐VELO VL-3147 中空
PD107	外胎	675	玛吉斯1.75防刺

图 8-69 “报表向导”创建报表效果

3. 利用报表设计器设计报表

在报表的设计视图中，可以展现出报表的结构。报表是按节来设计的，这点与窗体相同。报表的结构包括主体、报表页眉、报表页脚、页面页眉、页面页脚七个部分，每个部分称为报表的一个节。除此之外，在报表的结构中，还包括组页眉和组页脚节，它们被称为子节。这是因为在报表中，对数据分组而产生的。

报表中的每一节都有其特定的功能，并且按照一定的顺序打印在报表上。若要创建有用的报表，需要了解每一节的作用。以下简要说明各个节的作用。

(1) 主体：是整个报表的核心部分。在报表中要显示的数据源中的记录都放在主体节中。

(2) 报表页眉：报表页眉中的数据在整个报表中只出现一次。它只出现在报表第一页的页面页眉上方，用于显示报表的标题、图形或报表用途等说明性文字。通常报表的封面放在报表页眉节中。

(3) 报表页脚：是整个报表的页脚，出现在报表最后一页的页面页脚位置，每个报表只有一个报表页脚。报表页脚主要用来显示报表总计等信息。

(4) 页面页眉：显示和打印在报表每一页的顶部，每一页都会出现。可以用来显示报表的标题，在表格式报表中用来显示报表每一列的标题或用户要在每一页上方显示的内容。

(5) 页面页脚：显示和打印在报表每一页的底部，用来显示日期、页码、制作者和审核人等要在每一页下方显示的内容。

(6) 组页眉：在分组报表中，显示在每一组开始的位置，主要用来显示报表的分组信息。

图 8-70　"报表"对象对话框

（7）组页脚：用来显示报表的分组信息，但它显示在每组结束的位置，主要用来显示报表分组总计等信息。

利用报表设计器设计报表的具体步骤如下。

（1）在"创建"选项卡的"报表"组中单击"报表设计"按钮，如图 8-70 所示，打开报表设计视图，如图 8-71 所示。

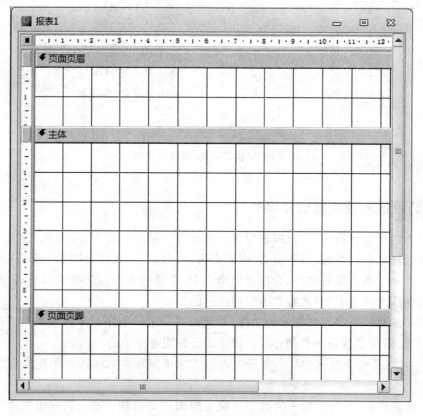

图 8-71　报表设计视图

（2）在报表设计视图中，单击左上角的"报表选择器"按钮，打开报表"属性表"窗格，在"数据"选项卡中，单击"记录源"属性右侧的下拉按钮，从其下拉菜单中选择数据源，如图 8-72 所示。

（3）在"设计"选项卡的"工具"分组中单击"添加现有字段"按钮，打开"字段列表"窗格，显示相关字段列表，如图 8-73 所示。

（4）在"字段列表"窗格中选择所需要的字段，并将其拖动到主体节中，如图 8-74 所示。

（5）在快速工具栏上单击"保存"按钮保存报表。报表的设计效果如图 8-75 所示。

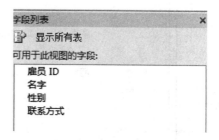

图 8-72　"属性页"窗格　　　　　　　　　　　　图 8-73　字段列表窗格

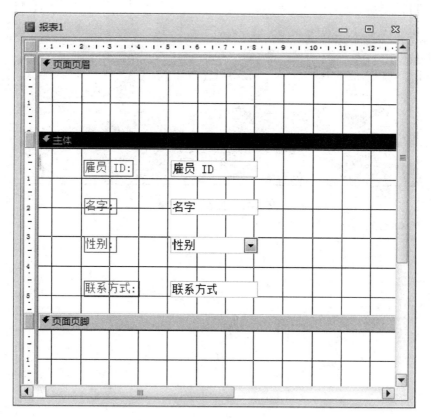

图 8-74　主体节中放置所选字段

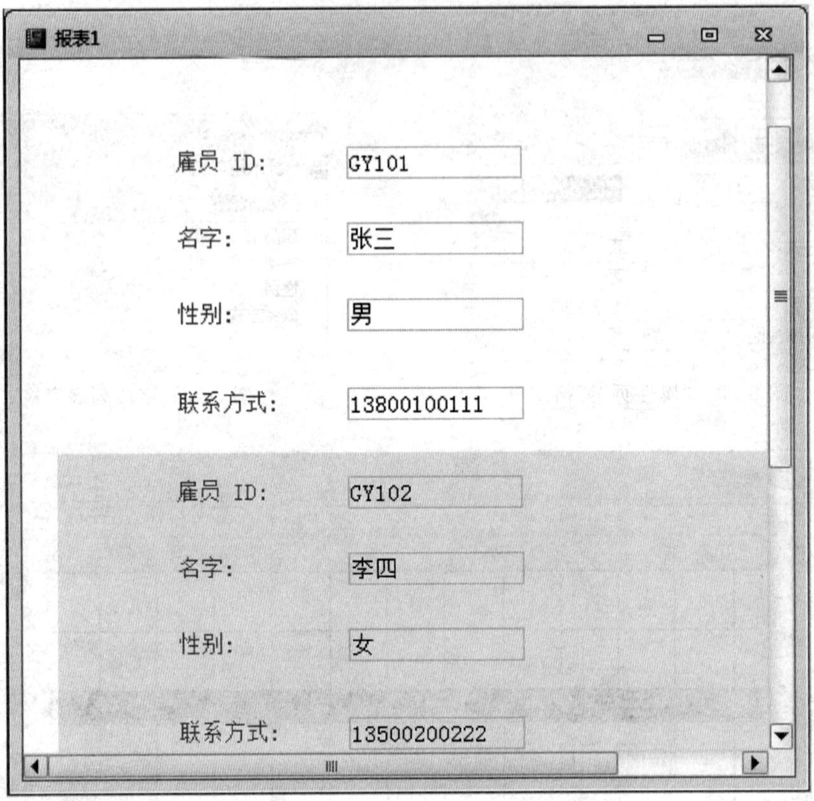

图 8-75　报表最终效果

第 9 章　美图秀秀

美图秀秀是厦门美图网科技有限公司出品的免费图片处理软件,初始版本于 2008 年发布,至今最新版本为 V4.0.1(于 2015 年 3 月 20 日发布)。与著名的 Adobe Photoshop 相比,美图秀秀以其软件免费、操作简单易学等特点,吸引了大量的用户,尤其是其独有的图片特效、人像美容、可爱饰品、文字模板、智能边框、自由拼图等特效功能可以让用户在短时间内制作出影楼级照片。

本章学习目标

了解美图秀秀的软件特点;
掌握美图秀秀的基本软件操作;
掌握综合使用美图秀秀软件的方法。

9.1　概述与安装

美图秀秀是最流行的国产图片处理软件之一,学习起点低,简单易上手,特效功能分类明确,精选素材每天更新,与国内多款社交网、软件集成,支持一键转发,目前国内已有超过 1 亿人正在使用美图秀秀。

使用美图秀秀之前,用户需要到其官方网站(http://xiuxiu.meitu.com)或其他软件下载网站进行软件下载。与其他软件一样,美图秀秀也分为 PC 版与移动版(图 9-1),用户可以根据个人需要、安装平台(如 PC 或手机的操作系统)的不同选择相应的软件安装版本。

最新 PC 版本软件信息

软件名称:美图秀秀

版本号:V4.0.1

软件语言:简体中文

软件授权:免费软件

应用平台:Win9x/2000/XP/2003/Win7/Win8/Win10

发布时间:2015 年 3 月 20 日

本节将使用美图秀秀的 V4.0.1 版本进行软件操作的说明。

下载了安装软件后,即可在个人计算机的指定位置进行安装,安装成功后会在桌面生成美图秀秀的快捷图标。双击该图标即可进入美图秀秀的顶层操作界面,如图 9-2 所示。

在操作首界面的上部,软件给出了其主要功能选项卡,如图 9-3 所示,包括首页、美化、美容、饰品、文字、边框、场景、拼图以及更多功能。

图 9-1　美图秀秀官网下载

图 9-2　美图秀秀软件的操作界面

图 9-3　美图秀秀操作界面选项卡

　　每次启动美图秀秀软件,首先进入的都是其首页这一选择卡,在首页,软件给出了美化图片、人像美容、拼图、批量处理等四个功能进入色块,单击不同的功能色块,即可快速进入对应的功能模块。

9.2　软件的基本操作

　　美图秀秀软件的基本操作包括美化、美容、饰品、文字、边框、场景、拼图、更多功能。本节将依次介绍美图秀秀的上述基本软件操作。

1. 美化

　　单击选项卡中的"美化"选项,操作界面如图 9-4 所示。

图 9-4　美化主界面

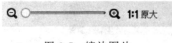

图 9-5 缩放图片

单击中间黄色色块打开一张图片,选择存储介质中保存的需要编辑的图片。打开图片后,可以通过拖动如图 9-5 所示的滚动条来调整编辑图片至合适的显示大小。

如果图片的显示方向不合适,可以单击"旋转"按钮进入如图 9-6 所示界面对图片的方向进行向左旋转、向右旋转、上下翻转、左右翻转以及任意角度旋转等操作。

旋转满意后,单击"完成旋转"按钮确认操作,或者单击"取消旋转"按钮将图片恢复至旋转前。

如果需要对图片进行修剪,可以单击"裁剪"按钮进入如图 9-7 所示界面对图片的方向进行具体像素设置、圆角以及相应宽高比例的裁剪操作。

图 9-6 旋转图片

图 9-7 裁剪图片

裁剪满意后,单击"完成裁剪"按钮确认操作,或者单击"取消裁剪"按钮将图片恢复至裁剪前,或者单击"保存"按钮将图片存储下来。

如果希望将图片尺寸修改为常用的尺寸大小,也可以直接单击"尺寸"按钮,进入如图 9-8 所示界面进行设置。

接下来选择左上角区域的"基础"、"高级"、"调色"选项卡对图片的色彩、光度、亮度、饱和度、清晰度、色相进行美化,如图 9-9~图 9-11 所示。

美化操作部分提供了一些已经设置的特效效果供用户使用,只需单击右上区域的"特效"部分,如图 9-12 所示。

图 9-8 调整图片尺寸

图 9-9 "基础"选项卡

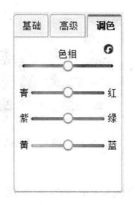

图 9-10 "高级"选项卡 图 9-11 "调色"选项卡 图 9-12 特效效果选择

　　选择不同的特效分类后,即在此界面右侧出现在用户打开图片上设置好相应特效后的效果图,浏览选择喜欢的效果后即可单击使特效作用于打开的图片上,最后单击"完成"按钮保存特效效果。

　　美化操作部分的另一大特色是软件提供的各种画笔,如图 9-13 所示。

　　以涂鸦笔为例说明使用画笔的基本操作。单击"涂鸦笔"部分后,即进入如图 9-14~图 9-17 所示的界面对画笔的样式、形状、大小及颜色进行设置。

　　设置好画笔后,在图片上光标会呈现笔状,在图片上直接涂鸦即可。其他画笔操作类似,在此不再详述。

2. 美容

　　美容是美图秀秀特有的对人脸进行集成美化的操作,包括美形、美肤、眼部、其他四部分的美容操作组成。单击"美容"选项卡进入界面,左部即显示了所有的美容操作分类及基本操作。

图 9-13　各种画笔选择

图 9-14　画笔样式选择

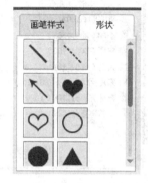

图 9-15　画笔形状选择

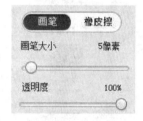

图 9-16　设置画笔大小、透明度

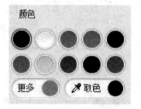

图 9-17　画笔颜色选择

图 9-18　美形选择区域

1)美形

美图秀秀中的美形主要指瘦身瘦脸,单击图 9-18 所示区域即可进入美形界面。

瘦身瘦脸分为局部与整体瘦身两部分,分别选择如图 9-19 和图 9-20 所示两个不同的选项卡就能分别进行设置。

局部瘦身设置主要通过在图片中需要进行瘦身设置的部位拖动鼠标进行设置,在拖动鼠标之前可以对光标呈现的瘦身笔的大小与力度进行设置。整体瘦身通过拖动滚动条对瘦身程度进行设置,百分比越小表示越瘦。

2)美肤

美肤分为皮肤美白、祛痘祛斑、磨皮、腮红笔四类,分别单击图 9-21 所示的各个区域即可进入相应的美肤操作界面。

美白同样分为局部美白与整体美白设置两种,图 9-22 和图 9-23 所示为相应的选项卡。

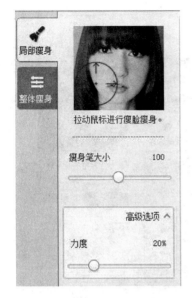

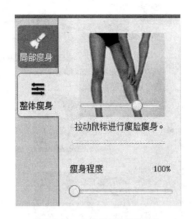

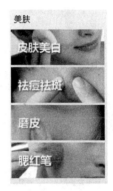

图 9-19　局部瘦身设置　　　　　　图 9-20　整体瘦身设置　　　　　图 9-21　美肤选择区域

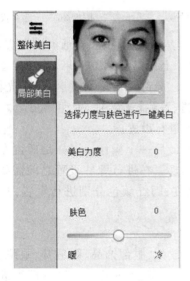

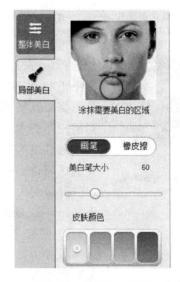

图 9-22　整体美白设置　　　　　　　图 9-23　局部美白设置

　　整体美白从美白力度、肤色两个方面进行设置；局部美白通过光标呈现的美白圈在图片上的区域进行来回涂抹来实现，在进行涂抹之前可先对美白笔（光标圈）的大小、皮肤的颜色分别进行设置。

　　选择"祛痘祛斑"区域后即可进入如图 9-24 操作界面，在此界面上用户能够使用鼠标在图片上相应的位置进行多次单击来实现祛除操作。在单击之前可以先设置祛痘笔的大小，以方便准确捕捉图片上的痘印与斑点。

　　磨皮同样分为局部磨皮与整体磨皮设置两种，选择相应的选项卡即可进入图 9-25 和图 9-26 所示界面。

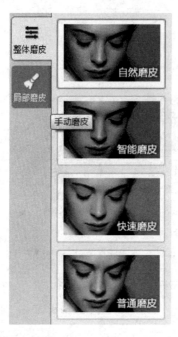

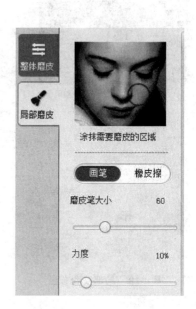

图 9-24　祛痘祛斑操作　　　　　图 9-25　整体磨皮设置　　　　　图 9-26　局部磨皮设置

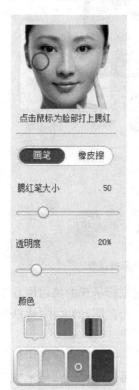

图 9-27　腮红操作

整体磨皮又分为自然、智能、快速、普通磨皮四类，进行不同的选择后，在打开的图片上会出现预览效果，选择合适的效果设置单击"完成"按钮即可。局部磨皮是通过磨皮笔（光标圈）在图片上需要调整的区域进行涂抹来实现，使用磨皮笔之前可以先对磨皮笔的大小与力度进行设置。

腮红是美肤设置的最后一个操作。同样是通过在图片上需要的区域进行单击来实现。在进行腮红设置之前需要对腮红笔（光标圈）的大小、透明度、腮红颜色分别进行设置，具体操作界面如图 9-27 所示。

3) 眼部

眼部美化分为眼睛放大、眼部饰品、睫毛膏、眼睛变色、消除黑眼圈五类，分别单击图 9-28 所示的各个区域即可进入相应的眼部美化操作界面。

放大眼睛的操作是通过单击图片上人物的眼睛来实现的，在进行操作之前同样可先对光标圈代表的画笔的大小、力度进行设置，具体的操作界面如图 9-29 所示。

可根据睫毛、眉毛、眼影、美瞳四个不同的类型，选择满意的素材直接添加到图片上即可实现，具体操作界面如图 9-30～图 9-33 所示。

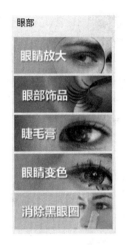

图 9-28　眼部操作选择区域

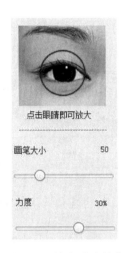

图 9-29　放大眼睛操作

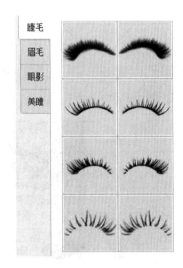

图 9-30　添加睫毛

图 9-31　添加眉毛

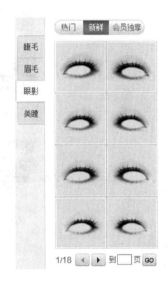

图 9-32　添加眼影

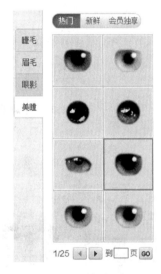

图 9-33 添加美瞳

接下来涂睫毛膏、改变眼睛颜色的操作界面分别如图 9-34 和图 9-35 所示。

涂睫毛膏是通过鼠标在眼部区域滑过睫毛刷来设置的,设置前需要设置睫毛刷的大小与力度;改变眼睛的大小需要使用鼠标在图片人物的眼球区域进行单击来设置,在操作前先对眼睛笔的大小、透明度、颜色分别进行设置。

消除黑眼圈是眼部美化的最后一个操作。消除方法是:选取脸部较亮部位的肤色来对图片人物的眼圈颜色进行重新设置。涂抹黑眼圈以及选取较亮肤色的两个操作界面分别如图 9-36 和图 9-37 所示。

不论是涂抹黑眼圈还是选取亮肤色都是通过光标实现的,所以在进行操作前设置画笔的大小与力度能够提高涂抹与选取的精度。

图 9-34　涂睫毛膏

图 9-35　改变眼睛颜色

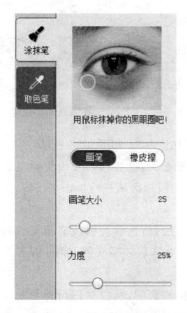

图 9-36　涂抹黑眼圈

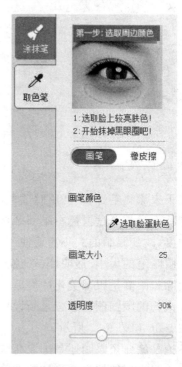

图 9-37　选取亮肤色

4）其他

其他美容操作包括唇彩、消除红眼、染发、美容饰品四类选择,单击如图 9-38 所示的不同区域进行选择即可进入对应的操作界面。

图 9-38 其他美容操作选择区域

在此不详述所有的其他操作,仅以唇彩为例说明。涂抹唇彩是通过鼠标在图片人物的唇部滑动进行设置的。与实际的化妆类似,在进行设置之前,需要对唇彩笔的大小、透明度、亮度以及唇彩的颜色进行设置后再进行操作。设置满意后单击"实现"按钮即可保存,如果对设置效果不满意,可以取消选择后,重新进行设置。具体的唇彩涂抹操作界面如图 9-39 所示。

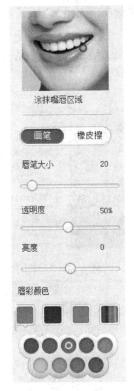

图 9-39 涂抹唇彩操作界面

图 9-40 静态饰品操作

3. 饰品

单击选项卡中的"饰品"选项即可进入饰品添加操作界面。美图秀秀的饰品分为静态饰品与动态饰品两类,分别有不同的操作选项,首先说明静态饰品的添加。

选择"静态饰品"选项卡即会显示所有的静态饰品分类,如图 9-40 所示,选择需要添加的静态饰品种类(如选择"卡通形象"),则在整个界面的右侧会出现该类饰品的素材库,

图 9-41　静态饰品素材

如图 9-41 所示,一页一页地浏览素材库,找到合适的素材后单击选择素材图片,该素材即会在打开的编辑图片上显示。对于添加的饰品素材,有两种编辑方式:一种是直接单击素材出现的素材编辑框进行编辑(图 9-42);一种是右击素材,从出现的快捷菜单(图 9-43)选择相应命令。需要指出的是,饰品素材的大小、透明度、旋转、翻转以及删除都是在素材编辑框中进行的,而饰品在编辑图片上的位置用鼠标直接拖动即可进行设置。当饰品编辑完成后,右击素材,从弹出的快捷菜单中选择"合并"命令后,即可将饰品与编辑的图片合为一体。

选择"动态饰品"选项卡,即会出现如图 9-44 所示的选择界面与素材界面,如果选择其中的会话气泡即会出现如图 9-45 所示的素材选择界面,选择合适的素材后单击即可将其添加到图片上,动态饰品的相关操作与静态饰品类似,在此不再详述。

图 9-42　素材编辑框

图 9-43　右键快捷菜单

图 9-44　动态饰品选择

图 9-45　动态饰品素材

4. 文字

文字操作与前面所提到的涂鸦不同的是,涂鸦是手写体,而文字是印刷体或已经提前设置好格式的文字操作。单击"文字"选项卡即可出现如图 9-46 所示的界面。

选择输入静态文字选项,即会在打开的图片上出现"请输入文字"输入框,在界面右边出现图 9-47 所示的文字特效选择区域,右击文字部分会出现图 9-48 所示的快捷菜单。

在文字编辑框中输入希望出现在图片上的文字,然后选择合适的文字特效对文字实现设置,对文字的编辑、复制、合并、删除等操作可在右键文本框的快捷菜单中进行选择。

接下来讲解如何添加动态文字,美图秀秀提供的动态文字主要包括漫画文字与动画闪字两类,如图 9-49 所示。以漫画文字为例说明,动画闪字操作与此类似,不再详述。单击漫画文字选项后会出现如图 9-50 所示的操作界面。

图 9-46　文字操作选择

图 9-47　输入静态文字操作

图 9-48　文字右键快捷菜单

图 9-49　输入漫画文字操作

　　选择漫画文字选项后,会在界面的右侧出现漫画文字素材库,一页一页地浏览素材库,选择需要的素材,直接单击素材,该素材就会出现在编辑的图片上,利用鼠标手动将素材放置到图片上合适的位置后,即可对素材进行编辑,同上所述,素材的编辑操作既可在编辑框中进行,也可从右键快捷菜单选择。图 9-51 显示的是选中素材的漫画文字编辑框,在此可以对漫画文字的内容、字体、颜色、旋转角度、大小等进行设置。

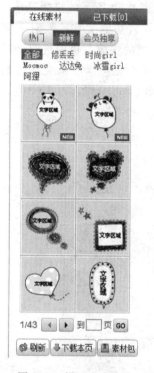

图 9-50　漫画文字素材

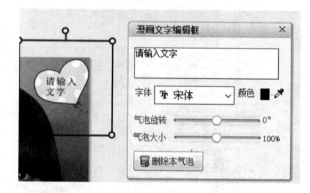

图 9-51　漫画文字设置操作

　　美图秀秀的文字操作也提供了一些文字模板供用户使用,单击文字模板选项右侧的双向下或双向上箭头按钮,即可实现文字模板分类下拉框的展示与收起,如图 9-52 所示。在文字模板分类中选择需要的模板后,即可在界面的右侧出现相应的素材库。如图 9-53 所示,选择网络流行语后,在右侧的素材库中选择需要的文字。

　　选择网络流行语文字后,单击素材图片,素材即会出现在编辑的图片上,单击素材后即会出现该素材的编辑框,在编辑框中即可对素材进行设置。

5. 边框

　　给图片添加边框是美图秀秀提供给用户的另一种快捷修饰图片的功能。单击"边框"选项卡即可进入如图 9-54 所示的边框类型选择界面。

　　美图秀秀提供了七种边框类型,用户选择了需要的边框类型后,即可在界面的右侧看到该类边框的素材展示界面,一页一页地浏览边框素材,如图 9-55 所示,单击选择满意的边框素材后即可预览给打开的图片添加边框后的效果图。每类边框的操作基本类似,在此不再逐一说明。

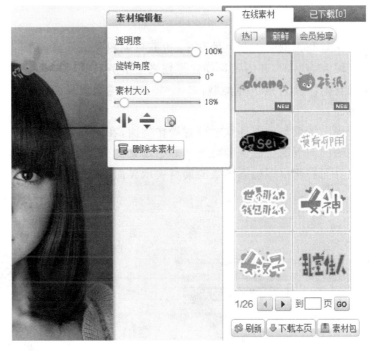

图 9-52　文字模板选择　　　　　　　　　　图 9-53　网络文字编辑

图 9-54　边框类型选择　　　　　　　　　　图 9-55　边框素材

6. 场景

场景与边框的不同之处在于，边框只占图片最外缘的少量区域，而场景可能占据图片的区域大一些，打开的图片往往是场景中最醒目的区域。美图秀秀提供了静态场景、动态场景与抠图换背景三种类型，单击"场景"选项卡，即可进入如图 9-56 所示的场景类型选择界面。

静态场景与动态场景的设置操作类似，在此以静态场景设置为例说明。单击静态场景左侧的向下箭头区域即可展开静态场景的分类列表。选择需要使用的场景类别后，即可在界面右侧出现静态场景的素材展示界面(图 9-57)，选择合适的场景，单击即可使用。

图 9-56　场景类型选择界面

图 9-57　静态场景素材

抠图换背景是美图秀秀将在 Adobe Photoshop 中复杂的操作简化成用户方便使用的一个特效功能。单击抠图换背景左侧区域的下拉按钮，即可进入图 9-58～图 9-61 所示的连续界面。

选择换背景的类型后，即会在打开的图片上出现"开始抠图"字样的色块，单击该色块后即进入抠图类型选择界面，分为自动、手动、形状选择三类抠图方式，在此以自动抠图为例说明。选择自动抠图后，即出现自动抠图的两类说明界面，用鼠标在打开图片需要抠图的区域画一条直线，软件系统即会自动识别图片，将选择区域完整地抠取下来。然后在界面的右侧进行添加场景素材的选择，浏览素材找到合适的场景后，单击素材即可将场景添加到抠取的图片上。

图 9-58 背景类型选择

图 9-59 抠图类型选择

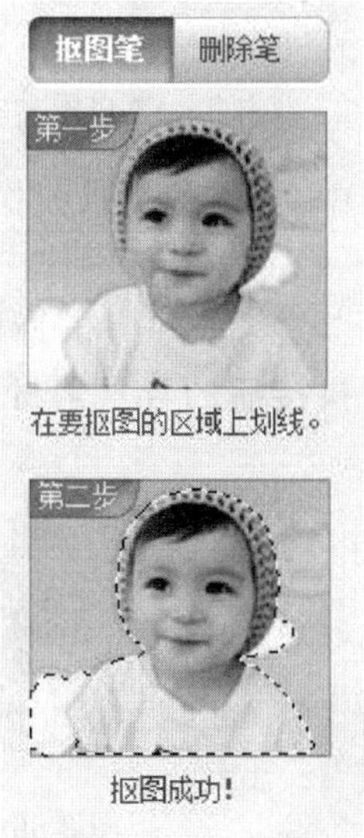

图 9-60 自动抠图

图 9-61 选择添加场景

　　将抠取下的图片与场景素材合在一起的过程中,如果发现背景图片不合适,可以通过更换背景来选择存储的图片进行替换。这些操作的界面如图 9-62 和图 9-63 所示。

7. 拼图

拼图是美图秀秀提供给用户将多张图片集成为一张的特效功能。单击"拼图"选项卡即可发现拼图分为如图 9-64 所示的类型。

图 9-62　自动抠图　　　　　图 9-63　更换背景　　　　　图 9-64　拼图类型选择

选择希望拼图的形式后即进入拼图界面,在拼图过程中,如果想更换拼图类型,也可以在操作界面的上侧选项卡中进行切换,如图 9-65 所示。

不论是哪种拼图类型,在拼图过程中都需要进行如下操作:如图 9-66 所示依次添加拼接的图片,注意添加的顺序决定图片的层叠顺序。图片拼接后的背景素材可在界面右侧显示的素材库(图 9-67)中进行选择。

图 9-65　拼图类型切换　　　　　　　　　　图 9-66　添加拼图

拼图过程中也可以对图片背景与画布进行设置,单击界面上方的选项卡的下拉按钮即可出现如图 9-68 和图 9-69 所示的设置界面,在此即可完成背景图片、背景颜色、画布尺寸、画布阴影与边框的设置。

图 9-67　拼图背景素材

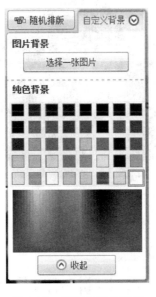

图 9-68　拼图自定义背景

图 9-69　拼图设置画布

8. 更多功能

美图秀秀在最新的版本中增加了更多功能选项卡,在此选项卡中美图秀秀提供了九格切图、摇头娃娃、闪图三个集成的高级特效的使用选择,如图 9-70 所示。

图 9-70　更多功能选项

以九格切图为例讲解更多功能的使用。进入九格切图界面后,选择好需要进行切图的图片后,即可在界面左上处设置图片的呈现形状(图 9-71),在界面的左下处选择合适的特效效果设置图片(图 9-72)。例如,形状选择了 以及名为"致青春"的特效后,即可生成如图 9-73 所示的九格切图效果,保存图片即完成操作。

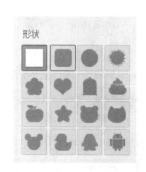

图 9-71　九格切图形状

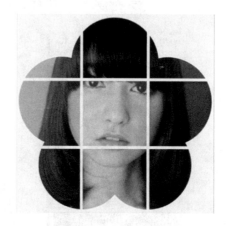

图 9-72　九格切图特效

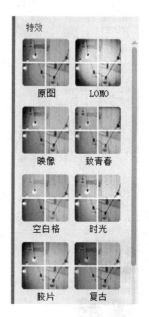

图 9-73　九格切图示例

摇头娃娃、闪图的操作与九格切图类似,在此不再详细说明。

9.3　设计案例分析

前面讲述了美图秀秀软件的基本操作,接下来结合具体案例分析如何使用基本操作来实现图片的影楼级美化工作。

(1)打开素材中的图片,如图 9-74 所示。

图 9-74　设计案例原图

（2）对原图进行如下操作：左右旋转，选择拼图模式，拼接原图，边框大小设置为 0，选择消除黑眼圈中的取色笔涂抹两图衔接处，设置为 60％流年，添加文字，即可生成图 9-75 所示效果。

图 9-75　设计后效果图

第 *10* 章　**Premiere 视频制作**

Premiere 是 Adobe 公司推出的一款视频编辑软件,它功能强大、易于使用,为制作数字视频作品提供了完整的创作环境。不管是视频专业人士还是业余爱好者,使用 Premiere Pro CS4 都可以制作出自己满意的视频作品。本章通过对 Premiere Pro CS4 的界面、功能和用法的简单介绍,带领用户走进 Premiere 视频制作天地。

本章学习目标

认识 Premiere 软件界面;

掌握素材采集与管理;

掌握素材剪辑的方法;

掌握 Premiere 视频转场;

掌握 Premiere 运动特效;

掌握 Premiere 视频特效;

掌握 Premiere 字幕制作;

了解 Premiere 音频编辑;

掌握 Premiere 节目导出;

能够独立制作视频节目。

10.1　Premiere Pro CS4 概述

Premiere Pro CS4 是 Adobe 公司 2008 年推出的一款基于非线性编辑设备的音频、视频编辑软件,被广泛应用于电影、电视、网络视频以及家庭 DV 等领域的后期制作中,有很高的知名度。Premiere Pro CS4 可以实时编辑 HDV、DV 格式的视频影像,并可与 Adobe 公司其他软件进行完美整合,为制作高效数字视频树立了新的标准。作为一款专业非线性视频编辑软件,在业内受到了广大视频编辑专业人员和视频爱好者的好评。它具有视频剪辑、字幕叠加、音视频同步、格式转换、视频转场、制作电影等功能。

10.1.1　Premiere Pro CS4 的工作界面

1. 项目窗口

项目窗口(图 10-1)主要用于导入、存放和管理素材。编辑影片所用的全部素材应事先存放于项目窗口里,再调出使用。项目窗口的素材可以以列表和图标两种视图方式来显示,包括素材的缩略图、名称、格式、出入点等信息。项目窗口也可以为素材分类、重命名或新建素材。导入或新建素材后,所有的素材都存放在项目窗口里,用户可以随时查看和调用项目窗口中的所有素材。在项目窗口双击某一素材可以打开素材监视器窗口。

图 10-1　项目窗口

2. 监视器窗口

监视器窗口(图 10-2)分左右两个。左边是"素材源"监视器,主要用来预览或剪裁项目窗口中的某一原始素材。右边是"节目"监视器,主要用来预览时间线窗口序列中已经编辑的影片,也是最终输出视频效果的预览窗口。

图 10-2　监视器窗口

3．时间线窗口

时间线窗口(图 10-3)是非线性编辑器的核心窗口,它以轨道的方式实现音视频的编辑。用户的编辑工作基本上都需要在时间线窗口中完成。素材片段按照播放时间的先后顺序及合成的先后层顺序在时间线上从左至右、由上及下排列在各自的轨道上,可以使用各种编辑工具对这些素材进行编辑操作。时间线窗口分为上下两个区域,上方为时间显示区,下方为轨道区。

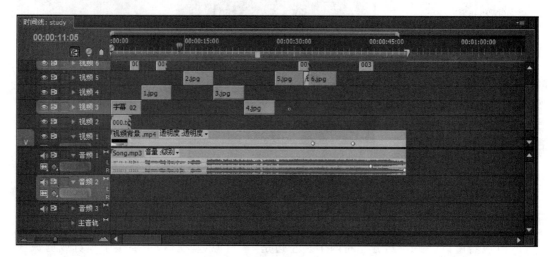

图 10-3　时间线窗口

4．工具栏

工具栏(图 10-4)是音视频编辑工作的重要编辑工具,可以完成许多特殊编辑操作。除了默认的"选择工具"外,还有"轨道选择工具"、"波纹编辑工具"、"滚动编辑工具"、"速率伸缩工具"、"剃刀工具"、"错落工具"、"滑动工具"、"钢笔工具"、"手形工具"和"缩放工具"。

5．效果面板

效果面板(图 10-5)放置了 Premiere Pro CS4 自带的各种音频、视频特效和视频切换效果,以及预置的效果。用户可以方便地为时间线窗口中的各种素材片段添加特效。按照特殊效果类别分为五个文件夹,而每一大类又细分为很多小类。如果用户安装了第三方特效插件,也会出现在该面板相应类别的文件夹下。

6．特效控制台

特效控制台(图 10-6)的作用是,当为某一段素材添加了音视频特效之后,还需要在特效控制台面板中进行相应的参数设置和关键帧设置。视频的运动效果、透明度效果或视频转场效果也都需要在这里设置。

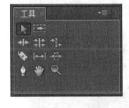

图 10-4　工具栏　　　　　　　　　　图 10-5　效果面板

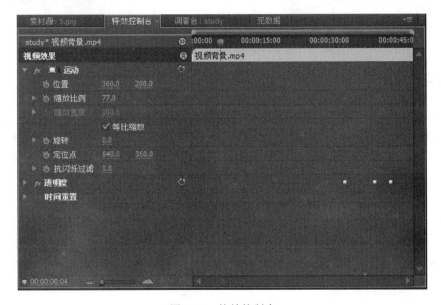

图 10-6　特效控制台

7. 调音台

调音台(图 10-7)主要用于完成对音频素材的各种加工和处理工作,如混合音频轨道、调整各声道音量平衡或录音等。

8. 信息面板

信息面板用于显示在项目窗口中所选中素材的相关信息,包括素材名称、类型、大小、开始及结束点等信息。

图 10-7　调音台

10.1.2　Premiere Pro CS4 的菜单命令

Premiere Pro CS4 的操作都可以通过选择菜单栏命令来实现。它的菜单主要有 9 个,分别是"文件"、"编辑"、"项目"、"素材"、"序列"、"标记"、"字幕"、"窗口"和"帮助"。所有操作命令都包含在这些菜单和其子菜单中。

1. "文件"菜单

"文件"菜单中的命令主要用于各种格式的文件的新建、打开、保存、输出和程序的退出操作。还提供了视频、音频采集和批处理等实用工具。打开"文件"菜单后,其主要子菜单及命令有"新建"、"打开项目"、"打开最近项目"、"关闭"、"保存"、"另存为"、"采集"、"导入"、"导出"、"退出"等。

2. "编辑"菜单

"编辑"菜单主要用于对要处理的对象进行选择、剪切、复制、粘贴、删除等基本操作,还包括对系统的工作参数进行设置的命令。其主要子菜单及命令有"撤销"、"重做"、"剪切"、"复制"、"粘贴"、"清除"、"选择所有"、"查找"、"编辑源素材"、"参数"等。

3. "项目"菜单

"项目"菜单主要是管理项目以及项目窗口的素材,并对项目文件参数进行设置。其主要子菜单及命令有"项目设置"、"链接媒体"、"造成脱机"、"自动匹配到序列"、"导入批处理列表"、"导出批处理列表"、"项目管理"、"导出项目为 AAF"等。

4．"素材"菜单

"素材"菜单的主要功能是对时间线窗口中导入的素材进行编辑和处理。其主要子菜单及命令有"重命名"、"采集设置"、"插入"、"覆盖"、"素材替换"、"链接视音频"、"编组"、"取消编组"、"视频选项"、"音频选项"、"速度/持续时间"、"移除效果"等。

5．"序列"菜单

"序列"菜单主要包括对时间线窗口操作的有关各种管理命令。其主要子菜单及命令有"序列设置"、"渲染工作区内的效果"、"渲染音频"、"删除渲染文件"、"应用剃刀于当前时间标示点"、"提升"、"提取"、"标准化主音轨"、"放大"、"缩小"、"吸附"、"添加轨道"、"删除轨道"等。

6．"标记"菜单

"标记"菜单主要用于对素材进行标记的设定、清除和定位等。其主要子菜单及命令有"设置素材标记"、"跳转素材标记"、"清除素材标记"、"设置序列标记"、"跳转序列标记"、"清除序列标记"、"编辑序列标记"、"设置 Flash 提示标记"等。

7．"字幕"菜单

"字幕"菜单主要用于创建字幕文件或对字幕文件进行编辑处理。其主要子菜单及命令有"新建字幕"、"字体"、"大小"、"输入对齐"、"模板"、"滚动/游动选项"、"标志"、"转换"、"选择"、"排列"、"位置"、"排列对象"、"分布对象"、"查看"等。

8．"窗口"菜单

"窗口"菜单主要用于管理各个控制窗口和功能面板在工作界面中的显示情况。其主要子菜单及命令有"工作区"、"特效窗口"、"特效控制窗口"、"历史"、"信息"、"字幕动作"、"字幕属性"、"字幕设计"、"工具"、"效果"、"效果控制"、"时间线"、"调音台"、"采集"、"项目"等。

9．"帮助"菜单

"帮助"菜单可以打开软件的帮助文件，以便用户找到需要的帮助信息。其主要子菜单及命令有"帮助"、"键盘"、"在线支持"、"注册"、"激活"、"取消激活"、"更新"等。

10.2　素材的采集与管理

用非线性编辑软件制作影视节目一般需要这样几个步骤：第一步，创建一个项目文件，新建一个合适的序列；第二步，将素材导入项目窗口中；第三步，剪辑素材并在时间线窗口中进行组接，同时为素材添加特技、字幕，再配好解说，添加音乐、音效等；第四步，把所有编辑好的素材合成影片，导出视频文件。本节主要介绍素材的采集与管理。

10.2.1　新建项目和序列

创建项目是编辑制作影片的第一步,用户需要按照影片的制作需求,配置好项目设置和序列设置,以便编辑工作顺利进行。打开 Premiere Pro CS4 软件,单击"新建项目"按钮,弹出"新建项目"对话框,将"常规"选项卡中的"视频"栏里的"显示格式"设置为"时间码",将"音频"栏里的"显示格式"设置为"音频采样",将"采集"栏里的"采集格式"设置为"DV"。在"位置"栏里设置项目保存的盘符和文件夹名,在"名称"文本框里填写制作的影片片名,如图 10-8 所示。"暂存盘"选项卡中保持默认状态。

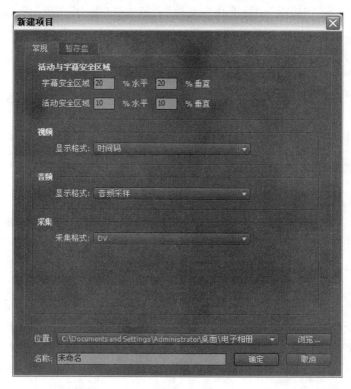

图 10-8　新建项目

单击"确定"按钮后,弹出"新建序列"对话框。在"序列预置"选项卡的"有效预置"栏中,单击 DV-PAL 文件夹前的小三角按钮,选择"标准 48 kHz"选项(如果制作宽屏电视节目,则选择"宽银幕 48 kHz"选项);在图 10-9"常规"选项卡中,编辑模式选择"桌面编辑模式","时间基准"设置为"25.00 帧/秒",视频的"画面大小"默认为"720",水平"576",垂直 4∶3(宽屏幕则为 16∶9),像素纵横比选择"方形像素"(根据需要也可以选择其他类型),"场"选择"无场","显示格式"设置为"25 fps 时间码",音频的"采样率"为"4 8000 Hz","显示格式"为"音频采样"。"轨道"选项卡里为默认状态,最后在"序列名称"文本框中填写序列名称。单击"确定"按钮后,就进入了 Premiere Pro CS4 非线性编辑工作界面。

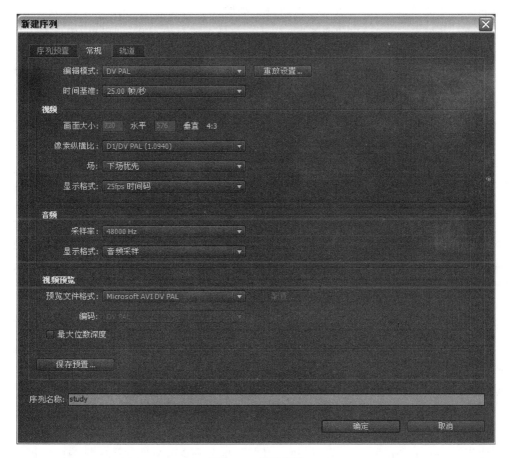

图 10-9　新建序列

10.2.2　设置工作系统参数

在使用 Premiere Pro CS4 软件编辑之前,用户需要对该软件本身的一些重要参数进行设置,以便软件工作时处于最佳状态。在 Premiere Pro CS4 工作界面的菜单栏里,执行"编辑→参数→常规"命令,弹出"参数"对话框。

1. 常规设置

在"参数"对话框的"常规"选项卡中,可以修改"视频切换默认持续时间"为 25 帧(1秒),音频切换和静帧图像"默认持续时间"分别为 1.00 秒和 100 帧(4 秒)。其余均采用默认设置。

2. 自动保存设置

在编辑的过程中,系统会根据用户的设置自动对已编辑的内容进行保存。自动保存的时间间隔不能过短,以免造成系统占用过多的时间来进行存盘工作。单击"自动保存"选项,在"自动保存间隔"栏里修改为 10 分钟,在"最多项目保存数量"栏里,用户可以根据硬盘空间的大小来确定项目数量,一般为 5。

3. 采集设置

单击"采集"选项卡,一定要选中"丢帧时中断采集"复选框。这样在采集素材时如果出现大量帧丢失的情况,系统会自动中断当前的采集,并提示用户错误信息。

10.2.3　采集素材

要将拍摄的 DV 视频素材进行编辑,首先要将 DV 视频素材传到计算机的硬盘中保存备用,这一过程称为视频采集。要采集磁带中的 DV 视频素材,用户必须准备一个可供播放 DV 视频磁带的录像机(或摄像机)和视频采集卡及连接线,并且在计算机中安装好视频采集卡及驱动程序。

1. 连接

由于使用的是 DV 摄像机拍摄的 DV 素材带,并且计算机中安装的视频卡配有支持 IEEE 1394 的数字接口,只需将 DV 录像机(或摄像机)的 DV 接口与视频卡上的 IEEE 1394 (DV)接口用 DV 专用连接线对接即可。并接通录像机(或摄像机)电源,放入 DV 素材带。

2. 采集

使用 Premiere Pro CS4 采集视频时,用户需要为采集的文件预先安排较大的硬盘空间,以便存放采集时产生的临时文件。在采集前,有必要对系统进行采集设置。

Premiere Pro CS4 界面被打开后,按 F5 键打开"采集"窗口。也可以通过执行菜单栏"文件→采集"命令,打开"采集"对话框。单击"采集"对话框右侧的"记录"选项卡,在"设置"项目组中,根据影片编辑的需要,选择"采集"的素材是"音频和视频",或者是"音频"或"视频",来确定素材采集的类型。

单击"采集"窗口右侧的"设置"选项卡,在"采集设置"项目组中单击"编辑"按钮,弹出"采集设置"对话框,对"采集格式"是 DV 还是 HDV 进行设置(在新建项目中我们设置的采集格式是 DV),单击"确定"按钮,关闭"采集设置"对话框。在"采集位置"项目组中单击"浏览"按钮,设置"视频"、"音频"素材文件的保存路径,通常将其保存在较大的硬盘空间里,并且选择与项目相同的路径。

为了能够在采集窗口遥控采集设备录像机的操作,用户可以在"设备控制器"项目组中,对采集的设备进行确认。单击"设备"下拉按钮,在其下拉菜单中选择"DV/HDV 设备控制"命令,单击"选项"按钮,打开"DV/HDV 设备控制"对话框,设置"视频制式"为 PAL;单击"选项"按钮打开"DV/HDV"对话框,选择摄像机品牌和型号设置,单击"检查状态"按钮,若显示"在线",则表示录像机与计算机连接正常,可以进行采集;若显示"脱机",则有可能是录像机电源未打开或与计算机连接有误,需打开电源或重新连接,直至显示"联机在线"。设置完成后单击"确定"按钮,返回"采集"面板。选中"因丢帧而中断采集"复选框,当采集出现丢帧时,系统会自动中断采集。设置完成后,就可以进行 DV 采集工作了。

10.2.4　导入素材

在编辑影片前,要准备好影片所需的各种素材,包括视频、音频、图片、图形、图像序列等,将其分门别类存入计算机中,再导入 Premiere Pro CS4 的项目窗口里。Premiere Pro CS4 支持多种格式的素材文件,如视频文件格式有 AVI、ASF、MPEG、MOV、DIVX 等,音频文件格式有 MP3、WAV、MP4、WMA、MIDI、VQF 等,图像文件格式有 BMP、JPEG、PSD、TGA、GIF、TIFF、PNG 等。

1. 导入一般素材

导入素材必须先打开"导入"对话框,其方法有四种:一是执行"文件→导入"菜单命令;二是在项目窗口空白处双击;三是在项目窗口空白处右击,执行"导入"命令;四是利用快捷键 Ctrl+I,便弹出"导入"对话框如图 10-10 所示。然后找到编辑影片所需要的素材文件,选中后单击"打开"按钮,该素材会自动导入到项目窗口中。也可以将素材文件选中后直接拖动到项目窗口里。如果多个素材在一个文件夹中,可以选择这个文件夹,将其直接导入到项目窗口。

图 10-10　导入素材

2. 导入序列素材

序列文件是一种特殊的素材文件，它是由其他软件生成的许多单帧图片组成，并带有统一编号的动画文件。打开"导入"对话框，找到序列素材文件并打开，选中第一个图片文件，单击选中对话框下方的"序列图像"复选框，单击"打开"按钮，该序列素材文件会自动导入到项目窗口中，并合成为一个视频文件。

3. 新建视频素材

Premiere Pro CS4 还自带有彩条、黑场、彩色蒙版、通用倒计时片头、透明视频等影片编辑时需要用到的视频素材。用户可以通过执行"文件→新建→彩条（或黑场等）"命令使用这些自带的视频素材。也可以直接单击项目窗口底部"新建分项"图标按钮，执行"彩条"（或"黑场"等）命令，弹出"新建彩条"（或"新建黑场"等）对话框，进行必要的参数设置，再单击"确定"按钮后，自带的视频素材被导入到项目窗口中。

4. 分类管理素材

在项目窗口中，当素材文件数量和种类较多时，可以按照素材的种类、格式或内容等特征进行分类管理，这样在编辑过程中查找、调用素材会十分方便。通常用户可以在项目窗口新建文件夹，将同类的素材放在同一个文件夹里。在项目窗口中新建文件夹，方法有三种：一是执行"文件→新建→文件夹"命令；二是在项目窗口空白处右击，执行"新建文件夹"命令；三是单击项目窗口底部"新建文件夹"图标按钮，便在项目窗口里添加一个名为"文件夹 01"的文件夹。用户可以将项目窗口中同类型的素材选中后，拖动到该文件夹中。单击"文件夹 01"前的小三角按钮，打开文件夹 01，可以看到刚才拖入的素材全部在文件夹 01 里面。用同样的方法，用户可以分别新建视频、音频、图片、动画等多个文件夹，将素材分门别类地放入相应文件夹里，实行分类管理。当然也可以对文件夹和各个素材进行重命名、删除、移动等操作。

10.3　素材剪辑

完成了素材的准备工作后，就可以开始正式的编辑工作了。影片的编辑需要在时间线窗口中完成。用户可以对素材进行剪裁，然后将剪裁好的素材添加至时间线窗口相应的轨道中进行组接。影片编辑的基本过程是选择、调整素材，剪切素材，组接素材。最简单的影片编辑是在时间线窗口的视频轨道上首尾相接地组合一个个素材片段，即一个素材片段的出点紧接着下一个素材片段的入点。

通常在项目中的素材不一定完全适合最终影片的需要，往往要去掉素材中不需要的部分，将有用的部分编入到影片中。用户可以通过设置素材的入点和出点的方法来剪裁素材。剪裁素材的方法很多，如在素材源监视器窗口中剪裁、在时间线上剪裁等。

10.3.1　在素材源监视器窗口中剪裁素材

首先将要剪裁的音频、视频素材置于素材源监视器窗口中,通过浏览素材,给素材重新设置入点和出点,以便确定影片编辑所需要的片段,如 10-11 所示。再利用素材源面板中的"插入"和"覆盖"按钮将素材放入轨道中。

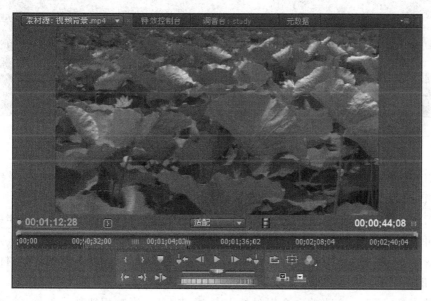

图 10-11　在素材源监视器窗口中剪裁素材

10.3.2　在时间线上剪辑素材

Premiere Pro CS4 提供了多种方式剪裁序列中的素材。用户把素材拖动到时间线上后,可以使用工具箱中的编辑工具对素材进行简单和复杂的剪辑。在时间线上可以利用剃刀工具、波纹编辑工具和滚动编辑工具等对素材进行切割,将不需要的部分删除,如图 10-12 所示。

工具栏各个工具的功能如下。

选择工具:是最常用的工具,用于选择、移动素材,可以在轨道水平方向或轨道垂直方向移动素材。按住鼠标左键拖动鼠标,可以框选轨道中的素材。

轨道选择工具:用于同时选取和移动单个轨道上的素材。使用该工具单击轨道上的某个素材时,该素材与以后的所有素材会被选中和移动。

波纹编辑工具:使用该工具,将鼠标指针放在轨道中两个素材连接处,按住鼠标左键水平拖动可以调节其中一个素材的长度,而不影响轨道上其他素材的长度。

滚动编辑工具:用于调节一个素材和其相邻素材的长度,以保持这两个素材原有组合的长度。

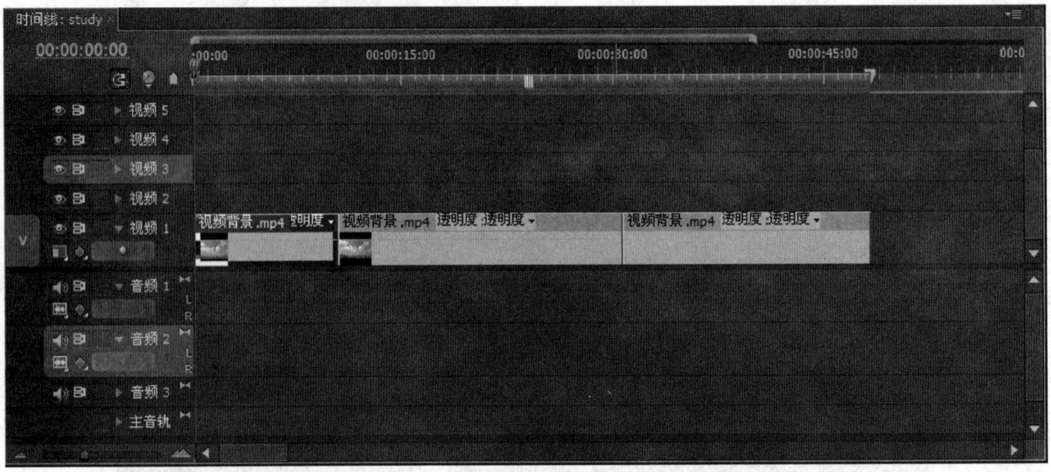

图 10-12　在时间线上剪辑素材

　　速率伸缩工具:用于调节素材的播放速度。在需要调节的素材边缘向左(或向右)水平拖动鼠标,改变原有的素材长度,以改变素材的播放速度。

　　剃刀工具:用于剪切素材。选择该工具,在素材需要切割的位置(以时间编辑线为准)单击即可将素材分割为两段。

　　错落工具:用于在不改变当前素材的入点、出点的基础上,改变与其相邻素材的出点、入点,且保持节目总长度不变。

　　滑动工具:用于改变当前一个素材的入点、出点,且不影响相邻其他素材,并保持节目总长度不变。

　　钢笔工具:用于调节对象的关键帧和不透明度等。

　　手形工具:又称手掌工具,可以滚动时间线窗口中的内容,以显示影片的不同区域。

　　缩放工具:用于放大或缩小轨道上的素材时间单位,与时间线窗口左下方的缩放滑块效果相同。

10.4　视 频 转 场

　　通常需要将已经拍摄好的视频素材使用一定的方法和技巧进行有意义的剪辑和组接,有时需要在某些镜头之间做些特殊的过渡转换,以达到某些特殊的过渡效果。即一个素材以某种特殊效果逐渐转换为另一个素材,这种转换手法称为转场,也称为过渡或切换,转场分为无技巧转场(硬切)和有技巧转场。素材与素材之间的组接使用最多的是无技巧转场,即一个素材结束时立即换成另一个素材。有技巧转场在组接时虽然使用得不多,但是如果使用得好,会给影片增色不少,大大增强艺术感染力。Premiere Pro CS4 编辑软件自带了许多视频切换特殊效果,这些切换特效按类型分别存放在视频切换中的子文件夹中。

10.4.1　视频转场类型

在 Premiere Pro CS4 软件中,切换到"效果"选项卡,打开"效果"面板,单击"视频切换"文件夹前的小三角按钮,展开视频切换的子文件夹。单击视频切换子文件夹前的小三角按钮,可以展开各子文件夹里的多种视频切换效果,如图 10-13 所示。用户可以利用查找栏填写需要使用的切换效果名称,该效果会快捷地出现在效果面板中。

图 10-13　视频切换效果面板

1. 3D 运动

3D 运动文件夹中包含三维特效的转场,包括向上折叠、帘式、摆入、摆出、旋转、旋转离开、立方体旋转、筋斗过渡、翻转和门等效果。

2. GPU 过渡

GPU 过渡是新增加的特效,该文件夹中包含 5 个小项:中心剥落、卡片翻转、卷页、球体、页面滚动。

3. 伸展

伸展文件夹中包含几种图像(被挤压后)展开的特殊效果转场,包括 4 个小项:交叉伸展、伸展、伸展放大、伸展进入。

4. 划像

划像文件夹中包含多种划像特效,包括 7 个小项:划像交叉、菱形划像、划像形状、点划像、星形划像、圆划像、盒形划像。

5. 卷页

卷页文件夹中包含了多种像翻书一样的卷页特效,包括 5 个小项:翻页、页面剥落、卷走、中心剥落、剥开背面。

6. 叠化

叠化文件夹中包含多种淡变的转场效果,包括 7 个小项:非附加叠化、抖动溶解、黑场过渡、白场过渡、交叉叠化、附加叠化、随机反相。其中交叉叠化就是典型的淡出淡入特效。

7. 擦除

擦除文件夹中包含了多种以扫像方式过渡的转场，包括 16 个小项：双侧平推门、带状擦除、径向划变、插入、擦除、时钟式划变、棋盘、棋盘划变、水波块、油漆飞溅、渐变擦除、百叶窗、旋转框、随机块、随机擦除、风车。

8. 映射

映射文件夹中的特效是使用影像通道作为影像图进行过渡的，包括明亮度映射和通道映射两个小项。

9. 滑动

滑动文件夹中包括 12 个小项：带状滑动、多旋转、拆分、滑动、滑动带、滑动框、互换、推、斜线滑动、中心合并、中心拆分、旋涡。

10. 特殊效果

特殊效果文件夹中包含几种特效的转场，包括 3 个小项：映射红蓝通道、纹理、置换。

11. 缩放

缩放文件夹中包含了几种以缩放方式过渡的转场，包括 4 个小项：交叉缩放、缩放、缩放拖尾、缩放框。

10.4.2　添加视频切换

一般情况下，视频切换是在同一轨道上的两个相邻素材之间使用。当然，也可以单独为一个素材施加切换，这时候，素材与其轨道下方的素材之间进行切换，但是轨道下方的素材只是作为背景使用，并不能被切换所控制。如果需要在素材之间添加视频切换，需完成以下三个步骤。

（1）打开"效果"选项卡，单击"视频切换"文件夹前的小三角按钮，展开视频切换的分类文件夹。

（2）例如，单击"擦出"分类文件夹前的小三角按钮，展开其小项，按住鼠标左键拖动"径向划变"到时间线窗口序列中需要添加切换的相邻两段素材交界处（连接处）再释放，在素材的交界处上方出现了应用切换后的标志，该标志与切换的时间长度以及开始和结束位置对应。表示"径向划变"特效被应用，如图 10-14 所示。

（3）在切换的区域内拖动编辑线，或者按回车键，就可以在节目视窗中预览视频切换特效。

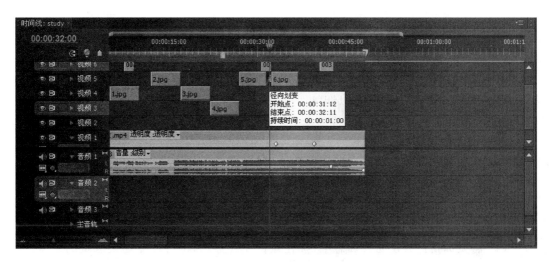

图 10-14　添加视频切换效果

10.4.3　修改切换设置

为影片添加视频切换效果后,可以改变切换的长度。最简单的方法是,在序列中选中切换标志,并拖动切换标志边缘即可。还可以在"特效控制台"选项卡中对切换进行进一步调整。用户在序列中双击切换标志,直接打开"特效控制台"选项卡,如图 10-15 所示。

图 10-15　修改切换设置界面

1. 调整切换区域

在"特效控制台"选项卡右侧的时间线区域里,用户可以看到素材 A 和素材 B 分别放置在上下两层,两层的中间是切换标志,其两层间的重叠区域是可调整切换的范围。在该时间线区域里,使用四种方式可以调整切换区域。

(1) 将鼠标指针放在素材 A 或 B 上,按住鼠标左键拖动,即可移动素材的位置,改变切换的影响区域(改变了素材 A 或 B 的切换点的位置)。

(2) 将鼠标指针放在切换标志的边缘,按住鼠标左键拖动,即可改变切换区域的范围(切换的时间长度)。

(3) 将鼠标指针放在切换标志中的白色切换线上(或素材 B 下方的小三角),按住鼠标左键拖动,即可改变切换区域的位置,并且切换线随切换区域一起改变。

(4) 将鼠标指针放在切换标志上,按住鼠标左键拖动,也可改变切换区域的位置,但切换线在时间轴上的位置不会改变。

在"特效控制台"选项卡左侧的时间线区域里,用户可以在"对齐"栏的下拉列表中选择切换对齐方式来改变切换线在切换区域中的位置。

(1) "居中在切口",表示在两段素材之间加入切换,即切换线处在切换区域之间,是用户在加入切换时,直接将切换拖动到序列中的两段素材之间(编辑点)释放所产生的一种切换方式。

(2) "开始在切口",表示以素材 B 的入点位置为准开始建立切换,即切换线处在切换区域入点处,是用户在加入切换时,直接将切换拖动到序列中素材 B 的入点处释放所产生的一种切换方式。

(3) "结束在切口",表示以素材 A 的出点位置为准,结束切换,即切换线处在切换区域出点处,是用户在加入切换时,直接将切换拖动到序列中素材 A 的出点处前释放所产生的一种切换方式。

2. 设置切换效果

在"特效控制台"面板左边的切换设置栏中,可以对切换作进一步的设置。在默认情况下,切换都是由素材 A 到素材 B 过渡完成的,在"特效控制台"面板左边的切换设置栏中,切换开始为 0.0,结束为 100.0。要改变切换的开始和结束状态,可以拖动其 A、B 视窗下的两个小三角滑块,也可以在开始的 0.0 或结束的 100.0 处用鼠标拖动改变其数字来实现。若按住 Shift 键用鼠标拖动 A、B 视窗下的小三角滑块可使开始和结束以相同数值变化。选中"显示真实来源"复选框,可以在 A、B 视窗中显示素材 A、B 切换的开始和结束帧的画面。选中"反转"复选框,改变切换顺序,改为由素材 B 到素材 A。单击"特效控制台"选项卡左上方的"预演转换"小黑三角,可以在其小视窗里预览切换效果。对于某些有方向性的切换来说,可以单击小视窗四周的小三角来改变切换方向。在小视窗右侧的"持续时间"设置栏中用鼠标拖动,可以改变切换的持续时间,这和拖动切换标志的边缘来改变切换长度的效果是相同的。

10.5　运 动 特 效

视频运动是一种后期制作与合成的技术,它包括视频在画面上的运动、缩放、旋转等效果。运动设置是利用关键帧技术,将素材进行位置、动作及透明度等相关参数的设置。在 Premiere Pro CS4 中,运动效果是在"特效控制台"选项卡中设置的。关键帧是指在不同的时间点对对象属性进行变化,而时间点间的变化则由计算机来完成。计算机通过给定的关键帧,可以计算出对象从一个关键帧到另一个关键帧之间的变化过程。因此,关键帧的位置至关重要,它是指对象开始新的变化的起始点。用户在设置关键帧的时候,往往是通过设置时间编辑线在时间标尺的位置来确定的。

10.5.1　运动效果选项

要设置运动特效,首先选中要设置的对象,在时间线窗口中,选中需要设置运动的素材;然后在素材视窗中打开"特效控制台"选项卡,单击"运动"项目前的小三角按钮,展开其设置参数。

1. 设置初始关键帧

把编辑线拖到素材某个位置,在需要添加的运动效果类型(位置、缩放比率、旋转)前添加"关键帧"。分别调整初始状态视频的位置、缩放比率、旋转角度等参数,如图 10-16 所示(不需要运动的选项不要动,如果这个对象不设置旋转,那么旋转这个选项就不要操作)。

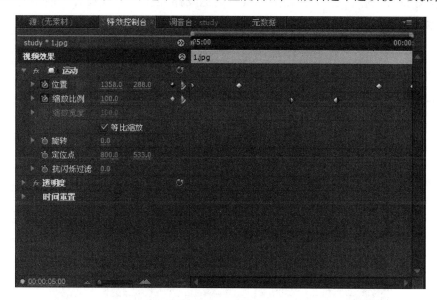

图 10-16　设置视频运动特效

2．添加动画关键帧

将编辑线向右拖动到合适的位置，分别设置位置参数、缩放比例参数、旋转参数(不需要运动的选项不要动)，这样两个关键帧之间就自动形成了运动效果。设置完成后，可以单击节目视窗中的"播放"按钮预览效果。

3．继续制作运动特效

如果还需要视频作进一步的变化，可按上面的步骤设置新的变化动作的相关数值和关键帧，直到整个运动效果完成为止。

4．修改运动特效效果

如果需要修改某个关键帧，可以将编辑线拖放到该处，先单击其栏的"添加/移除关键帧"按钮，将该关键帧删除，进行新的设置后，再单击该栏的"添加/移除关键帧"按钮，或者在该关键帧上右击，在弹出的快捷菜单中选择"清除"选项。删除关键帧后，再进行新的设置，将编辑线拖放到新的位置，再单击该栏的"添加/移除关键帧"按钮，修改后的关键帧就被确定了。

10.5.2　设置运动路径

在某个视频的位置参数有多个的时候，该视频的运动就有了一个轨迹，为了让视频运动效果更好，可以利用关键帧控制点为素材的运动路径作进一步设置。使用句柄可以随心所欲地为运动添加更加复杂的路径，如图 10-17 所示。

图 10-17　设置视频运动路径

10.6　视频特效

视频特效能够改变素材的颜色和曝光量、修补原始素材的缺陷，实现抠像和画面叠加，还可以为影片添加粒子和光照等各种艺术效果，它是设计者为影视作品添加艺术效果的重要手段。在 Premiere Pro CS4 中，用户可以根据需要为影片添加各种视频特效，同一个特效可以同时应用到多个素材上，在一个素材上也可以添加多个视频特效。

10.6.1　视频特效类型

Premiere Pro CS4 内置了 18 大类 181 个视频特效，这些特效放置在"效果"面板中的"视频特效"文件夹中。用户可以通过执行"窗口→效果"命令，打开"效果"面板。然后单击"视频特效"文件夹前小三角按钮，展开该文件夹内 18 个子文件夹（18 大类特效），再单击子文件夹前的小三角按钮，可以分别展开该类的多种效果项目，图 10-18 所示。

图 10-18　视频特效面板

1. GPU 特效

GPU 特效主要通过对图像进行几何扭曲变形来制作各种各样的画面变形效果，分别为卷页、折射和波纹（圆形）3 种效果。

2. 变换

变换类效果主要通过对图像的位置、方向和距离等参数进行调节，从而制作出画面视角变化的效果，有垂直保持、垂直翻转、摄像机视图、水平保持、水平翻转、滚动、羽化边缘和裁剪 8 种效果。

3. 噪波与颗粒

噪波与颗粒类效果主要用于去除画面中的噪点或者在画面中增加噪点，分别为中间值、噪波、噪波 Alpha、噪波 HLS、自动噪波 HLS、蒙尘与刮痕 6 种效果。

4. 图像控制

图像控制类主要是通过各种方法对素材图像中的特定颜色像素进行处理，从而作出特殊的视觉效果，分别为灰度系数校正、色彩传递、色彩匹配、颜色平衡、颜色替换、黑白 6 种效果。

5．实用

实用类主要是通过调整画面的黑白斑来调整画面的整体效果,只有电影转换 1 种效果。

6．扭曲

扭曲类效果主要通过对图像进行几何扭曲变形来制作各种各样的画面变形效果,分别为偏移、变换、弯曲、放大、旋转、波动弯曲、球面化、紊乱置换、边角固定、镜像和镜头扭曲 11 种效果。

7．时间

时间类主要是通过处理视频的相邻帧变化来制作特殊的视觉效果,包括抽帧、时间偏差和重影 3 种效果。

8．模糊与锐化

模糊与锐化类效果主要用于柔化、锐化边缘过于清晰或者对比度过强的图像区域,甚至把原本清晰的图像变得很朦胧,以至于模糊不清楚,分别为复合模糊、定向模糊、快速模糊、摄像机模糊、残像、消除锯齿、通道模糊、锐化、非锐化遮罩和高斯模糊 10 种效果。

9．渲染

渲染类效果主要是通过在画面上添加带有颜色渐变的圆环,以制作出各种艺术效果,只有椭圆形 1 种效果。

10．生成

生成类效果是经过优化分类后新增加的一类效果,主要有书写、发光、吸色管填充、四色渐变、圆形、棋盘、油漆桶、渐变、网格、蜂巢图案、镜头光晕和闪电 12 种效果。

11．色彩校正

色彩校正类用于对素材画面颜色校正处理,包括 RGB 曲线、RGB 色彩校正、三路色彩校正、亮度与对比度、亮度曲线、亮度校正、广播级色彩、快速色彩校正、更改颜色、着色、脱色、色彩均化、色彩平衡、视频限幅器、转换颜色和通道混合 17 种效果。

12．视频

视频类效果主要是通过对素材上添加时间码,显示当前影片播放的时间,只有时间码 1 种效果。

13．调整

调整类效果是常用的一类特效,主要用于修复原始素材的偏色或者曝光不足等方面的缺陷,也可以调整颜色或者亮度来制作特殊的色彩效果,包括卷积内核、基本信号控制、提取、照明效果、自动对比度、自动色阶、自动颜色、色阶和阴影/高光 9 种效果。

14. 过渡

过渡类效果主要用于场景过渡(转换),其用法与"视频切换"类似,但是需要设置关键帧才能产生转场效果,包括块溶解、径向擦除、渐变擦除、百叶窗、线性擦除 5 种效果。

15. 透视

透视类效果主要用于制作三维立体效果和空间效果,包括基本 3D、径向放射阴影、斜角边、斜角 Alpha、阴影(投影)5 种效果。

16. 通道

通道类效果主要是利用图像通道的转换与插入等方式来改变图像,从而制作出各种特殊效果,包括反相、固态合成、复合运算、混合、算术、计算和设置遮罩 7 种效果。

17. 键控

键控类效果主要用于对图像进行抠图操作,通过各种抠图方式和不同画面图层叠加方法来合成不同的场景或者制作各种无法拍摄的画面,包括 16 点无用信号遮罩、4 点无用信号遮罩、8 点无用信号遮罩、Alpha 调整、RGB 差异键、亮度键、图像遮罩键、差异遮罩、移除遮罩、色度键、蓝屏键、轨道遮罩键、非红色键和颜色键 14 种效果。

18. 风格化

风格化类效果主要是通过改变图像中的像素或者对图像的色彩进行处理,从而产生各种抽象派或者印象派的作品效果,也可以模仿其他门类的艺术作品,如浮雕、素描等,包括 Alpha 辉光、复制、彩色浮雕、招贴画、曝光过度、查找边缘、浮雕、画笔描绘、纹理材质、边缘粗糙、闪光灯、阈值和马赛克 13 种效果。

Premiere Pro CS4 还拥有众多的第三方外挂视频插件,这些外挂视频特效插件能扩展它的视频特效功能,制作出 Premiere Pro CS4 自身不易制作或者不能实现的某些效果,从而为影片增加更多的艺术效果。例如,可以制作雨、雪效果的 Final Effects 插件,也可以制作绚丽光斑效果的 Knoll Light Factory 插件,还可以制作扫光文字的 Shine 插件等。

10.6.2　应用视频特效

用户在为素材添加视频特效之前,应该首先打开"效果"面板,从中选择需要的效果,并将其拖拽到时间线窗口中某段视频素材上,有些特效还需要对效果参数进行设置。

1. 添加视频效果

执行"窗口→效果"命令,或者直接单击"效果"选项卡,便可以打开"效果"面板。在"效果"面板里,单击"视频特效"文件夹前的小三角按钮,展开该文件夹内 18 个子文件夹(18 大类特效),例如,单击"透视"子文件夹前小三角按钮,展开效果项目,选择其中的"基本 3D"效果项目。将"基本 3D"效果拖拽到时间线窗口中 3.JPG 素材上释放,便将特效添加到了该素材上。同时,在素材监视器窗口中单击"特效控制台"面板,可以看到"基本 3D"效果项目。单击"特效控制台"面板中的"基本 3D"项目前的小三角按钮,展开项目参数。

2. 视频效果设置

在为一个视频素材添加了特效之后,就可以在"特效控制台"面板中设置特效的各种参数来控制特效,还可以通过设置关键帧来制作各种动态变化效果。在时间线窗口中,将时间线滑块拖拽到刚才添加效果的素材上,并单击 3.JPG 图片素材。将编辑线拖动到需要设置效果的位置,添加关键帧,设置"旋转"和"倾斜"等选项的参数;再将编辑线拖动到下一个时间点修改"旋转"和"倾斜"等选项的参数,就添加了另外一个关键帧,在两个关键帧之间就产生了效果,如图 10-19 所示。如果在素材上还需要继续使用该效果,继续修改参数,添加新的关键帧。对素材设置了参数后,可以直接在节目视窗中预览设置了参数之后的画面效果。

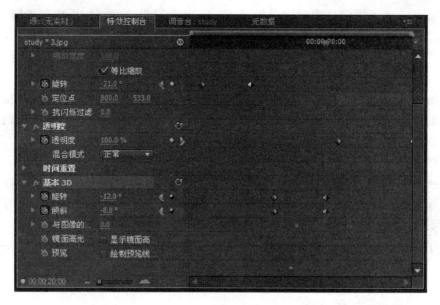

图 10-19 视频特效设置

3. 删除视频效果

用户如果对添加的特效不满意,可以删除该效果,回到素材原始状态。在"特效控制台"面板中,右击"基本 3D"效果项目,在弹出的快捷菜单中选择"清除"命令,该效果即被删除。

4. 使用预置特效

在特效控制台中,右击"基本 3D"效果项目,在弹出的快捷菜单中选择"保存预置"命令,弹出"保存预置"对话框,选择类型"比例"、"定位到入点"、"定位到出点"之后,确定就把该特效保存到预置中了,如图 10-20 所示。单击效果面板的预置文件夹就能看到各种预置了,把某项预置拖动到一个素材上后就应用了这种效果,节省了反复设置同一种效果的操作时间。

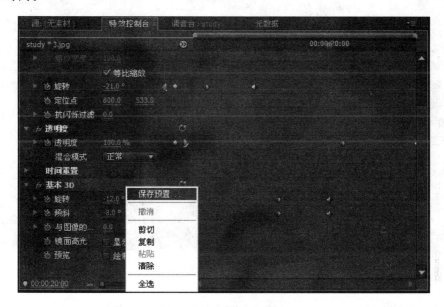

图 10-20　保存预置特效

10.7　字幕制作

在影视节目的制作中离不开字幕,如片头、片尾的片名、演职员表,对白、歌词的提示等都需要大量的字幕制作。在 Premiere Pro CS4 中,字幕制作在字幕设计窗口完成。在这个窗口里,可以制作出各种常用字幕类型,不但可以制作普通的文本字幕,还可以制作简单的图形字幕、运动字幕。

10.7.1　认识字幕设计窗口

在 Premiere Pro CS4 中进行字幕编辑的工具是字幕设计窗口。在该窗口中,能够完成字幕的创建和修饰、运动字幕的制作以及图形字幕的制作等功能。

在项目窗口素材栏的空白处右击,在弹出的快捷菜单中选择"新建→字幕"命令,弹出字幕设计窗口。最直接的方法是按 F9 键,打开字幕设计窗口,如图 10-21 所示。

图 10-21　字幕设计窗口

　　字幕设计窗口主要分为 6 个区域:正中间的是编辑区,字幕的制作就是在编辑区中完成。左边是工具箱,里面有制作字幕、图形的工具按钮以及对字幕、图形进行排列和分布的相关按钮。窗口下方是字幕样式,字幕样式中有系统设置好的文字风格,也可以将自己设置好的文字风格存入风格库中。右边是字幕属性区,里面有变换、属性、填充、描边、阴影等栏目。其中在属性栏目里,用户可以设置字幕文字的字体、大小、字间距等;在填充栏目里,可以设置文字的颜色、透明度、光效等;在描边栏目里,可以设置文字内部、外部描边;在阴影栏目里,可以设置文字阴影的颜色、透明度、角度、距离和大小等。在窗口的右下角是转换区,可以对文字的透明度、位置、宽度、高度以及旋转进行设置。在窗口的上方是其他工具区,有设置字幕运动或其他设置的一些工具按钮。

10.7.2　字幕设置

1. 输入文字

　　在字幕设计窗口的工具箱中,单击“文字工具”按钮,在编辑区中单击,展开属性栏。单击字体右边“Adobe Caslon”右下方的下三角按钮,在弹出的菜单中选择所需要的字体后,用户可以利用输入法在编辑区直接输入文字。若要改变字体,可以在字体区域内右击,在弹出的快捷菜单中选择所需要的字体后,原先的字体便更改成所需要的字体了。

2. 变换设置

变换设置主要是对字幕透明度、X 位置、Y 位置、宽度、高度和旋转角度等参数进行设置。

3. 属性设置

在属性设置中,拖动鼠标可以改变"字体"、"字体样式"、"字体大小"、"纵横比"、"行距"、"字距"、"跟踪"、"基线位移"、"倾斜"、"小型大写字母"、"小型大写字母尺寸"、下划线等参数。展开"扭曲"下拉菜单,还可以对文字进行 X、Y 轴的扭曲变形参数进行设置。

4. 填充设置

填充设置可以对文字的"填充类型"、"色彩"、"透明度"参数进行设置。选中并展开"光泽"或"纹理"下拉菜单,可以对文字添加光晕,产生金属的迷人光泽,或对文字填充纹理图案。

5. 描边设置

描边是对文字内部或外部进行描边。展开描边栏,可以分别对文字添加"内侧边"和"外侧边",并分别对"类型"、"大小"、"填充类型"、"色彩"、"透明度"以及"光泽"和"纹理"参数进行设置。

6. 阴影设置

选中并展开阴影栏下拉菜单,可以对文字阴影的"色彩"、"透明度"、"角度"、"距离"、"大小"、"扩散"等参数进行设置。

7. 使用字幕样式

对字幕设置的项目比较多,为了简便,可以直接使用系统设置好的风格模板,简化对字幕的设置。在编辑区中选中文字对象,在字幕样式中单击某个风格模板,文字对象便改变成这个模板的风格。当使用风格模板后,有些汉字会出现空缺现象,这时用户只需要重新选择中文字体,便可以解决这个问题。

10.7.3　字幕修改与使用

1. 字幕修改

当需要对已制作好的字幕进行修改时,只需要双击这个字幕素材,就可以重新打开这个字幕的字幕设计窗口,再次对这个字幕进行修改。

2. 新建字幕样式

如果对自己设计好的字幕效果比较满意,并且希望今后能够继续使用这个字幕效果,可以在字幕样式中将这个效果保存下来。在编辑区选中这个字幕效果的文字对象,在字母样式右上角中单击菜单,选择"新建样式"选项,在弹出的"新建样式"对话框中输入自定义样式的名称,并单击"确定"按钮,自定义样式效果作为一个字幕模板会出现在字幕模板中,如图 10-22 所示。今后如果需要使用这种模板效果,只需要选中文字对象,然后在字幕样式中单击这个自定义模板即可。如果要删除该效果模板,在字幕样式中选中这个效果后,右击,在弹出的快捷菜单中选择"删除样式"命令即可。

图 10-22　新建字幕样式

3. 使用字幕

将保存后的字幕素材直接从项目窗口中拖动到时间线窗口的视频轨道里释放,即可对节目添加字幕。如果需要将字幕叠加到视频画面中,只需将该字幕文件拖动到对应的视频素材上方轨道上释放即可。将编辑线移到字幕素材的起始位置,单击节目视窗的"播放"按钮,便可观看效果。系统默认的字幕播放时间长度为 3 秒,用户可以用鼠标在轨道上拖动字幕文件(素材)的左右边缘,改变其长度来修改播放时间长度,还可以单击并移动字幕素材来修改字幕播放的起始和结束时间位置。

10.7.4　创建活动字幕

用户可以在字幕设计窗口中建立活动字幕,以产生字幕在屏幕中滚动或游动的效果。并且可以在字幕类型中设置活动字幕的运动方向,滚屏字幕的滚动速度由该字幕文件的持续时间和滚屏设置中的时间设置决定。

1. 选择滚屏字幕类型

执行"字幕"菜单中新建上下活动的"滚动字幕"或左右活动的"游动字幕"命令。

2. 设置滚动/游动选项

在字幕设计窗口上方单击"滚动/游动选项"图标按钮,弹出"滚动/游动选项"对话框,对参数进行设置即可,如图 10-23 所示。

图 10-23　设置滚动/游动选项

如果需要字幕滚动(上滚),在"时间选择(帧)"栏里可以选中"开始屏幕外"或"结束屏幕外"复选框,表示设置字幕是从屏幕外开始滚动或字幕在结束时完全飞出屏幕。在"预卷"、"缓入"、"缓出"、"出卷"选项下面的空白处填入适当的帧数,可以分别设置文字滚动前静止帧数、文字由静止状态加速到正常速度的帧数、文字由正常速度减速到静止状态的帧数、文字滚动结束后静止帧数。

如果需要字幕游动,选择"左游动"和"右游动"单选按钮,其他几个参数与滚动相同,只是运动方向在水平上而已。

10.7.5 应用字幕模板

Premiere Pro CS4 提供了许多预置的字幕模板,用户可以直接调用这些模板,也可以对这些模板的个别参数进行修改后再使用,从而大大提高工作效率。

单击字幕设计窗口上方的"模板"图标按钮,打开"模板"窗口,单击"字幕设计预置"文件夹前的小三角按钮,展开其 13 种子文件夹,再展开子文件夹,里面有许多系统预置的字幕模板,如图 10-24 所示。选择一种模板后,在右边的小窗口显示其模板样式。单击"应用"按钮,该样式的字幕模板会在字幕设计窗口的编辑区中出现。

图 10-24   字幕模板

10.8   音频编辑

10.8.1   调音台窗口

Premiere Pro CS4 具有强大的音频处理能力,通过"调音台"工具控制声音。它具有实时的录音,以及音频素材和音频轨道的分离处理功能。"调音台"窗口可以实时混合时间线窗口中各轨道的音频对象。用户可以在音频混合器中选择相应的音频控制器调节对应轨道的音频对象。

执行"窗口→工作窗口→调音台"命令,打开"调音台"窗口。调音台由若干个轨道音频控制器、主音频控制器和播放控制器组成。每个控制器由控制按钮、调节杆调节音频,如图 10-25 所示。

图 10-25　调音台

1．轨道控制器

轨道控制器用于调节与其相对应轨道上的音频对象(控制器 1 对应"音频 1",控制器 2 对应"音频 2",以此类推),其数目由时间线窗口中的音频轨道数目决定。轨道控制器由控制按钮、调节滑轮及调节滑杆组成。

控制按钮可以控制音频调节的调节状态,由"静音轨道"(本轨道音频设置为静音状态)、"独奏轨道"(其他轨道自动设置为静音状态)、"激活录制轨道"(利用录音设备进行录音)按钮组成。调节滑轮是控制左右声道声音的,向左转动,左声道声音增大,向右转动,右声道声音增大。音量调节滑杆可以控制当前轨道音频对象音量,向上拖动滑杆可以增加音量,向下拖动滑杆可以减小音量。下方的数值栏显示当前音量(以分贝数显示),用户也可以直接在数值栏中输入声音的分贝数。

2．主音频控制器

主音频控制器可以调节时间线窗口中所有轨道上的音频对象。主音频控制器的使用方法同轨道音频控制器相同。

3．播放控制器

播放控制器位于调音台窗口的最下方，主要用于播放音频，使用方法与监视器窗口中的播放控制栏相同。

10.8.2　调节音频

在 Premiere Pro CS4 中，对音频的调节分为素材调节和轨道调节。对素材调节时，音频的改变仅对当前的音频素材有效，删除素材后，调节效果就消失了；而轨道调节仅对当前音频轨道进行调节，所有在当前音频轨道上的音频素材都会在调节范围内受到影响。使用实时记录时，只能针对音频轨道进行。

1．利用关键帧调节音量

在时间线窗口的音频轨道控制面板左侧单击"显示素材关键帧"图标按钮，此时在该轨道上的素材中或者该轨道中会出现一条黄色直线。在工具箱中选择"钢笔工具"，拖动音频素材或者轨道上的黄线即可调整音量。

按住 Ctrl 键，将光标移动到轨道上的音频素材黄线上，单击便在黄线上产生一个小方块句柄，用户可以根据需要产生多个句柄。按住鼠标左键上下拖动句柄，句柄之间的直线(斜线)提示音频素材是淡入(音量逐渐增大)或者淡出(音量逐渐减小)，如图 10-26 所示。

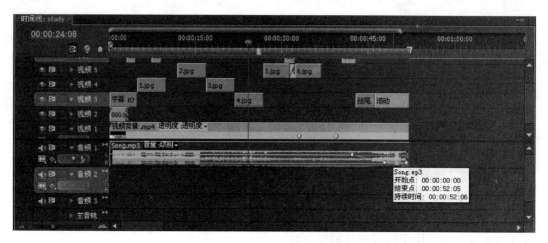

图 10-26　利用关键帧调节音量

2．利用调音台调节音量

使用 Premiere Pro CS4 的调音台调节音量非常方便，用户可以在播放音频时进行音量调节。在调音台窗口上方需要进行调节的轨道上单击"只读"下拉按钮，在其下拉列表(关、只读、锁存、触动、写入)中进行设置：选择"关"方式，系统会忽略当前音频轨道上的调节，仅

图 10-27　用调音台调节音量

按照缺省的设置播放;在"只读"状态下,系统会读取当前音频轨道上的调节效果,但是不能记录音频调节过程;而在"锁存"、"触动"、"写入"三种方式下,都可以实时记录音频调节。在调音台中激活需要调节轨道自动记录状态,一般情况下选择"写入"方式即可,如图 10-27所示。在调音台窗口中单击"播放"按钮,此时,时间线窗口中的音频素材开始播放。用户在调音台窗口拖动音量控制滑杆进行调节,调节完毕,系统自动记录调节结果。

10.8.3　音频特效

Premiere Pro CS4 提供了种类繁多的特效,对音频进行处理,可以分别为音频轨道或者音频素材设置特效,也还可以通过特效产生回声、和声以及去除噪声的效果,还可以使声音扩展的插件得到更多的控制。音频素材的特效施加方法与视频素材相同,在项目窗口展开"特效"项目栏,展开"音频特效"文件夹,分别在不同的音频模式(单声道、立体声、5.1 声道)文件夹中选择音频特效进行设置即可。不同音频模式文件夹的特效仅对相同模式音频素材有效。Premiere Pro CS4 还为音频素材提供了简单的切换方式,只要展开"音频切换"文件夹,选择相应的转换方式即可,为音频素材添加切换的方法与视频素材相同。

10.9　节 目 输 出

用户在序列中完成了素材的编辑后,如果对效果满意,可以使用输出命令合成影片,在计算机或电视上播放。

10.9.1　导出设置

　　一般情况下,用户都需要将编辑的影片合成一个 Premiere Pro CS4 中可以实时播放的影片。在合成影片前,需要在输出设置中对影片的质量进行相关的设置。输出设置中大部分与项目的设置选项相同,只是在项目设置中是针对序列进行的;而在导出设置中是针对最终输出的影片进行的。选择菜单命令"文件→导出→媒体",在弹出的"导出设置"对话框的文件名栏中进行"格式"、"预置"、"输出名称"、"滤镜"、"视频"、"音频"、"其他"等参数的设置,如图 10-28 所示。

图 10-28　节目输出设置

10.9.2　输出影片

　　如果以上输出设置完毕,用户可以单击"确定"按钮关闭"影片导出设置"对话框,系统此时会弹出 ENCODER 窗口,单击 Start Queue(开始队列)按钮开始合成影片,合成完毕后,系统将该文件存放在指定的硬盘里。用户在硬盘中找到该视频文件后,用计算机内已安装好的媒体播放器播放该影片即可,如图 10-29 所示。

图 10-29　输出影片